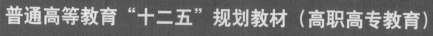

普通高等教育"十二五"规划教材（高职高专教育）

（第二版）

建筑施工组织

主　　编　周建国
副主编　张　焕
编　　写　卢　青　郭庆阳
主　　审　张华明　杨正凯

U0312522

中国电力出版社
CHINA ELECTRIC POWER PRESS

内 容 提 要

本书为普通高等教育"十二五"规划教材（高职高专教育）。书中阐述了施工组织的基本原理和理论方法，介绍了施工组织设计的类型、内容和编制方法，并附有施工组织设计案例。在编排上强调理论与实践的结合，特别是注重培养学生的创新思维和实际动手能力，在内容上以全面素质为基础，以综合职业能力为本位，重点突出综合性和实践性。全书共六章，主要内容包括建筑工程流水施工、工程网络计划技术、施工准备工作、施工组织总设计、单位工程施工组织设计等。本书系统全面，简明扼要，目标实际，知识实用，符合教学大纲和实际教学的需要，反映本专业最新规范和技术要求，并配有大量的工程实例与分析，具有一定的示范价值。

本书可作为高职高专院校建筑工程技术、工程管理、工程造价等专业的教材，也可作为函授和自考辅导用书或供各类工程建设、设计、施工、咨询等单位有关人员参考。

图书在版编目（CIP）数据

建筑施工组织/周建国主编. —2 版. —北京：中国电力出版社，2011.2（2020.1 重印）

普通高等教育"十二五"规划教材. 高职高专教育

ISBN 978-7-5123-1167-1

Ⅰ. ①建… Ⅱ. ①周… Ⅲ. ①建筑工程-施工组织-高等学校：技术学校-教材 Ⅳ. ①TU721

中国版本图书馆 CIP 数据核字（2010）第 241278 号

中国电力出版社出版、发行

（北京市东城区北京站西街 19 号 100005 http://www.cepp.sgcc.com.cn）

北京雁林吉兆印刷有限公司印刷

各地新华书店经售

*

2004 年 8 月第一版

2011 年 2 月第二版 2020 年 1 月北京第九次印刷

787 毫米×1092 毫米 16 开本 17.375 印张 426 千字 2 插页

定价 **49.00 元**

前　　言

工程项目的建设，需要投入大量的人工、材料、建筑机械，涉及规划设计、施工管理、验收保修等各个阶段，受到工程质量、合同工期、工程成本、安全施工等条件的制约，需协调好工程建设各方（建设单位、设计单位、施工单位、监理单位）的关系，因此建筑产品的施工是一项十分复杂的生产活动。施工管理人员只有合理的对工程建设的所有环节进行精心规划、严密地进行组织与协调，才能使项目获得成功。

建筑施工组织就是针对工程施工的复杂性，来研究工程建设的统筹安排与系统管理客观规律的一门科学。它需要建设法规、技术经济、合同管理、施工技术、信息管理、计算机应用等方面的知识，应用数学方法、网络技术、计算技术等工具，从系统的观点出发，广泛研究施工项目的组织方式、施工方案、进度安排、资源配置、施工现场平面设计等施工规划设计方法，寻求施工生产过程中质量、进度、成本、资源、现场、信息等动态管理的最佳控制与合理安排，使工程施工达到工期短、质量好、成本低的目的。

本书注重高职高专教育的特点，在编排上强调理论与实践的结合，特别强调基本知识的掌握和实际动手能力的培养，在内容上以全面素质为基础，以综合职业能力为本位，重点突出综合性和实践性。本书系统全面，简明扼要，目标实际，知识实用，符合教学大纲和实际教学的需要，反映本专业最新规范和技术要求，并配有大量的工程实例与分析，具有一定的示范价值。通过本课程的学习，使学生了解建筑施工组织的基本知识和一般规律，掌握建筑工程流水施工和网络计划的基本方法，具有编制单位工程施工组织设计的能力。

为规范建筑施工组织设计，住房和城乡建设部批准颁布了由中国建筑科学研究院主编的国家标准《建筑施工组织设计规范》（GB/T 50502—2009），自 2009 年 10 月 1 日起实施。本书根据新规范对部分章节进行了修订，以适应新规范的要求。

本书可作为高职高专院校工程管理、建筑工程技术和工程造价等专业的教材，也可作为各类工程建设、设计、施工、咨询等单位有关人员的参考用书。

本书共分六章，主要内容包括建筑工程流水施工、工程网络计划技术、施工准备工作、施工组织总设计、单位工程施工组织设计等。部分章节附有施工组织案例。第一章、第二章由山东建筑大学周建国编写，第三章由太原大学卢清编写，第四章、第五章由河北建筑工程学院张焕编写，第六章由山西建筑职业技术学院郭庆阳编写。

本书由周建国主编，山东建筑大学张华明、杨正凯主审。

由于编者水平有限，缺点错误在所难免，恳请读者批评指正。

编　者

2011.1

第一版前言

　　一个建筑工程项目的建设，需要投入大量的工人、建筑材料及构配件、建筑机械，涉及规划、施工、验收等各个阶段，受到工程质量、合同工期、工程成本、安全施工等条件的制约。施工管理人员只有合理的对工程的所有环节进行精心规划、严密地进行组织与协调，才能使项目获得成功。

　　建筑施工组织就是针对工程施工的复杂性，来研究工程建设的统筹安排与系统管理的客观规律的一门科学。它需要建设法规、技术经济、合同管理、施工技术、信息管理、计算机应用等方面的知识，应用数学方法、网络技术、计算技术等工具，从系统的观点出发，广泛研究施工项目的组织方式、施工方案、进度安排、资源配置、施工现场平面设计等施工规划设计方法，寻求施工生产过程中质量、进度、成本、资源、现场、信息等动态管理的最佳控制与合理安排，使工程施工达到工期短、质量好、成本低的目的。

　　本书注重高职高专教育的特点，在编排上强调理论与实践的结合，特别强调培养学生的创新思维和实际动手能力，在内容上以全面素质为基础，以综合职业能力为本位，重点突出综合性和实践性。本书系统全面，简明扼要，目标实际，知识实用，符合教学大纲和教学的需要，反映本专业最新规范和技术要求，并配有大量的工程实例与分析，具有一定的示范价值。通过本课程的学习，使学生了解建筑施工组织的基本知识和一般规律，掌握建筑工程流水施工和网络计划的基本方法，具有编制单位工程施工组织设计的能力。

　　本书适合高职高专房屋建筑工程和工程造价管理专业的学生学习，也可作为各类工程建设、设计、施工、咨询等单位有关人员的参考书。

　　本书共分六章，并附有施工组织案例。第一章、第二章由山东建工学院周建国编写，第三章由太原大学卢清编写，第四章、第五章由河北建工学院张焕编写，第六章由山西职业技术学院郭庆阳编写。

　　本书由周建国、张焕主编。由山东建工学院张华明、杨正凯主审。

　　由于编者水平有限，缺点错误在所难免，恳请读者批评指正。

编　者

2003.9

目　　录

第一章　绪　　论

第一节　课程的对象与任务

建筑业是我国国民经济的重要支柱产业，担负着国家基本建设的重大任务。

施工组织设计是以施工项目为对象编制的，用以指导施工的技术、经济和管理的综合性文件。在我国的第一个五年计划期间，以前苏联为模式，在一些工程项目中，推行施工组织设计，取得了很好的效果。施工组织设计虽然产生于计划经济管理体制下，但在实际的运行当中，对规范建筑工程施工管理起着相当重要的作用。在市场经济条件下，它已成为建筑工程施工招投标和组织施工必不可少的重要条件。

一个建筑物或一个建筑群的施工，可以有不同的施工顺序；每个施工过程可以采用不同的施工方法；各个施工工作面上，有着不同工种的操作人员、许多不同类型的施工机具、许多不同种类的建筑材料和预制构件、许多不同用途的临时设施等。以上这些因素不论在技术方面或施工组织方面，通常都有许多可行的方案供施工人员选择。但是不同的方案，其经济效果是不同的。怎样结合建筑工程的性质、规模和工期，人员的数量，机械装备程度，材料供应情况，构件生产方式，运输条件等各种技术经济条件，从经济和技术统一的全局出发，从许多可能的方案中选定最合理的方案，这是施工管理人员开始施工之前必须解决的问题。

建筑施工组织就是针对工程施工的复杂性，对上述各项问题进行统筹安排与系统管理，对施工的各项活动作出全面的部署，编制出规划和指导施工的技术经济文件，即施工组织设计。具体地说，施工组织的任务是根据建筑产品生产的技术经济特点，以及国家基本建设方针和各项具体的技术政策，从施工的全局出发，根据各种具体条件，拟订施工方案，安排施工进度，进行现场布置；把设计和施工，技术和经济，企业的全局活动和项目的施工组织，施工中各单位、各部门、各阶段以及各项目之间的关系更好的协调起来；使施工建立在科学合理的基础上，从而做到人尽其力、物尽其用，使工程施工取得相对最优的效果。

本课程的研究对象与任务是编制一个建筑物或一个建筑群的施工组织设计。通过本课程的学习，要求学生了解建筑施工组织的基本知识和一般规律，掌握建筑工程流水施工和网络计划的基本方法，具有编制单位工程施工组织的能力，为以后从事施工组织工作打下基础。

学习本课程的前导专业课是"建筑施工技术"、"建筑施工定额与预算"。与本课程密切相关的课程是"建筑企业管理学"、"建筑经济与建筑技术经济学"。后续课程有"建设工程项目管理"、"建筑管理信息系统"等课程。

要组织好一项工程的施工，当好项目经理和施工管理人员，还必须掌握和了解各种建筑材料、施工机械与设备的特性，懂得建筑物及构筑物的受力特点、构造和结构，并掌握各种施工方法，否则就无法进行管理，也不可能选择最有效、最经济的方法来组织施工。因此，还要熟悉工程制图、建筑力学、建筑结构、房屋建筑学、建筑机械、建筑材料等专业知识。

内容广泛与实践性强是本课程的显著特点，因此在学习中必须注意理论联系实际，除掌握基本理论外，还必须十分重视实践经验的积累。

第二节　建筑产品及其施工的特点

建筑业生产的产品——各种建筑物或构筑物，都称为建筑产品。它与其他工业生产的产品相比，具有一系列技术经济特点，这主要体现在产品本身及其施工过程上。

一、建筑产品的特点

建筑产品除了各不相同的性质、用途、功能、设计、类型、使用要求外，还具有以下共同特点。

1. 建筑产品的庞体性

与一般工业产品相比，作为建筑产品的体形庞大，重量也大。

2. 建筑产品的固定性

建筑物的建造地点是固定的，建筑物建成后一般都无法移动。

3. 建筑产品的多样性

建筑物的使用要求、规模、建筑设计、结构类型等各不相同，即使是同一类型的建筑物，也因所在地点、环境条件不同而彼此有所不同。因此，建筑产品是多种多样的。

4. 建筑产品的复杂性

建筑物在艺术风格、建筑功能、结构构造、装饰做法等方面都堪称是一种复杂的产品。其施工过程多，并且错综复杂。

二、建筑施工的特点

上述建筑产品的各种特点，决定了建筑施工的如下特点。

1. 建筑施工的长期性

由于建筑产品的庞体性，建筑施工中要投入大量劳动力、材料、构件、机械等，因而与一般工业产品相比，其生产周期，即施工工期较长，少则几个月，多则几年。这就要求事先有一个合理的施工组织设计，尽可能缩短施工工期，使建筑物早日交付生产和使用。

2. 建筑施工的流动性

由于建筑产品的固定性，在建筑施工中，人员、机具、材料等不仅要随着建筑物建造地点的变更而流动，而且还要随着建筑物的施工部位的改变而在不同的空间流动。这就要求事先有一个周密的施工组织设计，使流动着的人员、机具、材料等互相协调配合，做好流水施工的安排，使建筑物的施工连续、均衡地进行。

3. 建筑施工的个别性

由于建筑产品的多样性，不同的甚至相同的建筑物，在不同的地区、季节及现场条件下，施工准备工作、施工工艺和施工方法等也不尽相同。一般没有固定的模式。因此，建筑施工应按工程个别地、"单件"地进行。这就要求事先有一个可行的施工组织设计，因地制宜、因时制宜、因条件制宜地搞好建筑施工。

4. 建筑施工的复杂性

由于建筑产品的复杂性，加上施工的流动性和个别性，露天作业、高空作业、地下作业和手工操作多，必然造成施工的复杂性。这就要求事先有一个全面的施工组织设计，提出相应的技术、组织、质量、安全、节约等保证措施，避免质量和安全事故，使建筑施工任务能好、快、省地全面完成。

第三节 施工组织设计的作用和分类

一、施工组织设计的作用

施工组织设计是规划和指导拟建工程从施工准备到竣工验收全过程的一个综合性的技术经济和管理文件，是沟通工程设计和施工之间的桥梁。它既要体现拟建工程的设计和使用要求，又要符合建筑施工的客观规律，对施工的全过程起战略部署或战术安排的作用。

施工组织设计是施工准备工作的重要组成部分，又是做好施工准备工作的主要依据和重要保证。

施工组织设计是对施工过程实行科学管理的重要手段，是编制施工预算和施工计划的主要依据，是建筑企业施工管理的重要组成部分。

因此，编好施工组织设计，对于按科学规律组织施工，建立正常的施工程序，有计划地开展各项施工过程；对于及时做好各项施工准备工作，保证劳动力和各种资源的供应和使用；对于协调各施工单位之间、各工种之间、各种资源之间以及空间布置与时间安排之间的关系；对于保证施工顺利进行，按期按质按量完成施工任务，取得更好的施工经济效益等，都将起到重要的、积极的作用。

二、施工组织设计的分类

根据基本建设各个不同阶段、建设工程的规模、工程特点以及工程的技术复杂程度等因素，可相应地编制不同深度与内容的施工组织设计。如施工单位为编制投标书及中标后签订施工合同的需要所编制的标前施工组织设计，施工单位中标后为满足施工项目准备和指导施工的需要而编制的施工组织设计。因此，施工组织设计是一个总名称，一般按编制对象不同可分为施工组织总设计、单位工程施工组织设计和施工方案三类。

（一）施工组织总设计

施工组织总设计是群体项目或特大型项目为对象编制的，是整个建设项目或群体工程施工的全局性、指导性文件。

1. 施工组织总设计的主要作用

施工组织总设计的最主要作用是为施工单位进行全现场性施工准备工作和组织物资、技术供应提供依据；它还可用来确定设计方案施工的可行性和经济合理性，为建设单位和施工单位编制计划提供依据。

2. 施工组织总设计的内容和深度

施工组织总设计的深度应视工程的性质、规模、结构特征、施工复杂程度、工期要求、建设地区的自然和经济条件的不同而有所区别，原则上应突出"规划性"和"控制性"的特点。其主要内容如下：

（1）工程概况。工程概况应包括项目主要情况和项目主要施工条件等。

（2）总体施工部署。施工组织总设计应对项目总体施工作出宏观部署。主要内容有：项目施工总目标，包括进度、质量、安全、环境和成本等目标；项目分阶段（期）交付计划；项目分阶段（期）施工的合理顺序及空间组织。

（3）施工总进度计划。施工总进度计划应按照项目总体施工部署的安排进行编制。施工总进度计划可采用网络图或横道图表示，并附必要说明。为编制施工准备工作计划和各项需要量计划提供依据。

（4）总体施工准备与主要资源配置计划。总体施工准备应包括技术准备、现场准备和资金准备等，应满足项目分阶段（期）施工的需要。主要资源配置计划应包括劳动力配置计划和物资配置计划等内容。

（5）主要施工方法。施工组织总设计应对项目涉及的单位（子单位）工程和主要分部（分项）工程所采用的施工方法进行简要说明。对脚手架工程、起重吊装工程、临时用水用电工程、季节性施工等专项工程所采用的施工方法应进行简要说明。

（6）施工总平面布置。根据项目总体施工部署，对施工现场进行规划和部署，绘制成布局合理、使用方便、利于节约、保证安全的施工总平面布置图。

（二）单位工程施工组织设计

单位工程施工组织设计是具体指导施工的文件，是施工组织总设计的具体化，也是建筑业企业编制月旬作业计划的基础。它是以单位工程或一个交工系统工程为对象编制的。

1. 单位工程施工组织设计的作用

单位工程施工组织设计是以单位工程为对象编制的用以指导单位工程施工准备和现场施工的全局性技术经济文件。它的主要作用有以下几点：

（1）贯彻施工组织总设计，具体实施施工组织总设计对该单位工程的规划精神。

（2）编制该工程的施工方案，选择施工方法、施工机械，确定施工顺序，提出实现质量、进度、成本和安全目标的具体措施，为施工项目管理提出技术和组织方面的指导性意见。

（3）编制施工进度计划，落实施工顺序、搭接关系，各分部分项工程的施工时间，实现工期目标，为施工单位编制作业计划提供依据。

（4）计算各种物资、机械、劳动力的需要量，安排供应计划，从而保证进度计划的实现。

（5）对单位工程的施工现场进行合理设计和布置，统筹地合理利用空间。

（6）具体规划作业条件方面的施工准备工作。

总之，通过单位工程施工组织设计的编制和实施，可以在施工方法、人力、材料、机械、资金、时间、空间等方面进行科学合理的规划，使施工在一定的时间、空间和资源供应条件下，有组织、有计划、有秩序地进行，实现质量好、工期短、消耗少、资金省、成本低的良好效果。

2. 单位工程施工组织设计的内容

（1）工程概况。包括：工程主要情况、各专业设计简介和工程施工条件等内容，应尽量采用图表说明。

（2）施工部署。包括：工程管理目标（进度、质量、安全、环境和成本等）；主要施工内容及进度安排；施工流水段划分；工程施工的重点和难点分析，工程管理的组织机构形式及项目经理部的工作岗位设置和职责划分；工程施工中开发和使用的新技术、新工艺、新材料和新设备；主要分包工程施工单位的选择要求及管理方式的简要说明。

（3）施工进度计划。单位工程施工进度计划应按照施工部署的安排进行编制。施工进度计划可采用网络图或横道图表示，并附必要说明；对于工程规模较大或较复杂的工程，宜采用网络图表示。

（4）施工准备与资源配置计划。施工准备应包括技术准备、现场准备和资金准备等。资源配置计划应包括劳动力配置计划和物资配置计划等。

（5）主要施工方案。单位工程应按照《建筑工程施工质量验收统一标准》（GB 50300—2001）中分部、分项工程的划分原则，对主要分部、分项工程制订施工方案。对脚手架工程、起重吊装工程、临时用水用电工程、季节性施工等专项工程所采用的施工方案，应进行必要的验算和说明。

（6）施工现场平面布置。施工现场平面布置图应参照《建筑施工组织设计规范》（GB/T 50502—2009）的有关规定并结合施工组织总设计，一般按地基基础、主体、装修装饰和机电设备三个阶段分别绘制。

3. 施工方案

施工方案是以分部（分项）工程为主要对象编制的施工技术与组织方案，用以具体指导施工过程。一般包括由专业承包公司独立承包项目中的分部（分项）工程或专项工程所编制的施工方案，以及由总承包单位编制的分部（分项）工程或专项工程施工方案两种情况。主要内容包括以下几方面。

（1）工程概况。包括：工程主要情况、设计简介和工程施工条件等内容。

1）工程主要情况应包括：分部（分项）工程或专项工程名称，工程参建单位的相关情况，工程的施工范围，施工合同、招标文件或总承包单位对工程施工的重点要求等。

2）设计简介应主要介绍施工范围内的工程设计内容和相关要求。

3）工程施工条件应重点说明与分部（分项）工程或专项工程相关的内容。

（2）施工安排。

1）工程施工目标包括进度、质量、安全、环境和成本等目标，各项目标应满足施工合同、招标文件和总承包单位对工程施工的要求。

2）工程施工顺序及施工流水段，应在施工安排中确定。

3）针对工程的重点和难点，进行施工安排并简述主要管理和技术措施。

4）工程管理的组织机构及岗位职责，应在施工安排中确定，并应符合总承包单位的要求。

（3）施工进度计划。分部（分项）工程或专项工程施工进度计划，应按照施工安排并结合总承包单位的施工进度计划进行编制。施工进度计划可采用网络图或横道图表示，并附必要说明。

（4）施工准备与资源配置计划。

施工准备应包括下列内容：

1）技术准备：包括施工所需技术资料的准备、图纸深化和技术交底的要求、试验检验和测试工作计划、样板制作计划，以及与相关单位的技术交接计划等。

2）现场准备：包括生产、生活等临时设施的准备及与相关单位进行现场交接的计划等。

3）资金准备：编制资金使用计划等。

资源配置计划应包括下列内容：

1）劳动力配置计划：确定工程用工量并编制专业工种劳动力计划表。

2）物资配置计划：包括工程材料和设备配置计划、周转材料和施工机具配置计划，以及计量、测量和检验仪器配置计划等。

(5) 施工方法及工艺要求。

1) 明确分部（分项）工程或专项工程施工方法并进行必要的技术核算，对主要分项工程（工序）明确施工工艺要求。

2) 对易发生质量通病、易出现安全问题、施工难度大、技术含量高的分项工程（工序）等，应做出重点说明。

3) 对开发和使用的新技术、新工艺以及采用的新材料、新设备，应通过必要的试验或论证并制订计划。

4) 对季节性施工，应提出具体要求。

第四节　施工组织设计编制的基本规定

施工组织设计是以施工项目为对象编制的，用以指导施工的技术、经济和管理的综合性文件。一般由施工企业或施工项目经理部编制，在编制过程中应遵守以下基本规定。

(1) 施工组织设计编制的基本原则。

1) 遵循工程建设程序。我国工程建设程序可归纳为投资决策阶段、勘察设计阶段、项目施工阶段、竣工验收和交付使用四个阶段。项目施工阶段应在勘察设计阶段结束并且施工准备完成之后方可开始。如果违背工程建设程序，就会给施工带来混乱，造成时间浪费、资源损失、质量低劣等后果。

2) 符合施工合同或招标文件中有关工程进度、质量、安全、环境保护、造价等方面的要求。

3) 积极开发、使用新技术和新工艺，推广应用新材料和新设备。先进的施工技术与科学的施工管理手段相结合，是改善建筑施工企业和工程项目经理部的生产经营管理素质，提高劳动生产率，保证工程质量，缩短工期，降低工程成本的重要途径。企业应当积极利用工程特点组织开发、创新施工技术和施工工艺。

4) 坚持科学的施工程序和合理的施工顺序，采用流水施工和网络计划等方法，科学配置资源，合理布置现场，采取季节性施工措施，实现均衡施工，达到合理的经济技术指标。

建筑施工程序和施工顺序是建筑产品生产过程中的固有规律。建筑产品生产活动是在同一场地和不同空间，同时或前后交错搭接地进行，前面的工作不完成，后面的工作就不能开始。这种前后顺序是客观规律决定的，而交错搭接则是计划决策人员争取时间的主观努力。所以在组织工程项目施工过程中，必须科学地安排施工程序和施工顺序。

由于建筑产品生产露天作业的特点，因此拟建工程项目的施工必然要受气候和季节的影响，冬季的严寒和夏季的多雨，都不利于建筑施工的正常进行。如果不采取相应的、可靠的技术组织措施，全年施工的均衡性、连续性就不能得到保证。

5) 采取技术和管理措施，推广建筑节能和绿色施工。

6) 与质量、环境和职业健康安全三个管理体系有效结合。

(2) 施工组织设计的编制和审批规定：

1）施工组织设计应由项目负责人主持编制，可根据需要分阶段编制和审批。

2）施工组织总设计应由总承包单位技术负责人审批；单位工程施工组织设计应由施工单位技术负责人或技术负责人授权的技术人员审批；施工方案应由项目技术负责人审批；重点、难点分部（分项）工程和专项工程施工方案，应由施工单位技术部门组织相关专家评审，施工单位技术负责人批准。

3）由专业承包单位施工的分部（分项）工程或专项工程的施工方案，应由专业承包单位技术负责人或技术负责人授权的技术人员审批；有总承包单位时，应由总承包单位项目技术负责人核准备案。

4）规模较大的分部（分项）工程和专项工程的施工方案，应按单位工程施工组织设计进行编制和审批。

（3）施工组织设计应实行动态管理，并符合下列规定：

1）项目施工过程中，发生以下情况之一时，施工组织设计应及时进行修改或补充。

①工程设计有重大修改。

②有关法律、法规、规范和标准的实施、修订及废止。

③主要施工方法有重大调整。

④主要施工资源配置有重大调整。

⑤施工环境有重大改变。

2）经修改或补充的施工组织设计应重新审批后实施。

3）项目施工前，应进行施工组织设计逐级交底；项目施工过程中，应对施工组织设计的执行情况进行检查、分析并适时调整。

（4）施工组织设计应在工程竣工验收后归档。

第五节　施工组织设计与施工项目管理规划

施工组织设计是我国长期工程建设实践中形成的一项管理制度，虽然产生于计划经济管理体制下，但在实际运行中，对规范建筑工程施工管理起到了相当重要的作用。在当前市场经济条件下，它仍然是组织施工必不可少的重要文件。

施工项目管理规划是对施工项目全过程中的各种管理职能工作、管理过程以及管理要素进行完整的、全面的、总体的计划。施工项目管理规划包括施工项目管理规划大纲和施工项目管理实施规划。施工组织设计是按拟建工程开、竣工时间编制的具体指导施工的技术经济文件，而施工项目管理规划是一种管理文件，产生于管理职能，服务于项目管理。在实际工程中，应注意其一致性和相容性，避免重复性工作。

在实际工程中，当承包人编制施工组织设计时，需根据项目管理的需要，增加相关的施工管理计划内容，可根据工程的具体情况加以取舍，在编制施工组织设计时，各项管理计划可单独成章，也可穿插在施工组织设计的相应章节中，使之成为项目管理的指导性文件。

施工管理计划一般包括进度管理计划、质量管理计划、安全管理计划、环境管理计划、成本管理计划以及其他管理计划等内容。各项管理计划的制订，应根据项目的特点有所侧重。

1. 进度管理计划

项目施工进度管理应按照项目施工的技术规律和合理的施工顺序，保证各工序在时间上和空间上顺利衔接。

2. 质量管理计划

质量管理计划可参照《质量管理体系 要求》（GB/T 19001—2008），在施工单位质量管理体系的框架内编制。质量管理计划应包括下列内容：

（1）按照项目具体要求确定质量目标并进行目标分解，质量指标应具有可测量性。

（2）建立项目质量管理的组织机构并明确职责。

（3）制订符合项目特点的技术保障和资源保障措施，通过可靠的预防控制措施，保证质量目标的实现。

（4）建立质量过程检查制度，并对质量事故的处理做出相应规定。

3. 安全管理计划

安全管理计划可参照《职业健康安全管理体系 规范》（GB/T 28001—2001），在施工单位安全管理体系的框架内编制。安全管理计划应包括下列内容：

（1）确定项目重要危险源，制订项目职业健康安全管理目标。

（2）建立有管理层次的项目安全管理组织机构并明确职责。

（3）根据项目特点，进行职业健康安全方面的资源配置。

（4）建立具有针对性的安全生产管理制度和职工安全教育培训制度。

（5）针对项目重要危险源，制订相应的安全技术措施；对达到一定规模的危险性较大的分部（分项）工程和特殊工种的作业，应制订专项安全技术措施的编制计划。

（6）根据季节、气候的变化，制订相应的季节性安全施工措施。

（7）建立现场安全检查制度，并对安全事故的处理做出相应规定。

4. 环境管理计划

环境管理计划可参照《环境管理体系 要求及使用指南》（GB/T 24001—2004），在施工单位环境管理体系的框架内编制。环境管理计划应包括下列内容：

（1）确定项目重要环境因素，制订项目环境管理目标。

（2）建立项目环境管理的组织机构并明确职责。

（3）根据项目特点，进行环境保护方面的资源配置。

（4）制订现场环境保护的控制措施。

（5）建立现场环境检查制度，并对环境事故的处理做出相应规定。

5. 成本管理计划

成本管理计划应以项目施工预算和施工进度计划为依据编制。成本管理计划应包括下列内容：

（1）根据项目施工预算，制订项目施工成本目标。

（2）根据施工进度计划，对项目施工成本目标进行阶段分解。

（3）建立施工成本管理的组织机构并明确职责，制订相应管理制度。

（4）采取合理的技术、组织和合同等措施，控制施工成本。

（5）确定科学的成本分析方法，制订必要的纠偏措施和风险控制措施。

6. 其他管理计划

其他管理计划宜包括绿色施工管理计划、防火保安管理计划、合同管理计划、组织协调管理计划、创优质工程管理计划、质量保修管理计划，以及对施工现场人力资源、施工机具、材料设备等生产要素的管理计划等。其他管理计划可根据项目的特点和复杂程度加以取舍。

各项管理计划的内容应有目标、组织机构、资源配置、管理制度和技术、组织措施等。

第二章　建筑工程流水施工

建筑工程中采用的"流水施工"方法，来源于工业生产，它能使建筑施工连续和均衡，可以降低工程成本和提高经济效益，实践证明它是组织施工的一种好方法。

第一节　流水施工的基本概念

一个建筑工程可分成若干个施工过程，而每个施工过程可以组织一个或多个施工班组来进行施工。如何组织各施工班组的先后顺序或平行搭接施工，是施工组织中最基本的问题。

组织工程施工一般有依次施工、平行施工和流水施工三种方式。

例如有 m 个同类型施工对象的施工，在组织施工时采用不同的施工组织方式，其工期和效果是不同的，如图 2-1 所示。

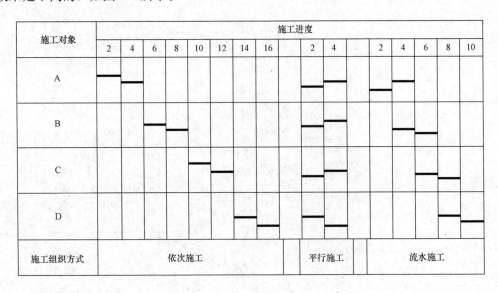

图 2-1　施工组织方式

一、依次施工

依次施工是将拟建工程项目分解成若干个施工过程，按照一定的施工顺序，前一个施工过程完成后，进行后一个施工过程的施工；或者前一个工程完成后，再进行后一个工程的施工。这种施工组织方法，单位时间内投入的资源量较少，有利于资源供应的组织，施工现场的组织、管理也比较简单，但建筑施工专业队（组）的工作是间歇性的，物资资源的消耗也是间断性的，工作面没能充分利用，耗费的工期最长。

二、平行施工

平行施工组织方式，是指几个相同的专业队，在同一时间，不同的空间同时施工，同时竣工。这种施工组织方式由于充分地利用了工作面，耗费的工期最短，但单位时间投入施工的资源消耗量成倍增长，施工现场组织、管理复杂，专业队不能连续作业，经济效益不佳。

三、流水施工

流水施工组织方式是将拟建工程项目分解成若干施工过程，同时将各施工过程根据流水组织的需要在平面上划分成若干个劳动量大致相等的施工段，某一个专业队只要完成了第一个施工段的分项工程后，后一个专业队即可进入第一个施工段开始第二个分项工程，以此类推，按顺序进行施工。

流水施工是一种以分工为基础的协作过程，是成批生产建筑产品的一种优越的施工方式。它是在依次施工和平行施工的基础上产生的，它既克服了依次施工和平行施工组织方式的缺点，又具有它们两者的优点：

(1) 科学合理的利用了工作面，争取了时间，有利于缩短施工工期。

(2) 能够保持各施工过程的连续性、均衡性，有利于提高施工管理水平和技术经济效益。

(3) 由于实现了专业化施工，可使各施工班组在一定时期内保持相同的施工操作和连续、均衡的施工，更好的保证工程质量，提高劳动生产率。

(4) 单位时间投入施工的资源量较为均衡，有利于资源供应的组织工作。

第二节 流水施工组织要点

一、流水施工的分级

根据流水施工组织的范围划分，流水施工通常可分为：

(1) 分项工程流水施工，也称为细部流水施工。它是一个专业工种使用同一的生产工具，依次连续不断地在各施工段中完成同一施工过程的流水施工。

(2) 分部工程流水施工，也称为专业流水施工。它是在一个分部工程内部、各分项工程之间，将若干个工艺上密切联系的细部流水施工组合应用所形成的流水施工。

(3) 单位工程流水施工，也称为综合流水施工。它是在一个单位工程内部组织起来的全部专业流水施工的总和。

(4) 群体工程流水施工，也称为大流水施工。它是在若干个单位工程之间组织起来的全部综合流水施工的总和。

流水施工的分级和它们之间的相互关系，如图 2-2 所示。

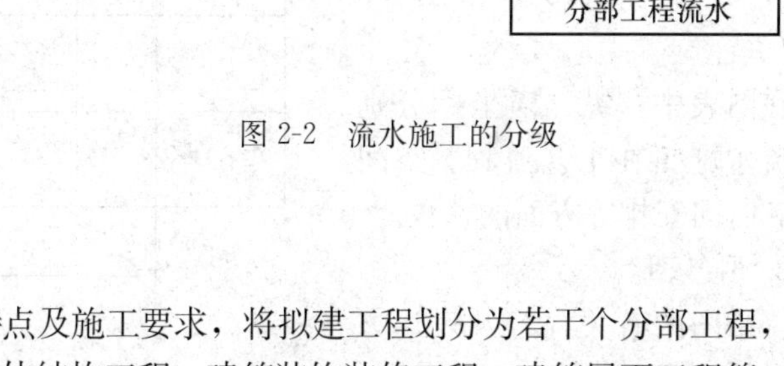

图 2-2 流水施工的分级

二、组织流水施工的要点

1. 划分分部分项工程

要组织流水施工，应根据工程特点及施工要求，将拟建工程划分为若干个分部工程，如土建工程可划分成地基与基础工程、主体结构工程、建筑装饰装修工程、建筑屋面工程等。然后

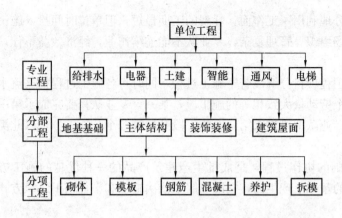

图 2-3　施工项目分解

将各分部工程分解成若干施工过程（即分项工程或工序），如现浇混凝土工程可分解成支模板、绑钢筋、浇混凝土、养护、拆模等施工过程（见图 2-3）。

在分解工程项目时要根据实际情况决定，粗细要适中，划分得太粗，则所编制的流水施工进度不能对施工起指导和控制作用，划分得太细，则在组织流水作业时过于繁琐。

在组织流水作业中，并非所有的施工过程均纳入流水作业的项目，只是在施工时间、操作地点及空间上有依赖关系的那些施工过程，才纳入流水组织，其余的施工过程可以归并或不参加流水。

2. 划分施工段

根据流水施工的需要，将施工对象在平面上或空间上，划分工程量大致相等的若干个施工段。

3. 每个施工过程组织独立的施工班组

在一个流水组中，每个施工过程尽可能组织独立的施工班组，其形式可以是专业班组，也可以是混合班组，这样可以使每个施工班组按施工顺序，依次、连续、均衡地从一个施工段转移到另一个施工段进行相同的操作。

4. 主要施工过程必须连续、均衡地施工

对工程量较大、施工时间较长的主要施工过程，必须组织连续、均衡施工；对其他次要施工过程，可考虑与相邻的施工过程合并，如不能合并，可安排间断施工；在有工作面的条件下，亦可组织平行搭接施工。

三、流水施工表达方式

流水施工的表达方式，主要有横道图和网络图两种表达方式。

1. 横道图

流水施工的横道图表达形式分水平指示图表和垂直指示图表两种方式，如图 2-4 和图 2-5 所示。

在图表中，纵、横坐标分别表示流水施工在工艺流程、空间布置和时间安排等方面的参数。

2. 网络图

网络图的有关内容及表达方式详见第三章。

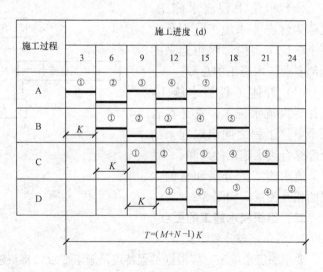

图 2-4　全等节拍专业流水施工进度表

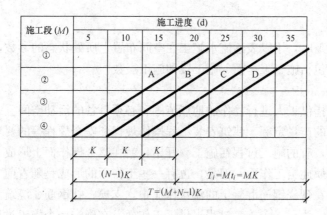

图 2-5 垂直图表

第三节 流水施工的主要参数

在组织工程项目流水施工时，用以表达流水施工在工艺流程、空间布置和时间安排等方面实施状态的参数，称为流水参数。主要包括工艺参数、空间参数和时间参数三类。

一、工艺参数

在组织流水施工时，将拟建工程项目的整个建造过程分解为若干个部分，称为施工过程，而施工过程的数目，一般以"N"表示。

施工过程划分的数目多少、粗细程度一般与下列因素有关。

1. 施工计划的性质和作用

对工程施工控制性计划，长期计划及建筑群体规模大、结构复杂、施工期长的工程的施工进度计划，其施工过程划分可粗些，综合程度高些。对中小型单位工程及施工期不长的工程的施工实施性计划，其施工过程划分可细些、具体些，一般划分至分项工程。对月度作业性计划，有些施工过程还可分解为工序，如安装模板、绑扎钢筋等。

2. 施工方案及工程结构

厂房的柱基础与设备基础土方工程，如同时施工，可合并为一个施工过程；如先后施工，可分为两个施工过程。承重墙与非承重墙的砌筑，也是如此。砖混结构、大墙板结构、装配式框架与现浇钢筋混凝土框架等不同结构体系，其施工过程划分及其内容也各不相同。

3. 劳动组织及劳动量大小

施工过程的划分与施工班组及施工习惯有关。如安装玻璃、油漆施工可合也可分，因为有的是混合班组，有的是单一工种的班组。施工过程的划分还与劳动量大小有关。劳动量小的施工过程，当组织流水施工有困难时，可与其他施工过程合并。如垫层劳动量较小时可与挖土合并为一个施工过程，这样可以使各个施工过程的劳动量大致相等，便于组织流水施工。

4. 劳动内容和范围

施工过程的划分与其劳动内容和范围有关。如直接在施工现场与工程对象上进行的劳动过程，可以划入流水施工过程，而场外劳动内容（如预制加工、运输等）可以不划入流水施工过程。

二、空间参数

在组织流水施工时，用以表达流水施工在空间布置上所处状态的参数，称空间参数。空间参数一般包括施工工作面、施工段和施工层数。

(一) 工作面

施工工作面是指供工人进行操作的地点范围和必须具备的活动空间。它的大小，是根据相应工种单位时间的产量定额、建筑安装工程操作规程和安全规程等的要求确定的。

在流水施工中，有的施工过程在施工一开始，就在整个操作面上形成了施工工作面。例如人工开挖基槽就属此类工作面。但是，也有一些工作面的形成是随着前一个施工过程的结束而形成的。例如在现浇钢筋混凝土的流水作业中，支模、扎钢筋、浇筑混凝土等都是前一个施工过程的结束，为后一个施工过程提供了工作面。在确定一个施工过程的工作面时，不仅要考虑前一施工过程可能提供的工作面的大小，还要符合安全技术、施工技术规范的规定，以及有利于提高劳动生产率等因素。总之，工作面的确定是否恰当，直接影响到安置施工人员的数量、施工方法和工期。

有关工种工作面可参考表 2-1。

表 2-1　　　　　　　　　　　　主要工种工作面参考数据表

工 作 项 目	每个技工的工作面	说　　明
砖基础	7.6m/人	以 1½砖计，2 砖乘以 0.8，3 砖乘以 0.55
砌砖墙	8.5m/人	以 1 砖计，1½砖乘以 0.71，2 砖乘以 0.57
毛石墙基	3m/人	以 60cm 计
毛石墙	3.3m/人	以 40cm 计
混凝土柱、墙基础	8m³/人	机拌、机捣
混凝土设备基础	2.45m³/人	机拌、机捣
现浇钢筋混凝土梁	3.20m³/人	机拌、机捣
现浇钢筋混凝土墙	5m³/人	机拌、机捣
现浇钢筋混凝土楼盖	5.3m³/人	机拌、机捣
预制钢筋混凝土柱	3.6m³/人	机拌、机捣
预制钢筋混凝土梁	3.6m³/人	机拌、机捣
预制钢筋混凝土屋架	2.7m³/人	机拌、机捣
预制钢筋混凝土平板、空心板	1.9m³/人	机拌、机捣
预制钢筋混凝土大型屋面板	2.6m³/人	机拌、机捣
混凝土地坪及面层	40m²/人	机拌、机捣
外墙抹灰	16m²/人	
内墙抹灰	18.5m²/人	
卷材屋面	18.5m²/人	
防水水泥砂浆屋面	16m²/人	
门窗安装	11m²/人	

（二）施工段

在组织流水施工时，通常把施工对象在平面上划分为劳动量大致相等的施工区段，这些施工区段就叫施工段，一般以"M"表示。

划分施工段的目的，是为了组织流水施工，保证不同的施工班组能在不同的施工段上同时进行施工，并使各施工班组能按一定的时间间隔转移到另一个施工段进行连续施工，既消除等待、停歇现象，又互不干扰。

施工层是指为满足竖向流水施工的需要，在建筑物垂直方向上划分的施工区段，常用"M'"表示。施工层的划分视工程对象的具体情况而定，一般以建筑物的结构层作为施工层。例如，一个五层砖混结构房屋，其结构层数就是施工层数，即 $M'=5$。如果该房屋每层划分为三个施工段，那么总的施工段数 $M=5\times 3=15$。

1. 划分施工段的基本要求

（1）施工段的数目要合理。施工段过多，会增加总的施工延续时间，而且工作面不能充分利用；施工段过少，则会引起劳动力、机械和材料供应的过分集中，有时还会造成"断流"的现象。

（2）各施工段的劳动量（或工程量）一般应大致相等（相差宜在15%以内），以保证各施工班组连续、均衡地施工。

（3）施工段的划分界限要以保证施工质量且不违反操作规程要求为前提。例如结构上不允许留施工缝的部位不能作为划分施工段的界限。

（4）当组织楼层结构的流水施工时，为使各施工班组能连续施工，上一层的施工必须在下一层对应部位完成后才能开始。即各施工班组做完第一段后，能立即转入第二段；做完第一层的最后一段后，能立即转入第二层的第一段。因此，每一层的施工段数 M_0 必须大于或等于其施工过程数 N，即

$$M_0 \geqslant N \qquad (2\text{-}1)$$

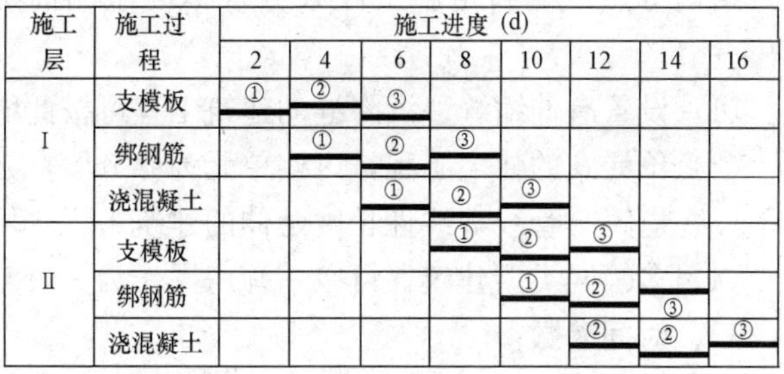

例如：某现浇钢筋混凝土建筑，共两层，在组织流水施工时将主体工程划分为三个施工过程，即支模板、绑扎钢筋和浇筑混凝土，即 $N=3$；设每个施工过程在各个施工段上施工所需时间均为 3d；现分析如下。

施工层	施工过程	施工进度 (d)							
		2	4	6	8	10	12	14	16
I	支模板	①	②	③					
	绑钢筋		①	②	③				
	浇混凝土			①	②	③			
II	支模板					①	②	③	
	绑钢筋						①	②	③
	浇混凝土							② ②	③

图 2-6 当 $M_0=N$ 时的进度安排

1）当 $M_0=N$ 时，即每层分三个施工段组织流水施工时，其进度安排如图 2-6 所示。

从图 2-6 可以看出：各施工班组均能保持连续施工，每施工段上均有施工班组，工作面能充分利用，无停歇现象，不会产生窝工。这是理想化的施工方案，且要求项目部有较高的管理水平。

2）当 $M_0>N$ 时，如每层分四个施工段组织流水施工时，其进度安排如图 2-7 所示。

从图 2-7 可以看出：施工班组的施工仍是连续的，但施工段有空闲，

施工层	施工过程	施工进度 (d)									
		2	4	6	8	10	12	14	16	18	20
I	支模板	①	②	③	④						
	绑钢筋		①	②	③	④					
	浇混凝土			①	②	③	④				
II	支模板				K	①	②	③	④		
	绑钢筋					①	②	③	④		
	浇混凝土						①	②	③	④	

图 2-7 当 $M_0>N$ 时的进度安排表

如上例中各施工段在第一层混凝土浇筑完毕后，不能马上转入第二层，需空闲 3d。这时，工作面的停歇并不一定有害，有时还是必要的，如可以利用停歇的时间做养护、备料、弹线等工作。但当施工段数过多，必然使工作面减小，从而减少施工班组的人数，使工期延长。

3）当 $M_0 < N$ 时，如每层分两个施工段组织流水施工时，其进度安排如图 2-8 所示。

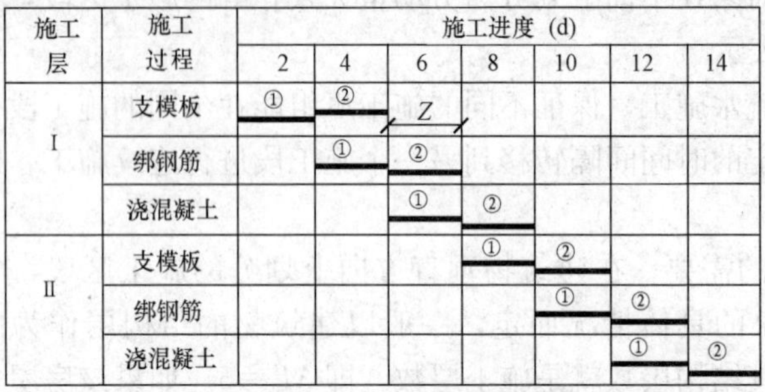

施工层	施工过程	施工进度 (d)						
		2	4	6	8	10	12	14
Ⅰ	支模板	①	②	Z				
	绑钢筋		①	②				
	浇混凝土			①	②			
Ⅱ	支模板				①	②		
	绑钢筋					①	②	
	浇混凝土						①	②

图 2-8　当 $M_0 < N$ 时的进度安排表

从图 2-8 可看出，专业工作队不能连续作业，如支模板专业队在完成第一层的施工任务后，要停工 3d 才能进行第二层第一段的施工，其他队同样也要停工 3d，这对一个建筑物组织流水施工是不适宜的。但若有若干幢同类型建筑物时，可组织各建筑物之间的大流水施工，以弥补上述不足。

从上面的三种情况可以看出，施工段划分数量的多少，影响了是否能组织连续施工，同时也影响工期的长短。

2. 划分施工段的部位

施工段划分的部位要有利于结构的整体性，应考虑到施工工程对象的轮廓形状、平面组成及结构特点。在满足施工段划分基本要求的前提下，可按下述几种情况划分施工段的部位。

（1）设置有伸缩缝、沉降缝的建筑工程可按此缝为界划分施工段；

（2）单元式的住宅工程，可按单元为界分段，必要时以半个单元为界分段；

（3）道路、管线等线性长度延伸的建筑工程，可按一定长度作为一个施工段；

（4）多幢同类型建筑，可以一幢房屋作为一个施工段。

三、时间参数

在组织流水施工时，用以表达流水施工在时间排列上所处状态的参数，称为时间参数。它包括：流水节拍、流水步距、平行搭接时间、技术间歇时间和组织管理间歇时间等五种。

（一）流水节拍

在组织流水施工时，每个专业工作队在各个施工段上完成相应的施工任务所需要的工作延续时间，称为流水节拍。通常以 t_i 表示，它是流水施工的基本参数之一。

流水节拍的大小，可以反映出流水施工速度的快慢、节奏感的强弱和资源消耗量的多少。根据其数值特征，一般将流水施工又分为：等节拍专业流水、异节拍专业流水和无节奏专业流水等施工组织方式。

1. 流水节拍的计算

影响流水节拍数值大小的因素主要有：项目施工时所采取的施工方案，各施工段投入的劳动力人数或施工机械台班数、工作班次，以及该施工段工程量的多少。为避免工作队转移时浪费工时，流水节拍在数值上最好是半个班的整倍数。其数值的确定，可按以下各种方法进行。

（1）定额计算法。这是根据各施工段的工程量、能够投入的资源量（人工数、机械台班

数和材料量等）按式（2-2）或式（2-3）进行计算，即

$$t_i = \frac{Q_i}{S_i R_i N_i} = \frac{P_i}{R_i N_i} \tag{2-2}$$

或

$$t_i = \frac{Q_i H_i}{R_i N_i} = \frac{P_i}{R_i N_i} \tag{2-3}$$

$$P_i = \frac{Q_i}{S_i}（或 = Q_i H_i）$$

上式中　t_i——某专业工作队在第 i 施工段的流水节拍；

　　　　Q_i——某专业工作队在第 i 施工段要完成的工程量；

　　　　S_i——某专业工作队的计划产量定额；

　　　　H_i——某专业工作队的计划时间定额；

　　　　P_i——某专业工作队在第 i 施工段需要的劳动量或机械台班数量；

　　　　R_i——某专业工作队投入的工作人数或机械台班数；

　　　　N_i——某专业工作队的工作班次。

在式（2-2）和式（2-3）中，S_i 和 H_i 最好是本项目经理部的实际水平。

（2）经验估算法。它是根据以往的施工经验进行估算。一般为了提高其准确程度，往往先估算出该流水节拍的最长、最短和正常（即最可能）三种时间，然后据此求出期望时间作为某专业工作队在某施工段上的流水节拍。因此，本法也称为三种时间估算法。一般按式（2-4）进行计算，即

$$t = \frac{a + 4c + b}{6} \tag{2-4}$$

式中　t——某施工过程在某施工段上的流水节拍；

　　　a——某施工过程在某施工段上的最短估算时间；

　　　b——某施工过程在某施工段上的最长估算时间；

　　　c——某施工过程在某施工段上的正常估算时间。

这种方法多适用于采用新工艺、新方法和新材料等没有定额可循的工程。

（3）工期计算法。对某些施工任务在规定日期内必须完成的工程项目，往往采用倒排进度法。具体步骤如下：

1）根据工期倒排进度，确定某施工过程的工作延续时间；

2）确定某施工过程在某施工段上的流水节拍。若同一施工过程的流水节拍不等，则用估算法；若流水节拍相等，则按式（2-5）进行计算，即

$$t = \frac{T}{M} \tag{2-5}$$

式中　t——流水节拍；

　　　T——某施工过程的工作持续时间；

　　　M——某施工过程划分的施工段数。

当施工段数确定后，流水节拍大，则工期相应的就长。因此，从理论上讲，总是希望流水节拍越小越好。但实际上由于受工作面的限制，每一施工过程在各施工段上都有最小的流水节拍，其数值可按式（2-6）计算，即

$$t_{\min} = \frac{A_{\min}\mu}{S} \tag{2-6}$$

式中　$t_{\min}$——某施工过程在某施工段的最小流水节拍;

　　　$A_{\min}$——每个工人所需最小工作面;

　　　μ——单位工作面工程量含量;

　　　S——产量定额。

式（2-6）算出的数值,应取整数或半个工日的整倍数,根据工期计算的流水节拍,应大于最小流水节拍。

2. 确定流水节拍的要点

(1) 施工班组人数应符合该施工过程最少劳动组合人数的要求。例如,现浇钢筋混凝土施工过程,包括上料、搅拌、运输、浇捣等施工操作环节,如果人数太少,是无法组织施工的。

(2) 要考虑工作面的大小或某种条件的限制。施工班组人数也不能太多,每个工人的工作面要符合最小工作面的要求。否则,就不能发挥正常的施工效率或不利于安全生产。

(3) 要考虑各种机械台班的效率(吊装次数)或机械台班产量的大小。

(4) 要考虑各种材料、构件等施工现场堆放量、供应能力及其他有关条件的制约。

(5) 要考虑施工及技术条件的要求。例如不能留施工缝必须连续浇筑的钢筋混凝土工程,有时要按三班制工作的条件决定流水节拍,以确保工程质量。

(6) 确定一个分部工程施工过程的流水节拍时,首先应考虑主要的、工程量大的施工过程的节拍(它的节拍值最大,对工程起主要作用),其次确定其他施工过程的节拍值。

(7) 节拍值一般取整数,必要时可保留 0.5d (台班) 的小数值。

(二) 流水步距

流水施工中,相邻两个施工班组先后进入同一施工段开始施工的间隔时间,称为流水步距,通常以 $K_{i,i+1}$ 表示(i 表示前一个施工过程,$i+1$ 表示后一个施工过程)。

流水步距的大小,对工期有着较大的影响。一般说来,在施工段不变的条件下,流水步距越大,工期越长;流水步距越小,则工期越短。流水步距还与前后两个相邻施工过程流水节拍的大小、施工工艺技术要求、是否有技术和组织间歇时间、施工段数目、流水施工的组织方式等有关。

1. 流水步距的计算

在流水施工中,如果同一施工过程在各施工段上的流水节拍相等,则各相邻施工过程之间的流水步距可按式（2-7）计算

$$K_{i,i+1} = t_i + Z_{i,i+1} - C_{i,i+1} \text{(当 } t_i \leqslant t_{i+1})$$

$$K_{i,i+1} = Mt_i - (M-1)t_{i+1} + Z_{i,i+1} - C_{i,i+1} \text{(当 } t_i \geqslant t_{i+1}) \tag{2-7}$$

式中　t_i——第 i 个施工过程的流水节拍;

　　　t_{i+1}——第 $i+1$ 个施工过程的流水节拍;

　　　$Z_{i,i+1}$——第 i 个施工过程与第 $i+1$ 个施工过程之间的间歇时间;

　　　$C_{i,i+1}$——第 i 个施工过程与第 $i+1$ 个施工过程之间的平行搭接时间。

2. 确定流水步距的原则

(1) 流水步距要满足相邻两个专业工作队,在施工顺序上的相互制约关系;

（2）流水步距要保证各专业工作队都能连续作业；

（3）流水步距要保证相邻两个专业工作队，在开工时间上最大限度地、合理地搭接。

（三）平行搭接时间

在组织流水施工时，有时为了缩短工期，在工作面允许的条件下，如果前一个专业工作队完成部分施工任务后，能够提前为后一个专业工作队提供工作面，使后者提前进入前一个施工段，两者在同一施工段上平行搭接施工，这个搭接的时间称为平行搭接时间，通常以 $C_{i,i+1}$ 表示。

（四）技术间歇时间

在组织流水施工时，除要考虑相邻专业工作队之间的流水步距外，有时根据建筑材料或现浇构件等的工艺性质，还要考虑合理的工艺等待间歇时间，这个等待时间称为技术间歇时间，如混凝土浇筑后的养护时间、砂浆抹面和油漆面的干燥时间等。技术间歇时间以 $Z_{i,i+1}$ 表示。

（五）组织间歇时间

在流水施工中，由于施工技术或施工组织的原因，造成的在流水步距以外增加的间歇时间，称为组织间歇时间，如墙体砌筑前的墙身位置弹线，施工人员、机械转移，回填土前地下管道检查验收等。组织间歇时间以 $G_{i,i+1}$ 表示。

在组织流水施工时，项目经理部对技术间歇和组织间歇时间，可根据项目施工中的具体情况分别考虑或统一考虑；但二者的概念、作用和内容是不同的，必须结合具体情况灵活处理。

四、工期

工期是指完成一项工程任务或一个流水组施工所需的时间，一般可采用式（2-8）计算

$$T = \sum K_{i,i+1} + T_n \tag{2-8}$$

式中　　$\sum K_{i,i+1}$——流水施工中各流水步距之和；

　　　　T_n——流水施工中最后一个施工过程的延续时间。

第四节　流水施工的组织方法

流水施工按其流水节拍的特征不同可分为等节拍专业流水、成倍节拍专业流水和无节奏专业流水等几种形式。

一、等节拍专业流水

等节拍专业流水（亦称等节奏流水），是指流水速度相等，是最理想的组织流水方式。这种组织方式能够保证专业队工作连续、有节奏、均衡的施工。在可能的情况下，应尽量采用这种流水方式组织流水施工。

组织等节拍专业流水，首要的前提是使各施工段的工程量基本相等；其次是要先确定主导施工过程的流水节拍；第三要使其他施工过程的流水节拍与主导施工过程的流水节拍相等，可以通过调节投入专业队人数的办法做到这一点。

（一）主要特点

参与流水施工的各施工过程在各施工段上的流水节拍均相等，由于流水节拍相等，各施工过程的施工速度是一样的，两相邻施工过程间的流水步距等于一个流水节拍，即

$$K_{i,i+1} = t_i$$

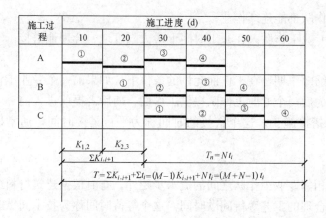

图 2-9　全等节拍流水工期计算示意图

图 2-9 所示为全等节拍流水示意图。

由图中可看出，工期 T 可按式（2-8）计算，式中的 T_n 为最后一个施工过程在流水对象上各施工段工作时间的总和，称为施工过程流水持续时间的总和。

只有在等节奏流水中，各施工过程的流水持续时间 T_n 相同。这是因为在等节奏流水中，全部施工过程的所有施工段的流水节拍 t_i 均相等的缘故。

式（2-8）中

$$\Sigma K_{i,i+1} = (N-1)K_{i,i+1} \qquad (2-9)$$

$$T_n = Mt_i \qquad (2-10)$$

式中　N——参与流水作业的施工过程数（图 2-9 中 $N=3$）；

　　　M——流水施工对象划分的施工段数（图 2-9 中 $M=4$）。

将式（2-9）、式（2-10）代入式（2-8）得

$$T = (N-1)K_{i,i+1} + Mt_i \qquad (2-11)$$

将 $K_{i,i+1} = t_i$ 代入式（2-11），得

$$T = (N-1)t_i + Mt_i = (N+M-1)t_i \qquad (2-12)$$

如果在施工过程之间有间歇或搭接时间，则等节奏流水的工期按式（2-13）计算

$$T = (M+N-1)t_i + \Sigma Z_i + \Sigma G_i - \Sigma C_i \qquad (2-13)$$

如图 2-10 所示。

（二）组织示例

全等节拍流水施工的组织方法是：

（1）确定项目施工起点流向，划分施工过程。应将劳动量小的施工过程合并到相邻施工过程去，以使各流水节拍相等。

（2）确定施工顺序，划分施工段。在有层间流水关系时，划分的施工段数应能保证专业工作队能连续施工。

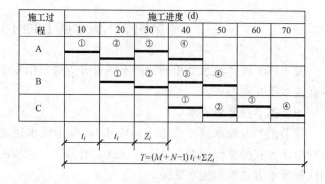

图 2-10　全等节拍流水有间歇时间（技术、
组织）工期计算示意图

（3）确定主要施工过程的施工人数并计算其流水节拍。

（4）确定流水步距。

（5）确定流水施工的工期。

（6）绘制流水施工进度安排表。

【例 2-1】 某分部工程由四个分项工程组成，划分成五个施工段，流水节拍均为 3d，无技术、组织间歇，试确定流水步距，计算工期，并绘制流水施工进度表。

解 由已知条件 $t_i = t = 3$（d）得出，本分部工程宜组织等节拍专业流水。

（1）确定流水步距。由等节拍专业流水的特点可得

$$K = t = 3(d)$$

（2）计算工期。由式（2-12）得

$$T = (M + N - 1)t_i = (5 + 4 - 1) \times 3 = 24(d)$$

（3）绘制流水施工进度表。如图 2-11 所示。

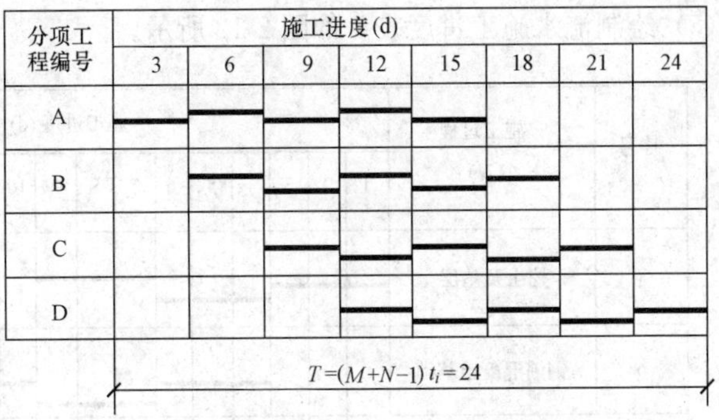

【例 2-2】 某五层三单元砖混结构住宅的基础工程，每一单元的工程量分别为挖土 187m³，垫层 11m³，绑扎钢筋 2.53t，浇捣混凝土 50m³，砌基础 90m³，回填土 130m³。以上施工过程的每工产量见表 2-2。在浇筑混凝土后，应养护 3d 才能进行基础墙砌筑。试组织全等节拍流水施工。

图 2-11　全等节拍专业流水施工进度

解 （1）划分施工过程。由于垫层工程量小，将其与挖土并为一个"挖土及垫层"施工过程；绑扎钢筋和浇捣混凝土也合并为一个"钢筋混凝土基础"施工过程。

（2）确定施工段。根据建筑物的特征，可按房屋的单元分界，划分为三个施工段，采用一班制施工。

（3）确定主要施工过程的施工人数并计算其流水节拍。本例主要施工过程为挖土及垫层，配备施工班组人数为 21 人，有

$$t_i = \frac{Q_i}{S_i R_i N_i} = \frac{P_i}{R_i N_i} = \frac{\dfrac{187}{3.5} + \dfrac{11}{1.2}}{21} = 3(d)$$

其中　$N_i = 1$。

根据主要施工过程的流水节拍，应用以上公式可计算出其他施工过程的施工班组人数，其结果见表 2-2。

流水步距 $K_{i,i+1} = t_i = 3$（d）

（4）计算工期。由式（2-13）可得

$$T = (M + N - 1)t_i + \sum Z_i + \sum G_i - \sum C_i = (3 + 4 - 1) \times 3 + 3 = 21(d)$$

其中　$M = 3$，$N = 4$，$\sum Z_i = 3$。

表 2-2　　　　　　　　　　　　**各施工过程的流水节拍及施工人数**

施工过程	工程量		每工产量	劳动量（工日）	施工班组人数	流水节拍
	数量	单位				
挖　土	187	m³	3.5	53	18	3
垫　层	11	m³	1.2	9	3	

施工过程	工程量		每工产量	劳动量（工日）	施工班组人数	流水节拍
	数量	单位				
绑钢筋	2.53	t	0.45	6	2	3
浇混凝土基础	50	m³	1.5	33	11	
砌基础墙	90	m³	1.25	72	24	3
回填土	130	m³	4	33	11	3

（5）绘制流水施工进度表。如图 2-12 所示。

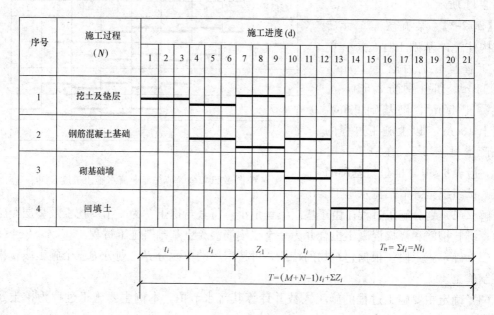

图 2-12　某基础工程流水施工进度表

二、成倍节拍专业流水

成倍节拍流水是指同一施工过程在各个施工段上的流水节拍都相等，但各施工过程之间彼此的流水节拍全部或部分不相等，流水节拍均为其中最小流水节拍的整倍数。

（一）主要特点

成倍节拍专业流水在流水施工组织中经常遇到，这是由于各施工过程的性质、复杂程度不同及所需的劳动量或机械台（班）数不同，导致各施工过程间的持续时间不同。由于前后两个施工过程流水节拍的不同，在组织流水施工时，会出现以下两种情况，分述如下：

（1）紧前施工过程的流水持续时间 t_i 小于紧后施工过程的流水持续时间 t_{i+1} 即

$$t_i \leqslant t_{i+1}$$

当相邻两个施工过程后一个流水节拍大于前一个的流水节拍时，则能保证在施工组织时，前一个施工过程任何一个施工段的结束时间都先于或等于后一个施工过程的开始时间，就能保证施工工艺的合理性。

相邻两施工过程的流水步距为

$$K_{i,i+1} = t_i$$

如图 2-13 所示。

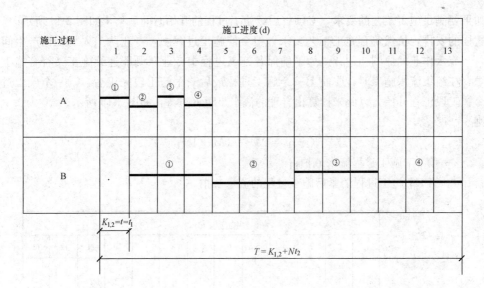

图 2-13　组织成倍节拍流水（当 $t_i \leqslant t_{i+1}$ 时 $K_{i,i+1} = t_i$ 的示意图）

（2）紧前施工过程流水节拍 t_i 大于紧后施工过程流水节拍 t_{i+1}。即

$$t_i > t_{i+1}$$

由于 $t_i > t_{i+1}$，如果仍按 $K_{i,i+1} = t_i$ 安排流水，则会出现紧前施工过程尚未结束而后续施工过程已开始施工，这显然是不符合施工工艺的要求。如图 2-14 中②、③、④施工段处所示。

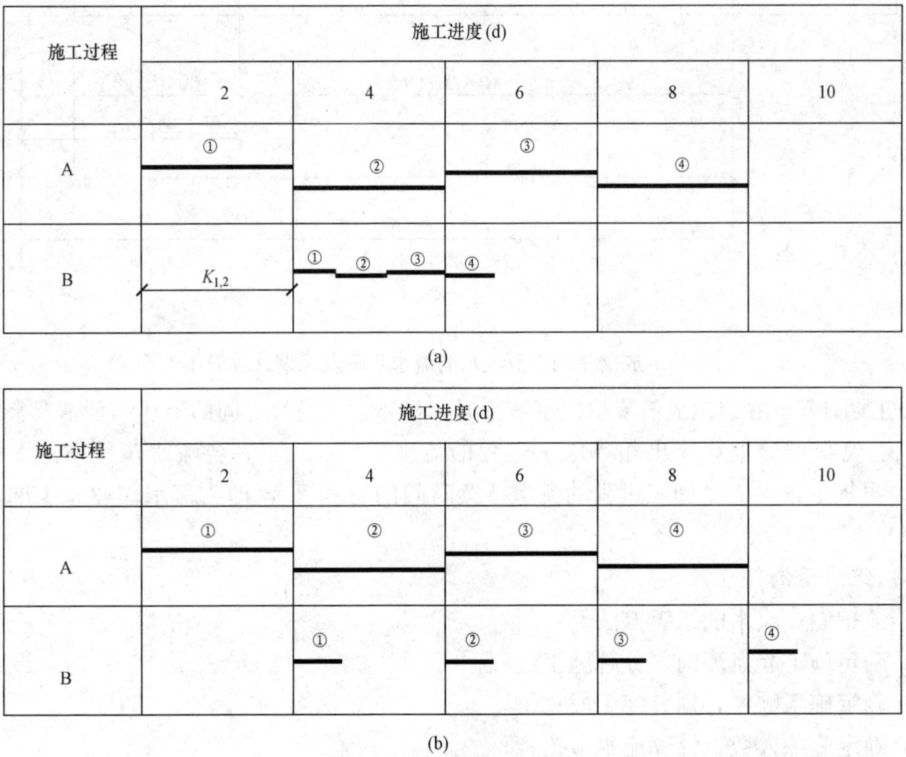

图 2-14　组织成倍节拍专业流水

（a）当 $t_i > t_{i+1}$ 时，如果仍然按 $K_{i,i+1} = t_i$ 安排流水，不符合施工工艺的示意图；

（b）当 $t_i > t_{i+1}$ 时，如果仍然按 $K_{i,i+1} = t_i$ 安排流水，施工过程不连续示意图如果要满足施工工艺的要求，必须将后续施工过程的开始时间后移，如图 2-14 所示。

这样的安排，虽然符合施工工艺要求，但会使施工过程中，专业队工人的工作产生间断和窝工，与流水作业的原则相违背。为了确保各施工过程中专业队既能连续施工又符合施工工艺的要求，在组织流水施工时，应使上一个施工过程最后一个施工段完工后，下一个施工过程最后一个施工段工程开始，以此来计算出合理的流水步距 $K_{i,i+1}$，如图 2-15 所示。

则

$$K_{i,i+1} = Mt_i - (M-1)t_{i+1} \qquad (2\text{-}14)$$

式中　t_i——第 i 个施工过程流水节拍；

t_{i+1}——第 i 个施工过程的紧后施工过程的流水节拍。

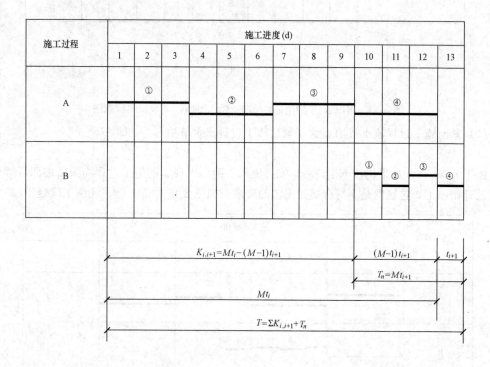

图 2-15　成倍节拍专业流水的流水步距及工期计算简图

（3）工期计算。在组织成倍节拍流水施工时，相邻施工过程之间的上述两种情况会前后发生，按以上规则可分别计算出相邻施工过程的流水步距 $K_{i,i+1}$；各流水步距 $K_{i,i+1}$ 的总和 $\Sigma K_{i,i+1}$，再加上最后一个施工过程的流水持续时间的总和 T_n，即为流水作业总工期，见式（2-8）。

（二）组织示例

成倍节拍专业流水的组织方法是：

（1）确定施工起点流向，分解施工过程；

（2）确定施工顺序，划分施工段；

（3）确定施工人数，计算流水节拍；

（4）确定流水步距 $K_{i,i+1}$；

（5）计算计划总工期 T；

（6）绘制流水施工进度表。

【例 2-3】 某住宅项目由基础工程、主体工程和装修工程三个施工过程所成，每个施工过程划分三个施工段，其流水节拍分别为 $t_1 = 1$（d），$t_2 = 3$（d），$t_3 = 2$（d）；试组织成倍节拍专业流水施工，并绘制流水施工进度表。

解 （1）划分施工过程及施工段。

由题意 $M = N = 3$

（2）流水节拍。

$t_1 = 1(\text{d})$，$t_2 = 3(\text{d})$，$t_3 = 2(\text{d})$

（3）确定流水步距。

因 $t_1 < t_2$

所以 $K_{1,2} = t_1 = 1(\text{d})$

因 $t_2 > t_3$

所以 $K_{2,3} = Mt_2 - (M-1)t_3 = 3 \times 3 - (3-1) \times 2 = 5(\text{d})$

（4）计算总工期

$$T = \sum K_{i,i+1} + T_n = (1+5) + 2 \times 3 = 12(\text{d})$$

（5）绘制流水施工进度表。如图 2-16 所示。

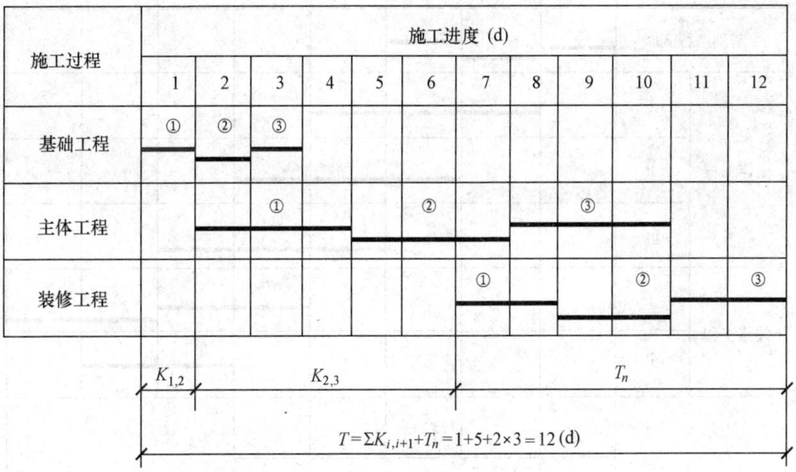

图 2-16 成倍节拍专业流水

（三）加快成倍节拍专业流水

如果分析上例所示的施工组织方案，要缩短这项工程的工期，可以通过增加工作队的办法，使流水节拍加快，从而使该专业流水转化成类似于 N' 个施工过程（N' 为工作队总数）的全等节拍专业流水。

因此，加快成倍节拍流水的工期仍可按式（2-8）计算，但必须先求出工作队总数 N'。仍以上例条件，说明计算方法如下：

（1）求流水步距 K_0。为使各工作队仍能连续依次作业，应取各施工过程流水节拍 t_i 的最大公约数为流水步距 K_0，有

$$K_0 = [t_i]_{\text{最大公约数}} \quad (i = 1,2,3,\cdots,n) = [1,3,2] = 1 \tag{2-15}$$

（2）求各施工过程需组建的工作队数。

由 $$b_i = t_i / K_0 \tag{2-16}$$

得
$$b_1 = 1/1 = 1$$
$$b_2 = 3/1 = 3$$
$$b_3 = 2/1 = 2$$

则工作队总数 B 为

$$B = \sum b_i = 1 + 3 + 2 = 6 \text{(队)} \tag{2-17}$$

（3）确定施工过程数。加快成倍节拍流水的组织方式，实质上是由 $\sum b_i$ 个工作队组成的类似于流水节拍为 K_0 的全等节拍专业流水，所以施工过程数取等于施工过程各施工队数之和，即

$$N' = B = \sum b_i = 6 \tag{2-18}$$

（4）计算总工期

$$T = (M + N' - 1)K_0 = (3 + 6 - 1) \times 1 = 8 \text{(d)} \tag{2-19}$$

（5）绘制流水施工进度表，如图 2-17 所示。

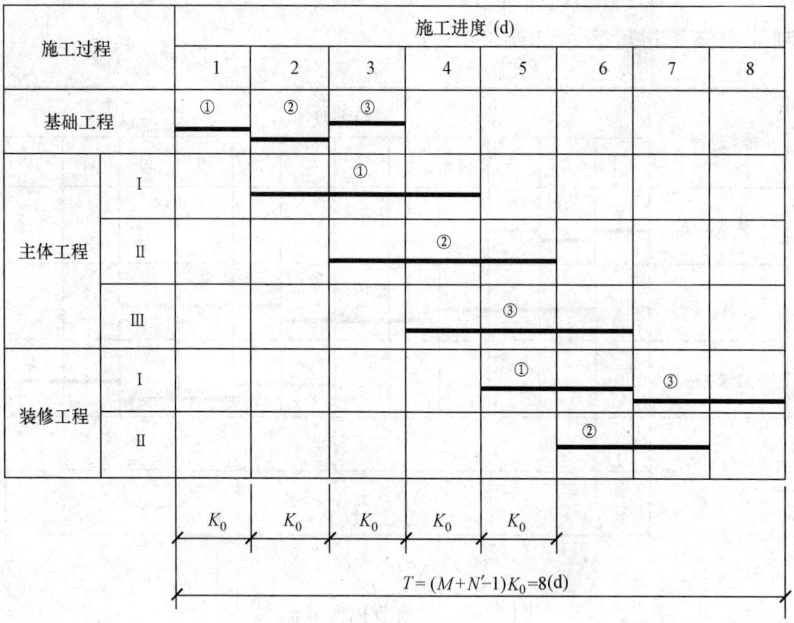

图 2-17　等步距异节拍专业流水施工进度图

【例 2-4】　某工程拟建四幢同类型砖混住宅，施工过程分为基础工程、主体结构工程、建筑装饰装修工程和建筑屋面工程，各施工过程流水节拍分别为 10、20、20、10。若要求缩短工期，在工作面、劳动力和资源供应允许条件下，各增加一个安装和装修工作队，就组成了等步距异节拍专业流水，计算如下：

（1）流水步距

$$K_0 = \text{最大公约数} \{10, 20, 20, 10\} = 10 \text{ (d)}$$

（2）求专业工作队数

$$b_1 = 10/10 = 1 \text{（队）}$$
$$b_2 = b_3 = 20/10 = 2 \text{（队）}$$
$$b_4 = 10/10 = 1 \text{（队）}$$

则专业工作队总数　　$B = \sum b_i = 1 + 2 + 2 + 1 = 6 \text{（队）}$

（3）计算工期

$M = 4$（每幢楼作为一个施工段）；$N' = B = 6$。

$$T = (M + N' - 1) K_0 = (4 + 6 - 1) \times 10 = 90 \text{（d）}$$

（4）绘制流水施工进度表。如图 2-18 所示。

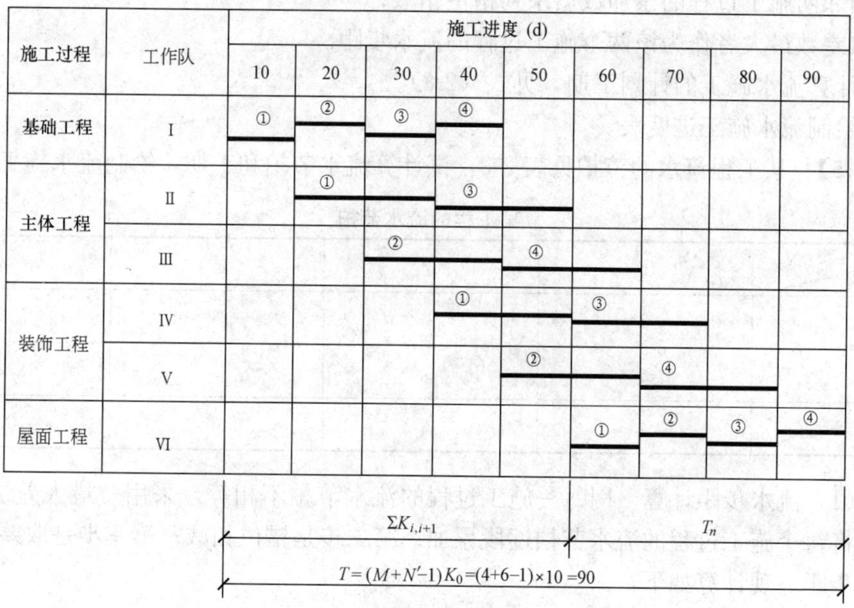

施工过程	工作队	施工进度 (d)								
		10	20	30	40	50	60	70	80	90
基础工程	I	①	②	③	④					
主体工程	II		①		③					
	III			②		④				
装饰工程	IV				①		③			
	V					②		④		
屋面工程	VI						①	②	③	④

$\sum K_{i,i+1}$ 　　　　　 T_n

$$T = (M + N' - 1)K_0 = (4 + 6 - 1) \times 10 = 90$$

图 2-18　流水施工进度图

三、无节奏专业流水

有时由于各施工段工程量不等，各施工班组的施工人数又不同，使每个施工过程在各施工段上或各施工过程在同施工段上的流水节拍无规律性。这时，若组织全等节拍或成倍节拍流水均有困难，则可组织分别流水。

分别流水是指各施工过程在同一施工段上的流水节拍不相等、不成倍，每一施工过程在各施工段上的流水节拍也可以不相等的流水施工方式。分别流水基本要求是：各施工班组尽可能依次在各施工段上连续施工，允许有些施工段出现空闲，但不允许多个施工班组在同一施工段交叉作业，更不允许发生工艺顺序颠倒的现象。

分别流水的施工组织方法是：将拟建工程对象划分为若干个分部工程，分别组织每个分部工程的流水施工，然后将若干个分部工程流水按照施工顺序和工艺要求搭接起来，组织成一个单位工程（或一个建筑群）的流水施工。

（一）主要特点

每个施工过程在各个施工段上的流水节拍不尽相等，在多数情况下，流水步距彼此也不相等。确定流水步距的方法有多种，其中最简单的方法是"最大差法"，它是由前苏联专家潘特考夫斯基提出的，又称"潘氏方法"。施工过程中，各专业工作队都能连续施工，但个别施工段可能有空闲。

（二）组织示例

（1）确定施工起点流向，分解施工过程。

（2）确定施工顺序，划分施工段。

（3）按相应的公式计算各施工过程在各个施工段上的流水节拍。

（4）按"最大差法"确定各流水步距。

1）累加各施工过程的流水节拍，形成累加数据系列；

2）相邻两施工过程的累加数据系列错位相减；

3）取差数最大者作为该两个施工过程的流水步距。

（5）计算流水施工的计划工期，见式（2-8）。

（6）绘制流水施工进度表。

【例 2-5】 某工程流水的节拍见表 2-3，试计算流水节拍和工期，绘制流水施工进度表。

表 2-3　　　　　　　　　　　　　某工程的流水节拍　　　　　　　　　　　　　　　　　d

M \ N	①	②	③	④
A	2	4	3	2
B	3	3	2	2
C	4	2	3	2

　　解　（1）流水步距计算。因每一施工过程的流水节拍不相等，采用"最大差法"计算。第一步是将每个施工过程的流水节拍逐段累加；第二步是错位相减；第三步是取差数最大者作为流水步距。现计算如下：

1）求 $K_{A \cdot B}$。由表 2-3 可得

```
 2  6  9  11
    3  6  8  10
─────────────────
 2  3  3  3 −10
```

则　$K_{A \cdot B}=3$ (d)

2）求 $K_{B \cdot C}$。由表 2-3 可得

```
 3  6  8  10
 0  4  6  9  11
─────────────────
 3  2  2  1 −11
```

则　$K_{B \cdot C}=3$ (d)

（2）工期计算

$$T = \sum K_{i,i+1} + T_n = (3+3) + (4+2+3+2) = 17(d)$$

该工程的施工进度安排如图 2-19 所示。

分别流水不像全等节拍或成倍节拍流水那样有一定的时间约束，在进度安排上比较灵活、自由，适用于各种不同结构性质和规模的工程施工组织，实际应用比较广泛。

【例 2-6】 某工程由 A、B、C、D 等四个施工过程组成，施工顺序为 A→B→C→D，各

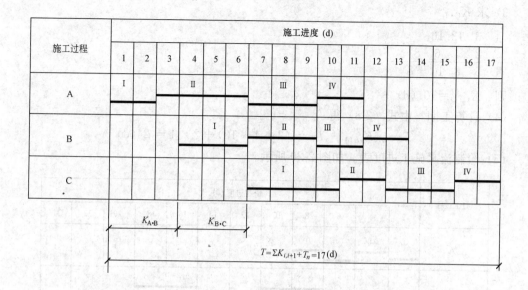

图 2-19　分别流水施工

施工过程的流水节拍为 $t_A = 2$ （d），$t_B = 4$ （d），$t_C = 4$ （d），$t_D = 2$ （d），在劳动力相对固定的条件下，试确定流水施工方案。

解　本例从流水节拍特点看，可组织异节拍专业流水；但因劳动力不能增加，无法做到等步距。为了保证专业工作队连续施工，按无节奏专业流水方式组织施工。

（1）确定施工段数。

为使专业工作队连续施工，取施工段数等于施工过程数，即

$$M = N = 4$$

（2）求累加数列

$$A：2 \quad 4 \quad 6 \quad 8$$
$$B：4 \quad 8 \quad 12 \quad 16$$
$$C：4 \quad 8 \quad 12 \quad 16$$
$$D：2 \quad 4 \quad 6 \quad 8$$

（3）确定流水步距。

1）求 $K_{A \cdot B}$

$$
\begin{array}{rrrrr}
2 & 4 & 6 & 8 & \\
 & 4 & 8 & 12 & 16 \\
\hline
2 & 0 & -2 & -4 & -16
\end{array}
$$

则　$K_{A \cdot B} = 2$ （d）

2）求 $K_{B \cdot C}$

$$
\begin{array}{rrrrr}
4 & 8 & 12 & 16 & \\
 & 4 & 8 & 12 & 16 \\
\hline
4 & 4 & 4 & 4 & -16
\end{array}
$$

则　$K_{B \cdot C} = 4$ （d）

3）求 $K_{C \cdot D}$

```
 4  8  12  16
    2  4   6   8
─────────────────
 4  6  8   10 -8
```

则　　$K_{C \cdot D} = 10$（d）

（4）计算工期。由式（2-8）得

$$T = \sum K_{i,i+1} + T_n = (2+4+10) + 2 \times 4 = 24(\text{d})$$

（5）绘制流水施工进度表。如图 2-20 所示。

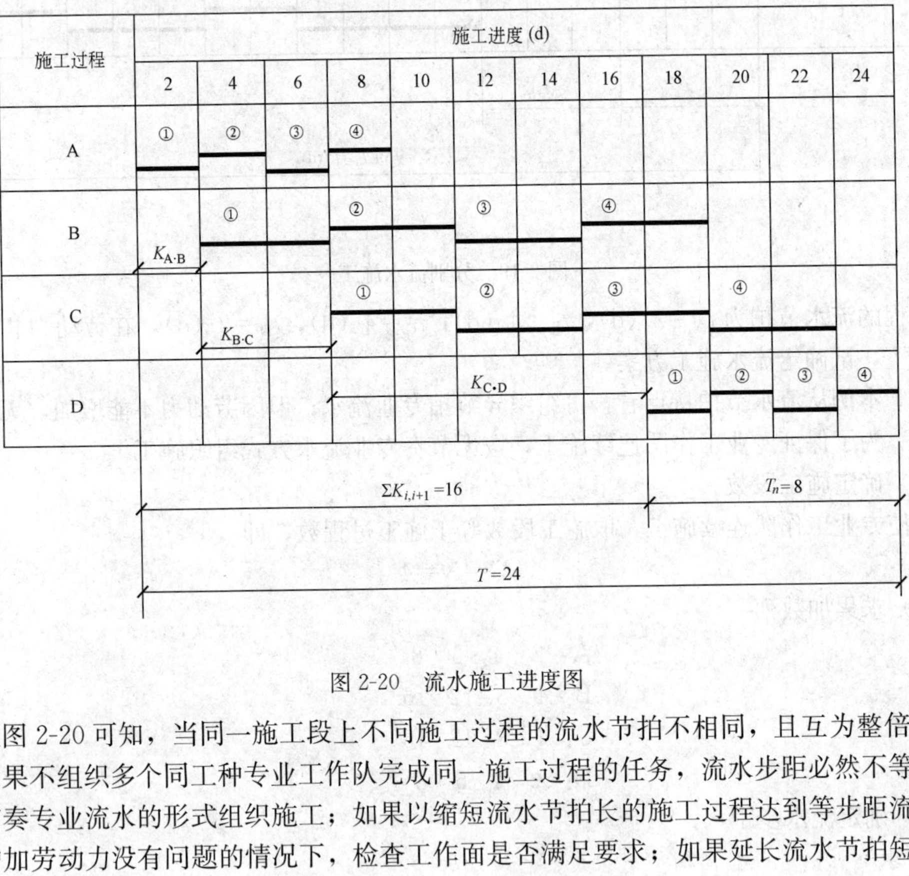

图 2-20　流水施工进度图

从图 2-20 可知，当同一施工段上不同施工过程的流水节拍不相同，且互为整倍数关系时，如果不组织多个同工种专业工作队完成同一施工过程的任务，流水步距必然不等，只能用无节奏专业流水的形式组织施工；如果以缩短流水节拍长的施工过程达到等步距流水，就要在增加劳动力没有问题的情况下，检查工作面是否满足要求；如果延长流水节拍短的施工过程，工期就要延长。

因此，到底采取哪一种流水施工的组织形式，除要分析流水节拍的特点外，还要考虑工期要求和项目经理部自身的具体施工条件。

任何一种流水施工的组织形式，仅仅是一种组织管理手段，其最终目的是要实现企业目标—工程质量好、工期短、成本低、效益高和安全施工。

第五节　流水施工组织实例

流水施工是一种科学组织施工的方法，编制施工进度计划时常采用流水施工的方法，以保证施工有较鲜明的节奏性、均衡性和连续性。下面用常见的工程实例来阐述流水施工的具体应用。

　　某七层砖混结构住宅项目，如图 2-21 所示。建筑面积 6150m²，建筑物长 38.04m，宽 14m，层高 2.8m，总高 20.05m。混凝土垫层，钢筋混凝土板式基础，上砌基础墙。主体工程为 240 标准砖墙承重，预制钢筋混凝土预应力多孔板楼（屋）盖；楼梯为现浇钢筋混凝土板式楼梯；每层设有钢筋混凝圈梁；塑钢窗、木门。地面为碎砖垫层细石混凝土面层，楼地面为普通水泥砂浆面层；屋面为 PVC 防水卷材防水层；外墙用水泥混合砂浆打底，防水外墙涂料罩面，内墙用石灰砂浆抹灰，用 106 内墙涂料刷面。其工程量主要内容见表 2-4。

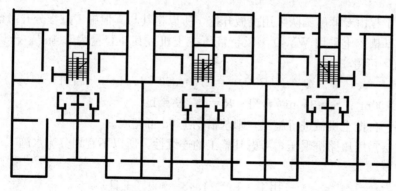

图 2-21　某住宅楼建筑平面、立面图

表 2-4　　　　　　　　　　　　　　主要工程量一览表

序号	工程项目名称	单位	工作量	用工日（或台班）
1	基础挖土	m³	2100	
2	砂石垫层＋C10 混凝土垫层	m³	1300	
3	防水混凝土整板基础	m³	186	
4	水泥砂浆砖基础	m³	156.48	
5	回填土	m³	670	

序号	工程项目名称	单位	工作量	用工日（或台班）
6	现浇基础圈梁、柱	m³	48.64	
7	底层空心板架空层安装	m³	32	
8	底层内外墙砌砖	m³	125.46	
9	二层内外墙砌砖	m³	116.67	
10	三、四、五、六层内外墙砌砖	m³	113.46×4	
11	七层内外墙砌砖	m³	114.23	
12	一至七层构造柱	m³	42.34	
13	现浇圈梁、柱、梁板	m³	215.37	
14	安装空心板	m³	124.45	
15	屋面工程	m²	337	
16	门窗安装	m²	369	
17	楼地面工程	m²	1869.98	
18	天棚抹灰	m²	1896.35	
19	内墙抹灰	m²	5564.13	
20	外墙抹灰	m²	2674.46	
21	油漆刷白	m²	1328	
22	其他			

对于砖混结构多层房屋的流水施工组织，一般可先考虑分部工程的流水施工，然后再考虑各分部工程之间的相互搭接施工，本例中组织施工的方法如下。

一、基础工程

包括基槽挖土、浇捣混凝土垫层、绑扎钢筋、浇筑混凝土、砌筑基础墙和回填土等六个施工过程。

因土方工程由专业施工队采用机械开挖，所以将其与其他施工过程分开考虑。

本工程基槽挖土采用 WY40 型反铲液压挖土机，其斗容量为 $0.4m^3$，台班产量定额为 $350m^3/$台班，可得

$$t_i = Q_i / (S_i R_i N_i) = 2100/350 \times 1 \times 1 = 6（台班）$$

式中：$Q = 2100m^3$；$S_i = 350m^3/$台班；$R_i = 1$；$N_i = 1$。

即采用一台挖土机械进行施工，则基槽挖土 6d 可完成。

砂石垫层需用压路机碾压，考虑其施工的连续性，所以不宜划分流水施工段，宜全面积施工。可求得

$$用工 = 1300/1.43 = 909（工日）$$

砂石垫层需分层铺设，分层碾压，每层铺设厚度不得大于 20cm。采用一个 30 人的作业队并借助机械施工，18d 可完成。C_{10} 混凝土垫层 1d 可完成。

基础工程的其余四个施工过程（$N_1 = 4$），组织全等节拍流水。根据划分施工段的原则和其结构特点，以房屋的单元划分施工段，三个单元划分为三个施工段（$M_1 = 3$）。主导施工过程是浇捣防水混凝土板式基础，共需 166 工日，采用一个 12 人的施工班组一班制施工，则每一施工段浇捣混凝土这一施工过程的持续时间为 $156/（3 \times 1 \times 12）\approx 4（d）$。为使各施工过程能相互紧凑搭接，其他施工过程在每个施工段上的施工持续时间也采用 4d，即 $t_1 = 4$（d），由基础工程的施工持续时间为

$$T_1 = 6 + 18 + 2 + (3 + 4 - 1) \times 4 = 50（d）$$

二、主体工程

主体结构工程主要为砌墙、现浇混凝土圈梁、构造柱和预制构件吊装等施工过程。其中主导施工过程为砌筑砖墙过程。为组织主导施工过程进行流水施工，在平面上按单元仍划分为三个施工段，每个施工段上砖墙的砌筑时间为 4d（计算略），由于现浇钢筋混凝土圈梁的工程量较小，故组织混合施工班组进行施工，安装模板、绑扎钢筋、浇筑混凝土共用 1.5d，圈梁养护用 0.5d。这样在现浇圈梁这一施工过程中每一施工段上工作持续时间为 2d（$t_2 = 2$）。构造柱和圈梁浇筑合并考虑。

待圈梁的模板拆除后，即可吊装空心楼板，每一施工段上所需时间为 2d，以后上面各层均按底层流水顺序施工。对卫生间、厨房等现浇板应与圈梁同时施工，现浇楼梯应随墙的上升而逐层施工。

砌筑砖墙可和基础工程搭接 8d。砖墙砌筑完成后，浇顶层圈梁、吊装楼板及楼板嵌缝还需花费 6d 时间。

因此主体工程的施工持续时间为

$$T_2 = 7 \times 3 \times 4 + 6 - 8 = 82 \ (d)$$

三、屋面工程

主要工作有保温层、找平层施工，PVC 防水层的铺贴。由于屋面工程通常耗费劳动量较少，且其顺序与装修工程相互制约，因此考虑工艺要求，一般与装修工程平行施工即可，本工程提前装饰工程 1d 开工。

四、装修工程

包括门窗安装、天棚抹灰、内外墙抹灰、楼地面抹灰、门窗油漆等施工过程，其中内外墙抹灰是主导施工过程。

装修工程采用自上而下的施工顺序。结合装修工程的特点，把房屋的每层作为一个施工段。其中门窗安装可随主体和装修工程的进行穿插进行，不必单独考虑其所占工期时间。剩下的为四个施工过程，$N_4 = 4$。其中外墙抹灰在每个施工段上的持续时间为 5d，楼地面工程在每个施工段上所需时间为 4d，内墙抹灰每层所需时间为 8d，门窗油漆刷白每层所需时间为 7d。考虑装修工程特点，各工种搭配所需要的技术间歇时间为 8d，则装修工程可组织成倍节拍专业流水。

其中 $t_1 = 5$；$t_2 = 4$；$t_3 = 8$；$t_4 = 7$；$N_4 = 4$；$M_4 = 7$。

因 $t_1 > t_2$，$t_2 < t_3$，$t_3 > t_4$

所以有 $K_1 = M_4 \times t - (M_4 - 1)t_2 = 7 \times 5 - (7 - 1) \times 4 = 11(d)$

$K_2 = t_2 = 4(d)$

$K_3 = M_4 \times t_3 - (M_4 - 1) \times t_4 = 7 \times 8 - (7 - 1) \times 7 = 14(d)$

工程持续时间

$$T_4 = K_i + T_N + \Sigma Z_i = 11 + 4 + 14 + 7 \times 7 + 8 - 1 = 85(d)$$

楼梯粉刷及清理需 11d。

本工程总工期为

$$T = \Sigma T_i = [6 + 18 + 2 + (3 + 4 - 1) \times 4] + (7 \times 3 \times 4 + 6 - 8)$$
$$+ 2 + (11 + 4 + 14 + 7 \times 7 + 8 - 1) + 11 = 230(d)$$

该工程流水施工进度计划安排如图 2-22 所示。

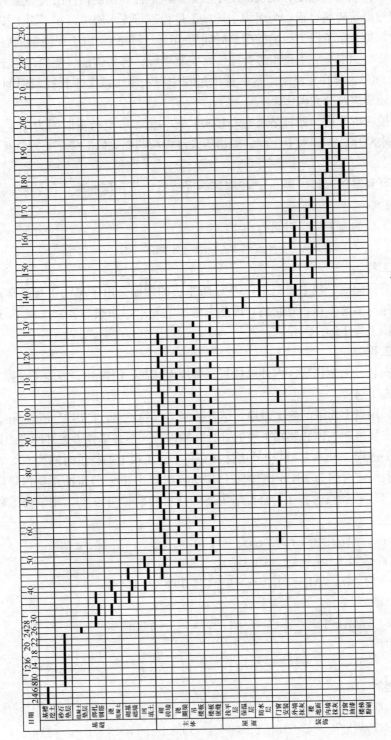

图 2-22　单位工程施工进度计划（土建）

习　　题

1. 简述施工组织的作用和分类。

2. 简述组织流水施工的要点。

3. 流水施工的主要参数有哪些？如何选定？

4. 施工段划分的基本要求是什么？如何正确划分？

5. 确定流水节拍的要点是什么？如何计算？

6. 确定流水步距的原则是什么？如何计算？

7. 某工程有 A、B、C 三个施工过程，每个施工过程划分四个施工段。设流水节拍均为 3d，试确定流水步距，计算工期，并绘制流水施工进度表。

8. 试根据表 2-5，计算：①各相邻施工过程之间的流水步距；②总工期；③绘制流水施工进度表。

表 2-5　　　　　　　　　　　　各施工过程的流水节拍　　　　　　　　　　　　　　d

施工过程 ＼ 施工段	1	2	3	4
A	3	3	3	3
B	5	5	5	5
C	3	3	3	3
D	4	4	4	4
E	2	2	2	2

9. 已知某工程施工过程数 $N=3$，施工段数 $M=3$，各施工过程的流水节拍分别为：$t_1=3$（d），$t_2=1$（d），$t_3=2$（d）。试分别按一般成倍节拍流水作业和加快成倍节拍流水作业组织施工，计算流水步距、总工期，并绘出施工进度表。

10. 根据表 2-6 所列各工序在各施工段上的流水节拍，计算各相邻工序之间的流水步距，计算总工期，并绘制流水进度表。

表 2-6　　　　　　　　　　　　某工程的流水节拍　　　　　　　　　　　　　　　d

施工过程 ＼ 施工段	1	2	3	4
A	4	3	1	2
B	2	4	2	2
C	3	4	2	3

第三章　工程网络计划技术

工程网络计划技术产生于 20 世纪 50 年代末期，由于其在理论上的正确性，技术上的先进性，迅速传遍世界。60 年代末由世界著名数学家华罗庚教授首先介绍到我国，并在吸收国外网络计划技术的基础上，建立了"统筹法"科学体系。网络计划技术，以其逻辑严密，主要矛盾突出，便于优化调整和电子计算机应用的特点，广泛应用于各个部门、领域，特别是工程建设行业。

第一节　工程网络计划技术的特点和应用

网络计划技术是用网络图的形式表达一个工程中各项工作开展的先后顺序和逻辑关系。通过对网络计划各项工作时间参数的计算分析，找出关键线路和关键工作，进一步对计划进行优化。在计划的执行过程中做好调整与控制，达到缩短工期、降低成本、提高经济效益的目的。

一、横道计划与网络计划的特点分析

横道计划与网络计划，都可以对一项工程实施进度安排，但由于二者的表达形式不同，它们所发挥的作用也各具特点。

例如，某钢筋混凝土工程包括支模板、绑扎钢筋、浇筑混凝土三个施工过程，分三段施工，流水节拍分别为 $t_A=3(d)$，$t_B=2(d)$，$t_C=1(d)$。

该工程项目的进度计划，用横道图表示，如图 3-1 所示。用网络图表示，如图 3-2 所示。

施工过程	施 工 进 度 (d)											
	1	2	3	4	5	6	7	8	9	10	11	12
支模板	一	段		二	段		三	段				
绑扎钢筋							一	段	二	段	三	段
浇注混凝土										一段	二段	三段

图 3-1　横道计划

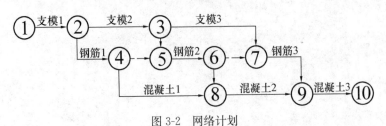

图 3-2　网络计划

由图 3-1 和图 3-2 可以看出，二者所表达的内容相同，表达方法及表达效果却完全不同。

1. 横道计划

横道计划是由一系列的横线条结合时间坐标来表示各项工作的起始点和先后顺序。横道图又称甘特图，是美国人甘特 20 世纪初研究发明的。它的优点是：

（1）编制简单，表达直观明了。

（2）结合时间坐标，各项工作的起止时间、作业持续时间、工作进度、总工期以及流水作业的情况都能一目了然。

（3）对人力和其他资源的计算便于据图叠加。

它的缺点主要是：

（1）不能全面地反映各项工作间错综复杂、相互联系、相互制约的关系。

（2）不能明确指出哪些工作是关键工作，哪条线路是关键线路；看不出可灵活使用的机动时间，因而抓不住工作的重点；看不到潜力所在，而无法进行合理的组织安排和指挥生产。

（3）不能使用计算机进行计算和优化。

2. 网络计划

网络计划是以箭线和节点按照一定规则组成的，用以表示工作流程、有向有序的网状图形。其优点是：

（1）把施工过程各有关工作组成一个有机的整体，全面、明确地反映出各项工作间相互制约、相互依赖的关系。

（2）通过对各项工作时间参数的计算，能确定对全局性有影响的关键工作和关键线路。便于管理人员抓住施工中的主要矛盾，集中精力，确保工期，避免盲目抢工。同时，利用各项工作的机动时间，充分调配人力、物力，达到降低成本的目的。

（3）利用电子计算机对复杂的计划进行计算、调整与优化，实现计划管理的科学化。

（4）在计划的实施过程中进行有效的控制与调整，取得良好的经济效益。

网络计划的缺点：

（1）不能清晰、直观地反映出流水作业的情况。

（2）对一般的网络计划，其人力和资源的计算，不能利用叠加方法。

二、工程网络计划技术的应用

网络计划技术在工程项目领域，广泛应用于各项单体工程、群体工程，特别是应用于大型、复杂、协作广泛的项目。它能提供项目工程管理所需的多种信息，有利于加强工程管理。因此，在工程管理中提高应用网络计划技术的水平，必能提高工程管理的水平。

根据"网络计划技术在项目管理中应用的一般程序"（GB/T 13400.3—1992）的规定，网络计划的该项程序分为 7 个阶段 17 个步骤，见表 3-1。

表 3-1　　　　　　　　　　　　　网 络 计 划 的 程 序

阶　　段	步　　骤	阶　　段	步　　骤
一、准备阶段	1. 确定网络计划目标	二、绘制网络图	4. 项目分析
	2. 调查研究		5. 逻辑关系分析
	3. 施工方案设计		6. 绘制网络图

续表

阶　　段	步　　骤	阶　　段	步　　骤
三、时间参数计算并确定关键线路	7. 计算工作持续时间	五、优化并确定正式网络计划	12. 优化
	8. 计算其他时间参数		13. 编制正式网络计划
	9. 确定关键线路	六、实施调整与控制	14. 网络计划的控制
四、编制可行网络计划	10. 检查与调整		15. 检查和数据采集
	11. 编制可行网络计划		16. 调整、控制
		七、结束	17. 总结分析

第二节　双代号网络计划

一、双代号网络图的组成

以网络图表示工程进度计划，常用的表达方法是双代号网络图，如图 3-3 所示。

双代号网络图是以一条箭线表示一项工作，用箭线首尾两个节点（圆圈）编号做工作代号的网络图形。组成双代号网络图的三个基本要素是：箭线、节点和线路。

（一）箭线

双代号网络图中，一条箭线代表一项工作。箭线的方向表示工作的开展方向，箭尾表示工作的开始，箭头表示工作的结束。将工作的名称标注于箭线上方，工作持续的时间标注于箭线的下方。如图 3-4 所示。

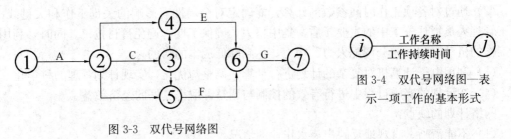

图 3-3　双代号网络图

图 3-4　双代号网络图—表示一项工作的基本形式

1. 双代号网络图中工作的性质

双代号网络图中的工作可分为实工作和虚工作。

（1）实工作。对于一项实际存在的工作，它消耗了一定的资源和时间，称为实工作。对于只消耗时间而不消耗资源的工作，如混凝土的养护，也作为一项实工作考虑。实工作用实箭线表示。

（2）虚工作。在双代号网络图中，既不消耗时间也不消耗资源，表示相邻工作之间先后顺序关系的工作，称为虚工作。虚工作用虚箭线表示，如图 3-5 所示。

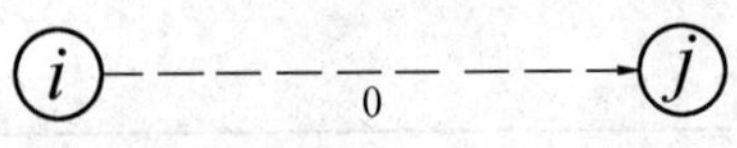

虚工作在双代号网络图中起着正确表达工序间逻辑关系的重要作用。

图 3-5　双代号网络图—虚工作的表达形式

2. 双代号网络图中工作间的关系

双代号网络图中工作间有紧前工作、紧后工作和平行工作三种关系。如图 3-6 所示。

（二）节点

在双代号网络图中，圆圈"○"代
表节点。节点表示一项工作的开始时刻
或结束时刻，同时它是工作的连接点。

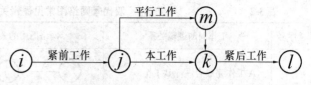

图 3-6　双代号网络图—工作的三种关系

1. 节点的分类

一项工作，箭线指向的节点是工作的结束节点；引出箭线的节点是工作的开始节点。一项
网络计划的第一个节点，称为该项网络计划的起始节点，它是整个项目计划的开始节点。一项
网络计划的最后一个节点，称为终点节点，表示一项计划的结束。其余节点称为中间节点。

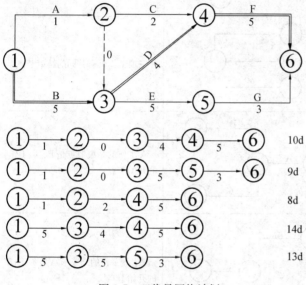

图 3-7　双代号网络计划

2. 节点的编号

为了便于网络图的检查和计算，需对网络图各节点进行编号。编号顺序由起点节点顺箭线方向至终点节点。要求每一项工作的开始节点号码小于结束节点号码，以不同的编码代表不同的工作；不重号，不漏编。可采用不连续编号方法，以备网络图调整时留出备用节点号。

（三）线路

网络图中，由起点节点沿箭线方向经过一系列箭线与节点至终点节点，所形成的路线，称为线路。如图 3-7 所示的网络图中共有 5 条线路，它们所经过的路线及持续时间如下：

1. 关键线路与非关键线路

在一项计划的所有线路中，持续时间最长，对整个工程的完工起着决定性作用的线路，称为关键线路，其余线路称为非关键线路。关键线路的持续时间即为该项计划的工期。在网络图中一般以双箭线、粗箭线或其他颜色箭线表示关键线路，如图 3-7 所示。

2. 关键工作与非关键工作

位于关键线路上的工作称为关键工作，其余工作称为非关键工作。关键工作完成的快慢直接影响整个工期进度。

一个网络图中，有时可能出现若干条关键线路，它们的持续时间相等。关键线路并不是一成不变的，在一定条件下，关键线路和非关键线路会互相转化。如，采取一定的技术组织措施缩短关键线路上各关键工作的持续时间，使关键线路转化为非关键线路。非关键工作是非关键线路上关键工作以外的工作，在保证计划工期的前提下，它具有一定的机动时间，称为时差。利用非关键工作具有的时差可以科学地、合理地调配资源和进行网络计划优化。

二、双代号网络图的绘制

（一）双代号网络图逻辑关系的表达方法

逻辑关系是指网络计划中各项工作客观存在的一种先后顺序关系，是相互依赖、相互制约的关系。双代号网络图中常见的逻辑关系表达方法见表 3-2。

表 3-2 双代号网络图常见逻辑关系表达方法

序号	工作间的逻辑关系	网络图中的表达方法	说　明
1	A 工作完成后进行 B 工作	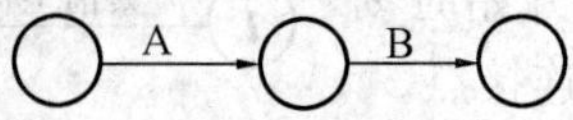	A 工作的结束节点是 B 工作的开始节点
2	A、B、C 三项工作同时开始	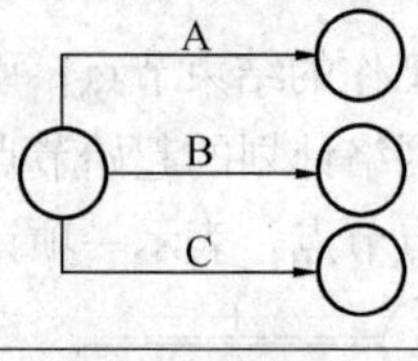	三项工作具有共同的开始节点
3	A、B、C 三项工作同时结束	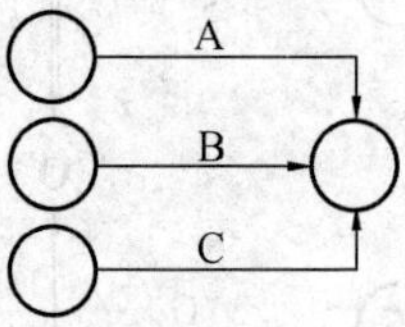	三项工作具有共同的结束节点
4	A 工作完成后进行 B 和 C 工作	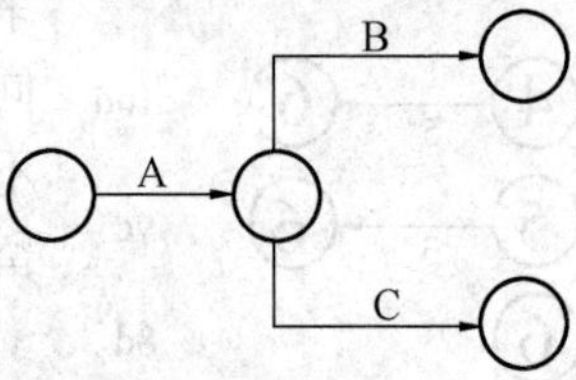	A 工作的结束节点是 B、C 工作的开始节点
5	A、B 工作完成后进行 C 工作	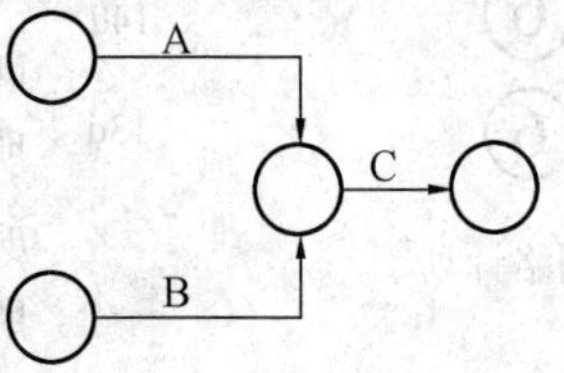	A、B 工作的结束节点是 C 工作的开始节点
6	A、B 工作完成后进行 C、D 工作	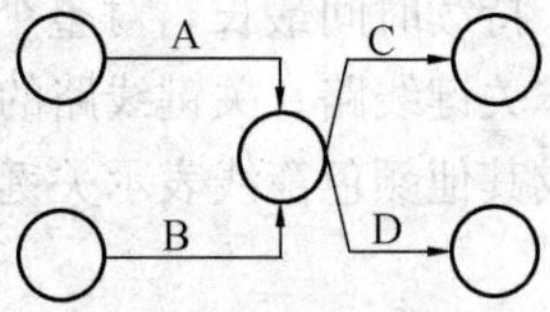	A、B 工作的结束节点是 C、D 工作的开始节点
7	A 工作完成后进行 C 工作 A、B 工作完成后进行 D 工作	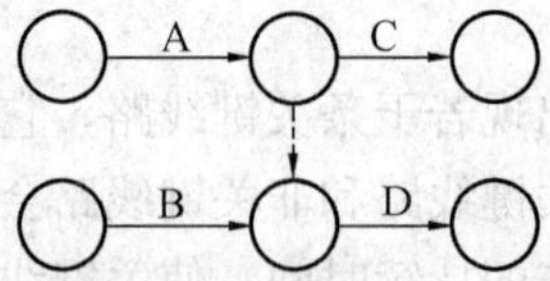	引入虚箭线，使 A 工作成为 D 工作的紧前工作
8	A、B 工作完成后进行 D 工作 B、C 工作完成后进行 E 工作	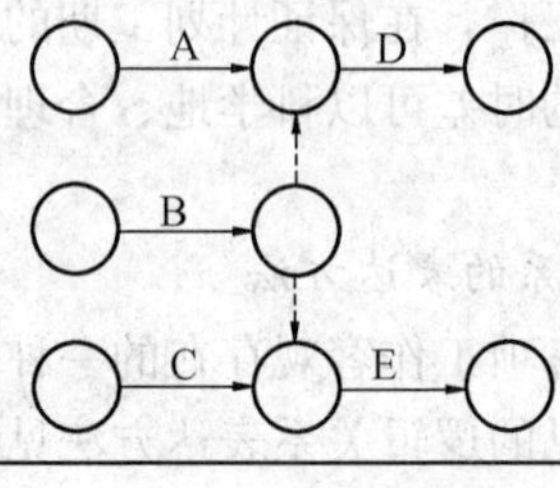	加入两道虚箭杆，使 B 工作成为 D、E 共同的紧前工作

续表

序号	工作间的逻辑关系	网络图中的表达方法	说　明
9	A、B、C 工作完成后进行 D 工作，B、C 工作完成后进行 E 工作		引入虚箭线，使B、C工作成为D工作的紧前工作
10	A、B 两个施工过程，按三个施工段流水施工		引入虚箭线，B₂ 工作的开始受到 A₂ 和 B₁ 两项工作的制约

（二）虚工作的作用

在双代号网络图中，虚工作一般起着联系、区分和断路的作用。

1. 联系作用

引入虚工作，将有组织联系或工艺联系的相关工作用虚箭线连接起来，确保逻辑关系的正确。如表 3-2 第 10 项所列，B_2 工作的开始，从组织联系上讲，须在 B_1 工作完成后才能进行；从工艺联系上讲，B_2 工作的开始，须在 A_2 工作结束后进行，那么引入虚箭线，表达这一工艺联系。

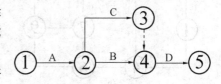

图 3-8　虚工作的区分作用

2. 区分作用

双代号网络图中，以两个代号表示一项工作，对于同时开始，同时结束的两个平行工作的表达，需引入虚工作以示区别。如图 3-8 所示。

3. 断路作用

引入虚工作，在线路上隔断无逻辑关系的各项工作。

例如绘制某基础工程的网络图，该基础有挖基槽→垫层→墙基→回填土四个施工过程，分两段施工。如图 3-9（a）所示的网络图，其逻辑关系的表达是错误的，如第一段墙基的施工并不需要待第二段基槽开挖后再进行，故用虚工作将它们断开。正确的表达如图 3-9（b）所示。

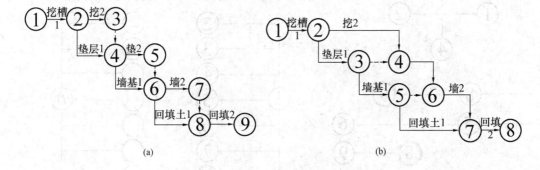

图 3-9　网络图虚工作的断路作用

（a）错误的表达形式；（b）正确的表达形式

（三）双代号网络图的绘制原则

（1）一个网络图中，应只有一个起点节点和一个终点节点。如图 3-10（a）出现①、②两个起点节点，⑧、⑨、⑩三个终点节点是错误的。该网络图正确的画法如图 3-10（b）所示。将①、②两个节点合并成一个起点节点，将⑧、⑨、⑩三个节点合并成一个终点节点。

（2）网络图中不允许出现循环回路。在网络图中从某一节点出发，沿箭线方向又回到此节点，出现循环现象，是循环回路。如图 3-11 所示的网络图中②→③→④→②形成循环回路，它所表示的工艺关系是错误的。

（3）在网络图中，不允许出现无开始节点或无结束节点的工作，如图 3-12 所示。

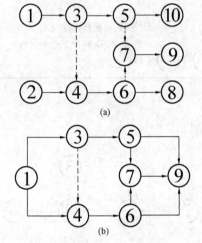

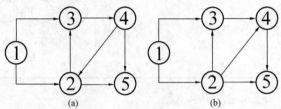

图 3-11　不允许出现循环回路

（a）错误的表达形式；（b）正确的表达形式

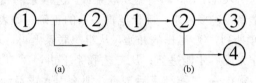

图 3-10　只允许有一个起点节点
和终点节点

（a）错误的表达形式；（b）正确的表达形式

图 3-12　不允许出现无开始节点或
结束节点的工作

（a）错误的表达形式；（b）正确的表达形式

（4）网络图中不允许出现双向箭线或无箭头箭线。图 3-13 所示的图形是错误的。网络图是一种有向图，施工的开展按箭头方向进行。无向或双向均不正确。

图 3-13　无箭头或双向箭头

（5）网络图中交叉箭线的处理。绘制网络图时，应尽量避免箭线的交叉。当无法避免时，可采用"过桥法"或"指向法"加以处理。如图3-14所示。其中"指向法"还可用于网络图的换行、换页指示。

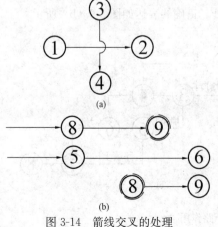

图 3-14　箭线交叉的处理

（a）过桥法；（b）指向法

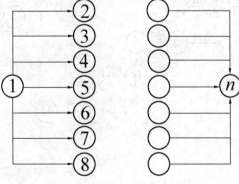

图 3-15　母线法

（6）"母线法"的应用。当网络图的起点节点有多条外向箭线，或终点节点有多条内向箭线时，可采用"母线法"绘制，使多条箭线经一条共用的母线线段，从起点节点引出，或引入终点节点。如图 3-15 所示。

（四）绘制双代号网络图应注意的问题

根据工作间的逻辑关系，将一项计划由开始工作逐项绘出其紧后工作，直至计划的最后一项工作，形成网络计划图。绘制时应严格遵守绘制原则要求，同时注意以下问题：

（1）网络图布局要规整，层次清楚，重点突出。尽量采用水平箭线和垂直箭线，少用斜箭线，避免交叉箭线。

（2）减少网络图中不必要的虚箭线和节点。绘制时，若两个工作有共同的紧后工作，而其中一个工作又有属于它自己的紧后工作时，虚工作的加设是必需的。如图 3-16（a）所示网络图③→⑤工作是必需的虚工作。对④→⑥工作，因③→④工作没有单独属于它的紧后工作，故④→⑥工作成为多余的虚工作，应予去掉。如图 3-16（b）所示。

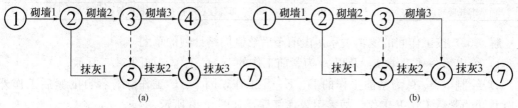

图 3-16 减少网络图中的虚箭线和节点

(a) 有多余虚工序和多余节点的网络图；(b) 去掉多余虚工序和多余节点的网络图

（3）灵活应用网络图的排列形式，便于网络图的检查、计算和调整。如可按组织关系或工艺关系进行排列。

1）水平方向表示组织关系进行排列。如图 3-17 所示。

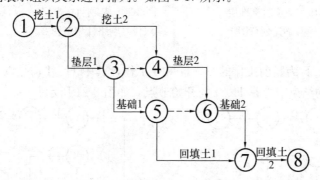

图 3-17 水平方向表示组织关系的网络图排列形式

2）以水平方向表示工艺关系进行排列（如按施工段或房屋栋号、楼层分层排列）。如图3-18所示。

图 3-18 水平方向表示工艺关系的网络图排列形式

（五）双代号网络图绘制示例

【例3-1】 某现浇钢筋混凝土多层框架结构，标准层主体结构工程施工计划原始资料见表3-3。试绘制标准层双代号网络计划图。

表3-3　　　　　　　　　　　　　　某项目标准层工程施工计划

工作名称	代号	紧前工作	作业时间	工作名称	代号	紧前工作	作业时间
弹 线	A	—	1	支电梯井外模	I	E、F	1
绑扎柱子钢筋	B	A	1	浇筑柱混凝土	J	G	2
支电梯井模	C	A	1	浇筑电梯井、楼梯混凝土	K	H,I,J	1
支柱模板	D	B	2	铺暗管线	L	K	2
支楼梯模板	E	C	1	绑扎梁、板钢筋	M	K	3
绑扎电梯井钢筋	F	B、C	1	柱、电梯井、楼梯混凝土养护	N	K	2
支梁、板模板	G	D	6	浇筑梁、板混凝土	P	M、L	3
绑扎楼梯钢筋	H	E、F	1	拆除柱、电梯井、楼梯模板	Q	N	1

解 （1）按工作间的逻辑关系，由前至后绘制网络计划的草图。

1）绘出第一项工作A，及以A为紧前工作的B、C工作，如图3-19所示。

2）绘制以B、C为紧前工作的D、E、F工作，因B、C工作除有各自的紧后工作外，还有共同的紧后工作F工作，故需引入虚箭线，如图3-20所示。

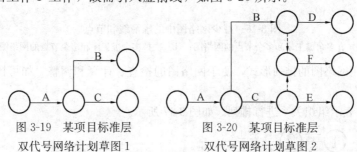

图3-19　某项目标准层　　　　　　　　图3-20　某项目标准层
双代号网络计划草图1　　　　　　　双代号网络计划草图2

3）绘制以D、E、F为紧前工作的G、H和I工作，其中H、I均是以E、F为共同的紧前工作，故E、F的结束节点是H、I的开始节点，如图3-21所示。

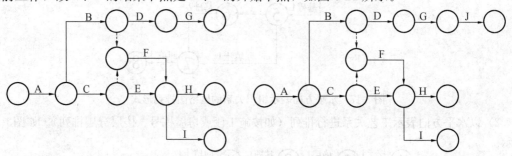

图3-21　某项目标准层双代号网络计划草图3　　　图3-22　某项目标准层双代号网络计划草图4

4）绘制以G为紧前工作的J工作，如图3-22所示。

5）绘制以H、I、J为紧前工作的K工作，H、I、J三项工作的结束节点是K工作的开始节点，且H和I是平行工作，引入虚箭线以示区分。如图3-23所示。

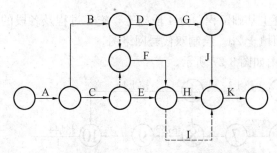

图 3-23　某项目标准层双代号网络计划草图 5

6）绘制以 K 为紧前工作的 L、M、N 工作，如图 3-24 所示。

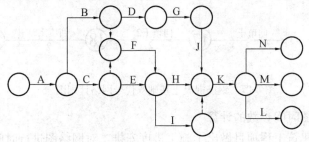

图 3-24　某项目标准层双代号网络计划草图 6

7）绘制以 L、M、N 为紧前工作的 P、Q 工作，M、L 的结束节点是 P 的开始节点，且 M、L 是平行工作，引入虚箭线，以示区分。如图 3-25 所示。

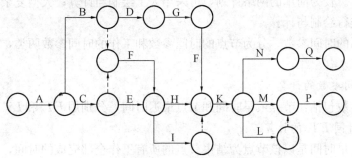

图 3-25　某项目标准层双代号网络计划草图 7

（2）所有工作绘制完毕后，按照双代号网络图的绘制规则，进行检查、调整、修改节点编号，将工作持续时间标注于箭线下方，成为正式的网络图，如图 3-26 所示。

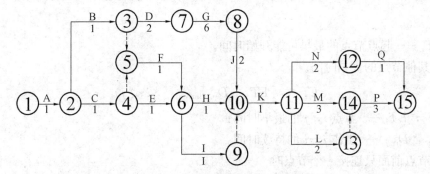

图 3-26　某项目标准层双代号网络计划图

【例 3-2】 某钢筋混凝土基础工程，分 4 段施工，施工过程及各段的持续时间为：挖土 3d→垫层 1d→基础 4d→回填土 2d。绘制双代号网络图。

解 双代号网络计划图如图 3-27 所示。

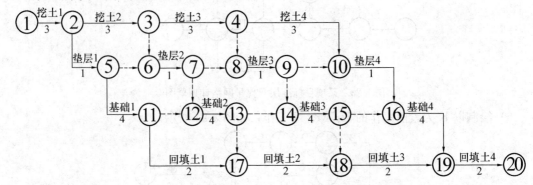

图 3-27　钢筋混凝土基础双代号网络计划图

三、双代号网络图时间参数的计算

双代号网络图对建筑工程项目做出了施工进度安排，对网络图进行时间参数的计算，进一步确定关键线路和关键工作，找出非关键工作的机动时间，从而实现对网络计划的调整、优化，起到指导或控制工程施工的作用。

网络图时间参数的计算方法主要有：工作计算法、节点计算法、图上计算法、表上计算法、矩阵计算法等。较为简单的网络计划，可采用人工绘制与计算；大型复杂的网络计划则采用计算机程序进行绘制与计算。

双代号网络图的时间参数，分为节点的时间参数和工作的时间参数两类，现在分别介绍如下。

（一）节点时间参数的计算

节点的时间参数包括：节点最早时间和节点最迟时间，分别用 ET_i 和 LT_i 表示。

1. 节点最早时间 ET_i 的计算

一个节点的最早时间是以该节点为结束节点的所有工作全部完成的时间，它是以该节点为开始节点的各项工作的最早开始时刻。一项网络计划，各节点最早时间的计算，顺箭线方向，由起点节点向终点节点计算。

（1）起点节点的最早时间，按式（3-1）确定。ET_1 为按规定开工日期，即

$$ET_1 = 0 \tag{3-1}$$

式中　ET_1——起点节点的最早可能开始时间。

（2）其他节点的最早时间。

1)
$$ET_j = [ET_i + D_{i-j}]_{\max} \qquad (i < j) \tag{3-2}$$

式中　ET_i，ET_j——节点 i，j 的最早时间；

D_{i-j}——工作 $i-j$ 的持续时间。

当该节点前面只连接一个节点时

$$ET_j = ET_i + D_{i-j} \qquad (i < j) \tag{3-3}$$

2）一项网络计划终点节点的最早时间，即为整个项目的计算工期，同时是该终点节点的最迟时间。

【例 3-3】 如图 3-28 所示，试计算节点的最早时间及工期。

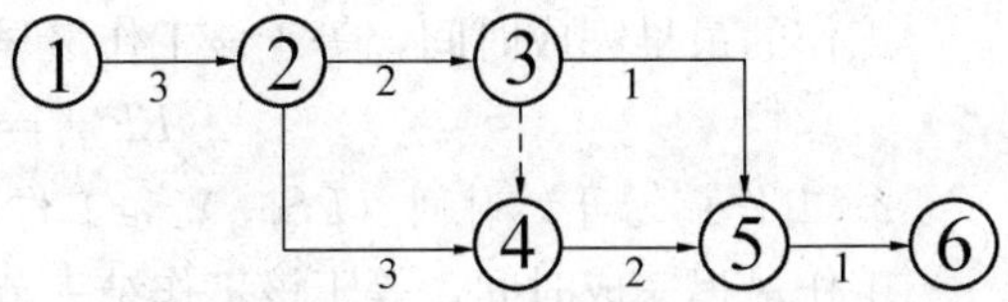

解 $ET_1 = 0$

$ET_2 = ET_1 + D_{1-2} = 0 + 3$

$ET_3 = ET_2 + D_{2-3} = 3 + 2 = 5$

$ET_4 = [ET_2 + D_{2-4}; ET_3 + D_{3-4}]_{max}$
$= [6; 5]_{max} = 6$

$ET_5 = [ET_3 + D_{3-5}; ET_4 + D_{4-5}]_{max} = [6; 8]_{max} = 8$

$ET_6 = ET_5 + D_{5-6} = 8 + 1 = 9$

$T = ET_6 = 9$（d）

图 3-28 ［例 3-3］题图

2. 节点最迟时间 LT_i 的计算

节点最迟时间，是在不影响计划总工期的前提下，以该节点为结束节点的各项工作最迟必须完成的时间。一项网络计划各节点最迟时间的计算，逆箭线方向，由终点节点向起点节点计算。

（1）终点节点的最迟时间，按下式计算：

1）当规定工期为 T 时　　$LT_n = T$ （3-4）

2）当未规定工期时　　$LT_n = ET_n$ （3-5）

式中　ET_n、LT_n——终点节点的最早时间和最迟时间。

（2）其他各节点最迟时间的计算。

1）当该节点之后只有一个连接节点时

$$LT_i = LT_j - D_{i-j} \qquad (i < j) \tag{3-6}$$

式中　LT_i，LT_j——i 节点和 j 节点的最迟时间。

2）当该节点之后有多个连接的节点时

$$LT_i = [LT_j - D_{i-j}]_{min} \tag{3-7}$$

【例 3-4】 如图 3-28 所示，若工期无规定，试计算节点的最迟时间。

解 $LT_6 = ET_6 = 9$

$LT_5 = LT_6 - D_{5-6} = 9 - 1 = 8$

$LT_4 = LT_5 - D_{4-5} = 8 - 2 = 6$

$LT_3 = [LT_5 - D_{3-5}; LT_4 - D_{3-4}]_{min} = [7; 6]_{min} = 6$

$LT_2 = [LT_3 - D_{2-3}; LT_4 - D_{2-4}]_{min} = [4; 3]_{min} = 3$

$LT_1 = LT_2 - D_{1-2} = 3 - 3 = 0$

（二）工作基本时间参数的计算

网络计划各项工作的时间参数，主要包括：工作的最早开始时间（ES_{i-j}）和完成时间（EF_{i-j}），工作的最迟开始时间（LS_{i-j}）和完成时间（LF_{i-j}），总时差（TF_{i-j}），自由时差（FF_{i-j}）。

1. 工作最早开始时间（ES_{i-j}）和最早完成时间（EF_{i-j}）的计算

工作最早开始时间，是指该工作的紧前工作全部完成后，它的开始时间，即该工作开始

节点的最早时间，即

$$ES_{i-j} = ET_i \tag{3-8}$$

工作的最早完成时间，等于该工作最早可能开始时间与工作持续时间之和，即

$$EF_{i-j} = ES_{i-j} + D_{i-j} \tag{3-9}$$

2. 工作最迟开始时间（LS_{i-j}）和工作最迟完成时间（LF_{i-j}）的计算

工作最迟完成时间，等于该工作结束节点的最迟时间，即

$$LF_{i-j} = LT_j \tag{3-10}$$

工作最迟开始时间，等于该工作最迟完成时间与工作持续时间之差，即

$$LS_{i-j} = LF_{i-j} - D_{i-j} \tag{3-11}$$

在计算上述 4 个时间参数时，若未计算节点时间参数值，则可依据以下各式展开计算。

（1）计算工作最早开始时间和完成时间，顺箭线方向，由起点节点向终点节点进行计算。

1）第一项工作的最早开始时间（ES_{1-j}）。

a. ES_{1-j} 按规定工期。

b. 无规定工期时　　　　　　　　　$ES_{1-j} = 0 \tag{3-12}$

第一项工作的最早完成时间为 $EF_{1-j} = ES_{1-j} + D_{1-j}$

2）中间各项工作的最早开始时间。

a. 当本工作只有一项紧前工作时

$$ES_{i-j} = EF_{h-i} \qquad (h < i < j) \tag{3-13}$$

b. 当本工作有若干项紧前工作时

$$ES_{i-j} = [EF_{h-i}]_{max} \quad (h < i < j) \tag{3-14}$$

$$EF_{i-j} = ES_{i-j} + D_{i-j}$$

3）最后一项工作的最早完成时间的最大值，为该计划的计算工期。即

$$T_c = [EF_{i-n}]_{max} \tag{3-15}$$

（2）计算工作的最迟开始和完成时间逆箭线方向，由终点节点向起点节点计算。

1）最后一项工作的最迟完成时间。

a. 当有规定工期 T_r 时　　　　　　$LT_{i-n} = T_r \tag{3-16}$

b. 当无规定工期时　　　　　　　　$LF_{i-n} = [EF_{i-n}]_{max} \tag{3-17}$

该工作的最迟开始时间

$$LS_{i-n} = LF_{i-n} - D_{i-n} \tag{3-18}$$

2）其他工作的最迟完成时间。

a. 当本工作只有一项紧后工作时

$$LF_{i-j} = LS_{j-k} \tag{3-19}$$

b. 当本工作有多项紧后工作时

$$LF_{i-j} = [LS_{j-k}]_{min} \tag{3-20}$$

该工作的最迟开始时间

$$LS_{i-j} = LF_{i-j} - D_{i-j}$$

3. 工作的总时差（TF_{i-j}）

工作的总时差是指在不影响总工期和有关时限的前提下，一项工作可以利用的机动时

间，它是由工作的最迟开始时间与最早开始时间之间的差异而产生的。利用工作的总时差延长工作的作业时间或推迟其开工时间，均不会影响计划的总工期。其计算公式为

$$TF_{i-j} = LS_{i-j} - ES_{i-j} \tag{3-21}$$

4. 工作的自由时差（FF_{i-j}）

一项工作的自由时差是指在不影响其紧后工作最早开始时间和有关时限的前提下，一项工作可以利用的机动时间。其计算公式为

$$FF_{i-j} = [ES_{j-k}]_{\min} - EF_{i-j} \tag{3-22}$$

工作的总时差和自由时差的关系如下：①一项工作的总时差是这项工作所在线路上各工作所共有的，自由时差是该工作所独有利用的机动时间，总时差大于或等于自由时差。②当总时差为零时自由时差亦为零。

【例 3-5】 如图 3-28 所示，计算各项工作的最早可能开始和结束时间；最迟开始和完成时间；总时差和自由时差。

解 （1）计算工作的最早开始和完成时间

$ES_{1-2}=0$ $\qquad\qquad$ $EF_{1-2}=ES_{1-2}+D_{1-2}=0+3=3$

$ES_{2-3}=EF_{1-2}=3$ $\qquad\quad$ $EF_{2-3}=ES_{2-3}+D_{2-3}=3+2=5$

$ES_{2-4}=EF_{1-2}=3$ $\qquad\quad$ $EF_{2-4}=ES_{2-4}+D_{2-4}=3+3=6$

$ES_{3-4}=EF_{2-3}=5$ $\qquad\quad$ $EF_{3-4}=ES_{3-4}+D_{3-4}=5+0=5$

$ES_{3-5}=EF_{2-3}=5$ $\qquad\quad$ $EF_{3-5}=ES_{3-5}+D_{3-5}=5+1=6$

$ES_{4-5}=[EF_{2-4}, EF_{3-4}]_{\max}=[6, 5]_{\max}=6$

$EF_{4-5}=ES_{4-5}+D_{4-5}=6+2=8$

$ES_{5-6}=[EF_{3-5}, EF_{4-5}]_{\max}=[6, 8]_{\max}=8$

$EF_{5-6}=ES_{5-6}+D_{5-6}=8+1=9$

（2）计算工作的最迟开始和完成时间

$LF_{5-6}=EF_{5-6}=9$ $\qquad\qquad$ $LS_{5-6}=LF_{5-6}-D_{5-6}=9-1=8$

$LF_{4-5}=LS_{5-6}=8$ $\qquad\qquad$ $LS_{4-5}=LF_{4-5}-D_{4-5}=8-2=6$

$LF_{3-5}=LS_{5-6}=8$ $\qquad\qquad$ $LS_{3-5}=LF_{3-5}-D_{3-5}=8-1=7$

$LF_{3-4}=LS_{4-5}=6$ $\qquad\qquad$ $LS_{3-4}=LF_{3-4}-D_{3-4}=6-0=6$

$LF_{2-3}=[LS_{3-4}, LS_{3-5}]_{\min}=[6, 7]_{\min}=6$

$LS_{2-3}=LF_{2-3}-D_{2-3}=6-2=4$

$LF_{2-4}=LS_{4-5}=6$ $\qquad$ $LS_{2-4}=LF_{2-4}-D_{2-4}=6-3=3$

$LF_{1-2}=[LS_{2-3}, LS_{2-4}]_{\min}=[4, 3]_{\min}=3$

$LS_{1-2}=LF_{1-2}-D_{1-2}=3-3=0$

（3）计算工作的总时差

$TF_{1-2}=LS_{1-2}-ES_{1-2}=0-0=0$

$TF_{2-3}=LS_{2-3}-ES_{2-3}=4-3=1$

$TF_{2-4}=LS_{2-4}-ES_{2-4}=3-3=0$

$TF_{3-4}=LS_{3-4}-ES_{3-4}=6-5=1$

$TF_{3-5}=LS_{3-5}-ES_{3-5}=7-5=2$

$$TF_{4-5}=LS_{4-5}-ES_{4-5}=6-6=0$$

$$TF_{5-6}=LS_{5-6}-ES_{5-6}=8-8=0$$

（4）计算工作的自由时差

$$FF_{1-2}=ES_{2-3}-EF_{1-2}=3-3=0$$

$$FF_{2-3}=ES_{3-4}-EF_{2-3}=5-5=0$$

$$FF_{2-4}=ES_{4-5}-EF_{2-4}=6-6=0$$

$$FF_{3-4}=ES_{4-5}-EF_{3-4}=6-5=1$$

$$FF_{3-5}=ES_{5-6}-EF_{3-5}=8-6=2$$

$$FF_{4-5}=ES_{5-6}-EF_{4-5}=8-8=0$$

$$FF_{5-6}=T-EF_{5-6}=9-9=0$$

（三）关键线路

关键线路是一项网络计划持续时间最长的线路。这种线路是项目如期完成的关键所在。关键线路具有如下性质：

（1）关键线路所持续的时间，即为该网络计划的工期。

（2）若合同工期等于计划工期时，关键线路上各关键工作的总时差等于零。

（四）图上计算法和表上计算法

上述对双代号网络图时间参数的计算，可通过图上计算法和表上计算法表达，这两种方法在实际工作中应用更为广泛。

1. 图上计算法

图上计算法是在图上直接计算时间参数，将所算数值标注于网络图上的一种方法。其常采用的时间标注形式及每个参数的位置，如图 3-29 所示。

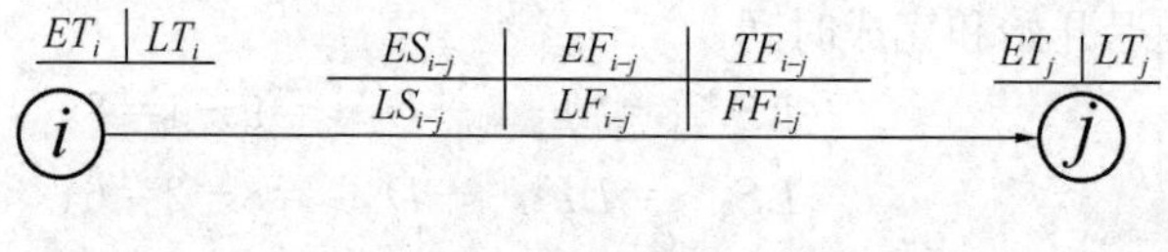

$$\underset{(i)}{\overset{ET_i \mid LT_i}{\quad}} \xrightarrow{\begin{array}{c}ES_{i-j} \mid EF_{i-j} \mid TF_{i-j}\\ LS_{i-j} \mid LF_{i-j} \mid FF_{i-j}\end{array}} \underset{(j)}{\overset{ET_j \mid LT_j}{\quad}}$$

图 3-29　时间参数标注位置

【例 3-6】 用图上计算法计算如图 3-30 所示网络图各项工作的时间参数，确定工期并标出关键线路。

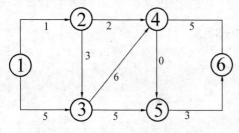

图 3-30　网络图

解　图例：

ES_{i-j}	EF_{i-j}	TF_{i-j}
LS_{i-j}	LF_{i-j}	FF_{i-j}

1）计算各项工作的最早开始和完成时间。顺箭线方向，由 1 节点向 6 节点计算，将计算结果标注于箭线上方，如图 3-31 所示。

2）计算各项工作的最迟开始和完成时间。

逆箭线方向，由⑥节点向①节点计算，将计算结果标注于图例要求位置，如图 3-32 所示。

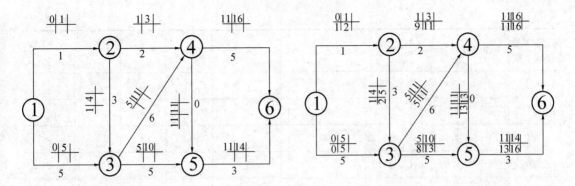

图 3-31 工作最早开始时间和完成时间计算　　图 3-32 工作最迟开始和完成时间计算

3）计算各工作的总时差和自由时差。计算结果按图例位置标注，如图 3-33 所示。

4）标出关键线路。关键线路的判定：总时差为零的各项工作所形成的线路为关键线路。如图 3-33 所示，关键线路为①→③→④→⑥工期为 16d。在关键线路上，各工作总时差为零，自由时差亦为零。以关键线路上节点为结束节点的非关键工作，其总时差与自由时差相等。其他非关键工作的总时差均大于自由时差。在计算各工作时间参数时可先行利用持续时间最长条件，标注出关键线路，便于对关键线路的检验。

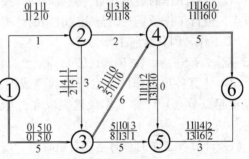

图 3-33 总时差和自由时差计算

采用图上计算法计算网络计划的时间参数简便、直观，标出关键线路后，更可利用时差的特性，检验计算结果的准确性。

2. 表上计算法

表上计算法是利用表格形式计算网络计划的时间参数，将计算值列于表格中的一种方法。采用"表上计算法"计算各项工作的时间参数，有利于网络图图面清晰，数据计算条理化。

【例 3-7】 用表上计算法计算如图 3-30 所示网络图各工作的时间参数，确定工期，标出关键线路。

解 （1）根据网络计划的原始数据资料及要求的各项时间参数制表，见表 3-4。

表 3-4 时　间　参　数　表

紧前/紧后工作个数	工作编号	D_{i-j}	ES_{i-j}	EF_{i-j}	LS_{i-j}	LF_{i-j}	TF_{i-j}	FF_{i-j}	关键工作（✓）
(1)	(2)	(3)	(4)	(5)=(3)+(4)	(6)=(7)-(3)	(7)	(8)	(9)	(10)
0/2	1—2	1	0	1	1	2	1	0	
0/2	1—3	5	0	5	0	5	0	0	✓
1/2	2—3	3	1	4	2	5	1	1	
1/2	2—4	2	1	3	9	11	8	8	

续表

紧前/紧后工作个数	工作编号	D_{i-j}	ES_{i-j}	EF_{i-j}	LS_{i-j}	LF_{i-j}	TF_{i-j}	FF_{i-j}	关键工作(√)
2/2	3—4	6	5	11	5	11	0	0	√
2/1	3—5	5	5	10	8	13	3	1	
2/1	4—5	0	11	11	13	13	2	0	
2/0	4—6	5	11	16	11	16	0	0	√
2/0	5—6	3	11	14	13	16	2	2	
2/0	6—		16	—	—	—	—	—	

（2）计算工作的最早开始与完成时间。按表 3-4 排列顺序，由上而下（从起点节点至终点节点）进行工作最早开始与完成时间的计算。将计算结果依次填入表第（4）、（5）栏内。如 1—2 工作，因其紧前工作为零，其为第一项工作，故 $ES_{1-2}=0$，$EF_{1-2}=0+1=1$，又如 4—5 工作，$ES_{4-5}=[EF_{2-4}，EF_{3-4}]_{max}=11$，$EF_{4-5}=ES_{4-5}+0=11$。

（3）计算各项工作的最迟开始和完成时间。按表 3-4 排列顺序，由下而上（从终点节点至起点节点）计算工作最迟完成和开始时间。将计算结果依次填入表第（6）、（7）栏内。

（4）计算各工作的总时差和自由时差。按表 3-4 排列顺序，由上而下计算各工作的时差值，将计算结果依次填入表第（8）、（9）栏内。

（5）确定关键线路和工期。在表上选出总时差为零的工作，在第（10）栏内标注"√"号，表示该工作为关键工作，由这些工作所组成的线路为关键线路。即 1→3→4→6 为关键线路，工期为 16 天。

第三节　网络计划的分类和应用

一、网络计划的分类

网络计划是表达建筑工程施工进度计划的一种较好形式。按照施工进度计划不同用途的需要，网络计划具有不同的种类。按网络计划的图形表达方法可分为双代号网络图和单代号网络图；按网络计划的时间表示方法可分为无时标网络计划和时标网络计划；按工程对象划分可分为分部工程网络计划、单位工程网络计划和群体工程网络计划；按网络计划的性质和作用划分可分为实施性网络计划和控制性网络计划。

二、双代号时标网络计划

双代号时标网络计划是以时间坐标为尺度绘制的网络计划，它具有横道计划图的直观性，工作间不仅逻辑关系明确，而且时间关系也一目了然。采用时标网络计划为施工管理进度的调整与控制，以及进行资源优化，提供了便利。时标网络计划适用于编制工作项目较少，工艺过程较简单的施工计划。对于大型复杂的工程，可先编制总的施工网络计划，然后根据工程的性质，所需网络计划的详细程度，每隔一段时间对下段时间应施工的工程区段绘制详细的时标网络计划。

（一）双代号时标网络计划的特点

图 3-34 所示为一项双代号时标网络计划，其特点如下：

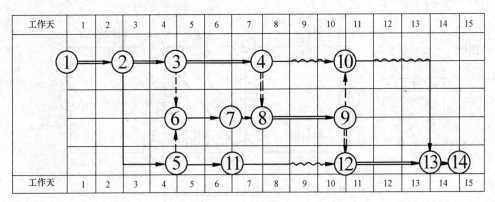

图 3-34　时标网络计划

（1）建立时间坐标体系，将双代号网络计划绘制于时间表上。

（2）时标网络图中，实箭线表示实工作，虚箭线表示虚工作，波形线表示工作的自由时差。箭线的长短与工作的时间有关。

（3）双代号时标图节点的中心位于时标的刻度线上，表示工作的开始与完成时间，同时，可从时标图上读出各工作的自由时差、总时差等时间参数及关键线路，减少了计算的工作量。

（4）对时标图的修改不方便，修改某一项可能会引起整个网络图的变动，所以宜利用计算机程序进行时标网络计划的编制与管理。

（二）时标图的绘制方法

时标网络计划的绘制宜按各项工作的最早开始时间进行。表达工作的箭线一般采用水平箭线，或水平段与垂直段组成的箭线，不宜用斜箭线。虚工作的水平段即为其自由时差，应绘成波形线。时标网络计划的绘制方法有直接绘制法和间接绘制法两种。

1. 间接绘制法

间接绘制法是先绘制无时标网络计划，即绘制普通双代号网络计划，计算出各工作的时间参数，并确定关键线路后，依据该网络图绘制时标网络图的过程。将普通网络图绘制时标网络图，可在图上直接表示每项工作的进程，为工程进度的控制与管理提供了便利。具体绘制如下：

（1）绘制无时标网络计划图，计算时间参数，确定关键线路。

（2）建立时间坐标体系。时间坐标标注于时标表的顶部、底部，或上下都标注，其单位根据需要按小时、天、周、旬、月等确定。

（3）将每项工作的箭尾节点按最早开始时间定位于时标表上，各项工作在时标图中的布局参照时标网络计划。

（4）节点间的箭线，以实箭线表示实工作，水平箭线的长度，即为工作的持续时间，若箭线长度不足以到达该工作的结束节点时，用波形线补足。虚箭线代表虚工作，其持续时间为零，用垂直箭线绘制。虚工作的水平段绘成波形线，表示其自由时差。

（5）绘制时先画关键工作、关键线路，再画非关键工作，便于网络图的布局。

【例 3-8】 试将图 3-35 所示双代号网络计划绘制成时标网络计划。

解 （1）计算网络计划的时间参数，如图 3-35 所示。

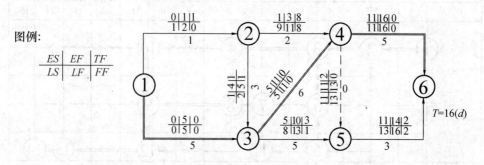

图 3-35　双代号网络计划及时间参数

（2）建立时间坐标体系，如图 3-36 所示。

工 作 天	1	2	3	4	5	6	7	8	9	10	11	12	13	14	15	16	17
网络计划																	
工 作 天	1	2	3	4	5	6	7	8	9	10	11	12	13	14	15	16	17

图 3-36　时间坐标体系

（3）根据标时网络计划的时间参数，由起点节点依次将各节点定位于时间坐标的纵轴上，并绘出各节点的箭线及时差。如图 3-37、图 3-38 所示。

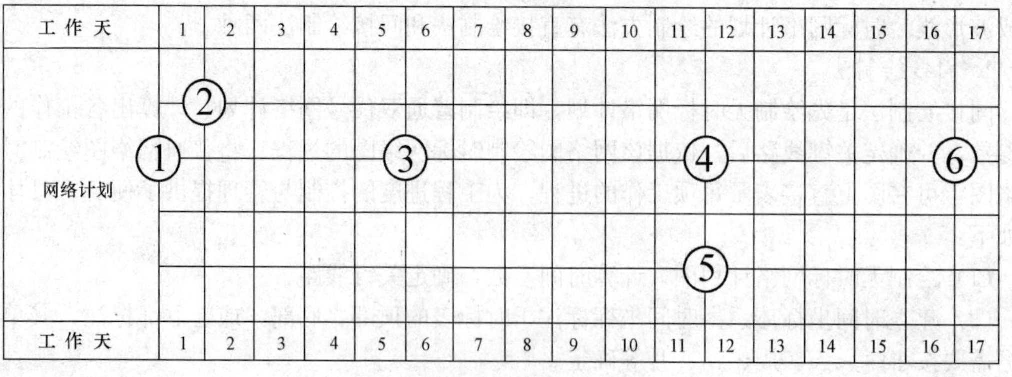

工 作 天	1	2	3	4	5	6	7	8	9	10	11	12	13	14	15	16	17
网络计划	①	②			③						④					⑥	
											⑤						
工 作 天	1	2	3	4	5	6	7	8	9	10	11	12	13	14	15	16	17

图 3-37　各节点在时标图中的位置

2. 直接绘制法

直接绘制法是直接根据工作间逻辑关系及持续时间绘制时标网络计划的方法。其绘制要点如下：

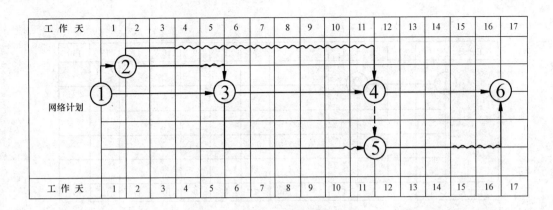

图 3-38 时标网络计划

（1）画出双代号网络计划的草图，按持续时间确定出关键线路。

（2）绘制时间坐标体系。

（3）将起点节点定位于时标表的起始刻度线上，按工作的持续时间，绘制起点节点的外向箭线及工作的箭头节点。

（4）若工作的箭头节点是几项工作共同的结束节点时，此节点应定位于所有内向箭线中最迟完成的箭线箭头处。不足以到达该节点的实箭线，用波形线补足。

（5）虚工作应绘制成垂直的虚箭线，若虚箭线的开始节点与结束节点之间有水平距离时，用波形线补足，波形线的长度为该虚工作的自由时差。

（6）用上述方法自左至右依次确定其他节点的位置，直至终点节点。

【例 3-9】 某工程有 A、B、C 三个施工过程，分三段施工，各施工过程的流水节拍为 $t_A=3d$，$t_B=1d$，$t_C=2d$。试绘制其时标网络计划。

解 （1）绘制双代号网络图，如图 3-39 所示。其关键线路为①→②→③→⑦→⑨→⑩。工期为 12d。

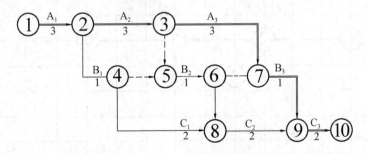

图 3-39 双代号网络计划

（2）绘制时标表，将起点节点①节点定位于起始刻度线上，按工作持续时间作出①节点的外向箭线及箭头节点②节点。如图 3-40 所示。

（3）由②节点按工作持续时间绘制其外向箭线及箭头节点③节点和④节点，如图 3-41 所示。

（4）由③节点绘制③→⑦箭线，由③、④节点分别绘制③→⑤和④→⑤两项虚工作，其

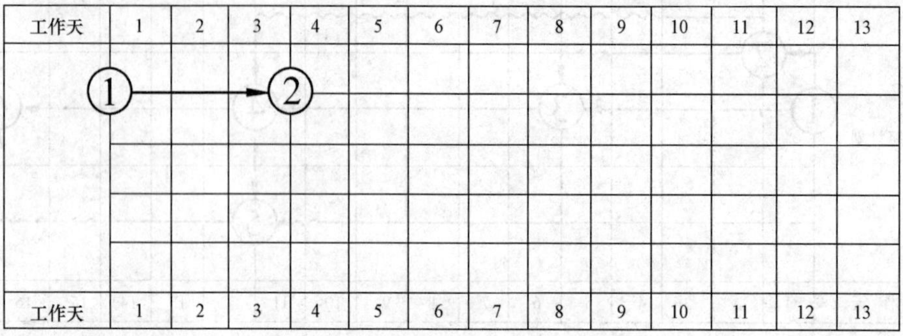

工作天	1	2	3	4	5	6	7	8	9	10	11	12	13
	①→②												
工作天	1	2	3	4	5	6	7	8	9	10	11	12	13

图 3-40　时标坐标系及起始工作的绘制

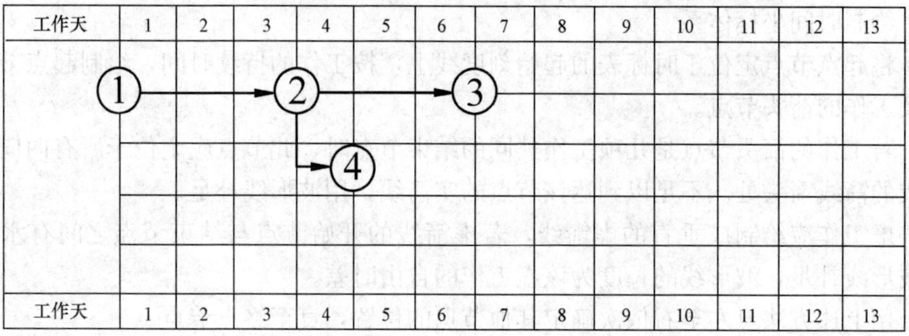

工作天	1	2	3	4	5	6	7	8	9	10	11	12	13
	①→②→③												
			④										
工作天	1	2	3	4	5	6	7	8	9	10	11	12	13

图 3-41　中间工作的绘制

共同的结束节点为⑤节点。④→⑤工作间的箭线绘制成波形线。如图 3-42 所示。

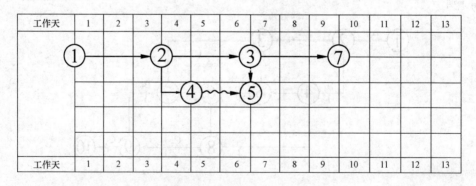

工作天	1	2	3	4	5	6	7	8	9	10	11	12	13
	①→②→③→⑦												
			④〜⑤										
工作天	1	2	3	4	5	6	7	8	9	10	11	12	13

图 3-42　中间工作的绘制

（5）由⑤节点绘制⑤→⑥箭线，由⑥节点绘制⑥→⑧箭线，其中⑧节点定位于④→⑧与⑥→⑧工作最迟完成的箭线箭头处，如图 3-43 所示。

（6）按上述方法，依次确定其余节点及箭线，得到如图 3-44 所示该工程的时标网络计划图。

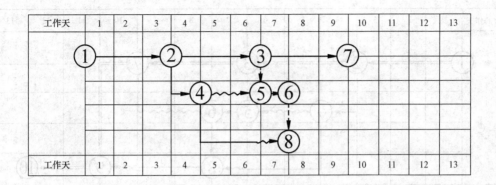

图 3-43 中间工作的绘制

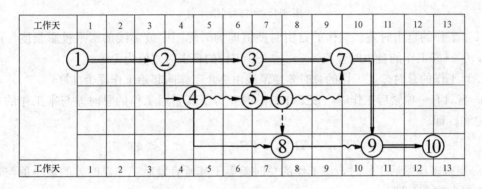

图 3-44 中间工作的绘制

（三）时标网络计划关键线路和时间参数的判定

1. 关键线路的判定

在时标图中，自起点节点至终点节点的所有线路中，未出现波形线的线路，即为关键线路。如图 3-44 中①→②→③→⑦→⑨→⑩线路为关键线路，用双线、粗线等加以明确标注。

2. 时间参数的确定

（1）工作最早开始时间和完成时间。

1）工作最早开始时间。工作箭线左端节点中心所对应的时标值即为该工作的最早开始时间，如图 3-45 中①→②工作的最早开始时间为 0，②→③，②→④工作的最早开始时间为 3，以此类推。

2）最早完成时间的判定。

a. 当工作箭线右端无波形线，则该箭线右端节点中心所对应的时标值即为该工作的最早完成时间。如图 3-45 中①→②工作的最早完成时间为 3，②→④工作的最早完成时间为 4 等。

b. 当工作箭线右端有波形线时，则该箭线无波形线部分的右端所对应的时标值为该工作的最早完成时间。如图 3-45 中④→⑧工作的最早完成时间为 6，⑧→⑨工作的最早完成时间为 9 等。

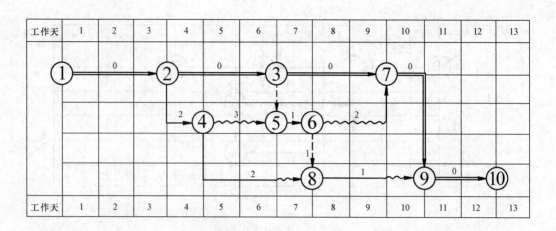

图 3-45　时标网络计划

（2）工作的自由时差。工作的自由时差值即为时标图中波形线的水平投影长度。图 3-45 中，④→⑤工作的自由时差值为 2，⑧→⑨工作的自由时差值为 1 等。

（3）工作的总时差。工作的总时差逆箭线由终止工作向起始工作逐个推算。

a. 当只有一项紧后工作时，该工作的总时差等于其紧后工作的总时差与本工作的自由时差之和。即

$$TF_{i-j} = TF_{j-k} + FF_{i-j} \qquad (i < j < k) \qquad (3\text{-}23)$$

b. 当有多项紧后工作时，该工作的总时差等于其所有紧后工作总时差的最小值与本工作自由时差之和。即

$$TF_{i-j} = [TF_{j-k}]_{\min} + FF_{i-j} \qquad (i < j < k) \qquad (3\text{-}24)$$

根据式（3-23）和式（3-24），将各项工作的总时差标注于各工作箭线或波形线上，如图 3-45 所示。

（4）工作最迟开始和完成时间。工作的最迟开始和完成时间，可由最早时间推算

$$LS_{i-j} = ES_{i-j} + TF_{i-j} \qquad (3\text{-}25)$$

$$LF_{i-j} = EF_{i-j} + TF_{i-j} \qquad (3\text{-}26)$$

如图 3-45 所示，②→④工作的最迟开始时间为　3＋2＝5

其最迟完成时间为　4＋2＝6

④→⑧工作的最迟开始时间为　4＋2＝6

其最迟完成时间为　6＋2＝8

三、单代号网络计划

（一）单代号网络图的组成

单代号网络图是网络计划的一种表达方式，如图 3-46 是某工程项目的单代号网络图。单代号网络图的基本组成要素为节点、箭线和线路。

1. 节点

单代号网络图的节点表示工作，一般用圆

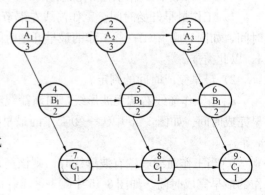

图 3-46　单代号网络图

圈或方框表示。工作的名称、持续时间及工作的代号标注于节点内，如图 3-47 所示。

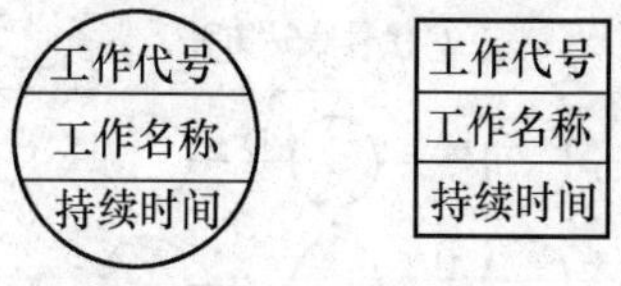

2. 箭线

单代号网络图中的箭线表示相邻工作间的逻辑关系。在单代号网络图中只有实箭线，没有虚箭线。

3. 线路

与双代号网络图中线路的含义相同，单代号网络图的线路是指从起点节点至终点节点，沿箭线方向顺序经过一

图 3-47　单代号网络图节点形式

系列箭线与节点的通路。其中持续时间最长的线路为关键线路，其余的线路称为非关键线路。

（二）单代号网络图的绘制

1. 单代号网络图的逻辑关系

单代号网络图逻辑关系的表达方法，见表 3-5。

表 3-5　　　　　　　　单代号网络图各工作逻辑关系表达方法示例

序号	工作间逻辑关系	单代号表达方法	双代号表达方法
1	A 工作完成后进行 B 工作	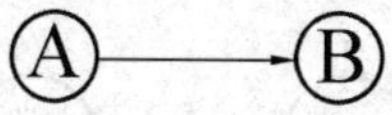	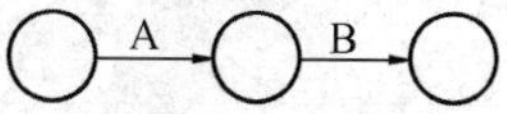
2	A 工作完成后进行 B、C 工作	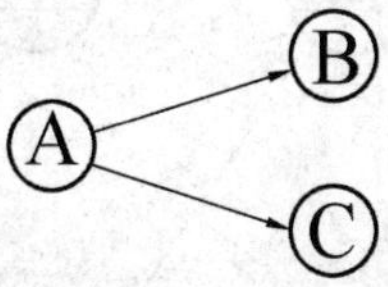	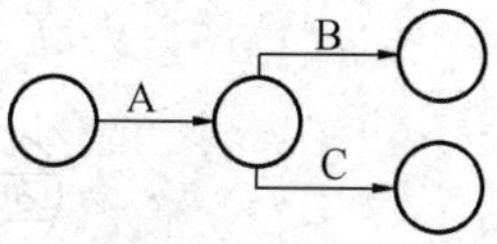
3	A、B 工作完成后进行 C 工作	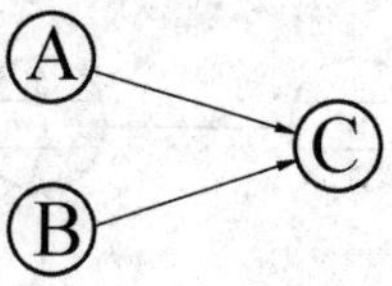	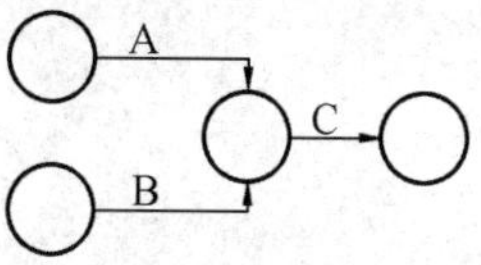
4	A、B 工作完成后进行 C、D 工作	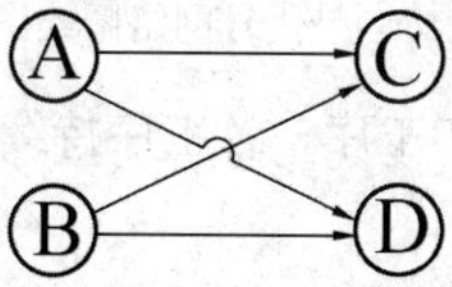	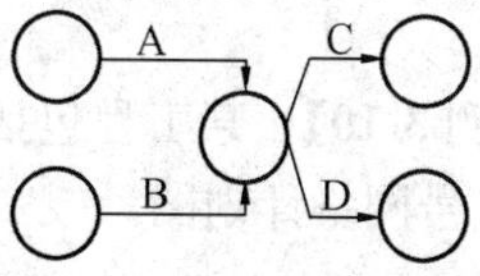
5	A 工作完成后进行 C 工作；A、B 工作完成后进行 D 工作	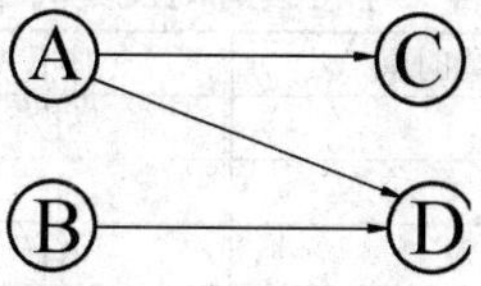	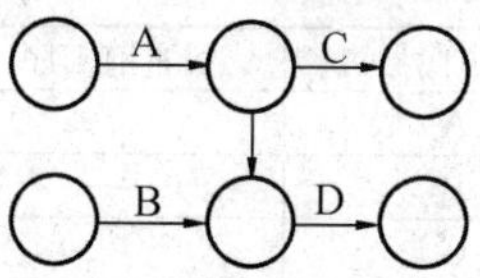
6	A、B 工作完成后进行 D 工作；B、C 工作完成后进行 E 工作	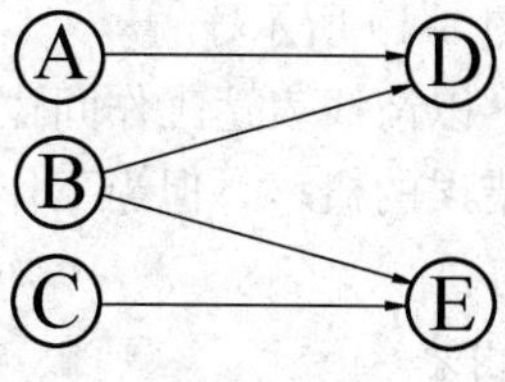	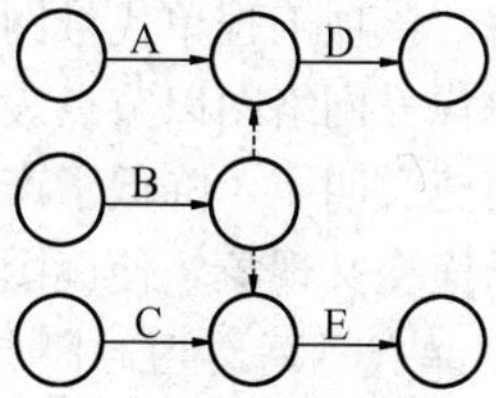

序号	工作间逻辑关系	单代号表达方法	双代号表达方法
7	A、B、C 工作完成后进行 D 工作；B、C 工作完成后进行 E 工作		
8	A、B 两个施工过程按三个施工段流水施工		

2. 单代号网络图的绘图原则

单代号网络图的绘图原则与双代号网络图大致相同，需要说明的一点是，单代号网络图中，当一项计划有多个起始工作或终止工作时应增加虚拟的开始工作或结束工作，该工作的持续时间为零，如图 3-48 所示。

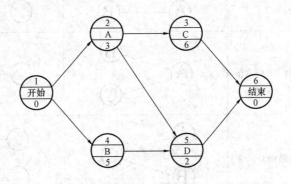

图 3-48　单代号网络图绘图原则

【例 3-10】　某工程包括八项施工工序，各工序持续时间及其间逻辑关系见表 3-6。试绘制单代号网络计划图。

表 3-6　　　　　　　　某工程各工序持续时间及其间逻辑关系

工序代号	紧前工序	持续时间（d）	工序代号	紧前工序	持续时间（d）
A	—	3	E	B	8
B	—	5	F	C	7
C	—	2	G	C、D	8
D	A	5	H	E、F	2

解　该项工程单代号网络图如图 3-49 所示。

单代号网络图以节点表示工作，以箭线表达工作间逻辑关系，不设虚工作，使网络图的编制简捷、明了，降低了产生逻辑错误的概率。但当工作间逻辑关系复杂时，箭线易产生较多的纵横交叉现象，使读图不便。

3. 单代号网络图时间参数计算内容

单代号网络图的时间参数主要包括：工作的最早开始时间（ES_i）和完成时间（EF_i），

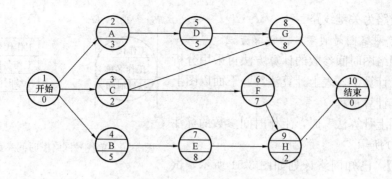

图 3-49 某工程单代号网络图

工作的最迟开始时间（LS_i）和完成时间（LF_i），工作的总时差（TF_i）和自由时差（FF_i）等六项。各个时间参数的概念与双代号网络图相同，其计算步骤如下：

（1）计算工作的最早开始时间（ES_i）和完成时间（EF_i）。顺箭线方向，由起点节点向终点节点计算。

1）起点节点的最早开始时间（ES_1）和完成时间（EF_1）。ES_1 按规定开工日期，

或令

$$ES_1 = 0 \qquad (3-27)$$

$$EF_1 = ES_1 + D_1 \qquad (3-28)$$

2）其余节点的最早开始时间（ES_i）和完成时间（EF_i）

$$ES_i = [EF_h]_{max} \qquad (h < i) \qquad (3-29)$$

$$EF_i = ES_i + D_i \qquad (3-30)$$

3）终点节点的最早完成时间的最大值，即为计算工期 T_c

$$T_c = [EF_n]_{max} \qquad (3-31)$$

（2）计算工作的最迟开始时间（LS_i）和完成时间（LF_i）。逆箭线方向，由终点节点向起点节点计算

1）终点节点的最迟开始时间（LS_n）和完成时间（LF_n）

$$LF_n = T_c \qquad (3-32)$$

$$LS_n = LF_n - D_n \qquad (3-33)$$

2）其余节点的最迟开始时间（LS_i）和完成时间（LF_i）

$$LF_i = [LS_j]_{min} \qquad (i < j) \qquad (3-34)$$

$$LS_i = LF_i - D_i \qquad (3-35)$$

（3）计算工作的总时差（TF_i）和自由时差（FF_i）

$$TF_i = LS_i - ES_i \qquad (3-36)$$

$$FF_i = [ES_j]_{min} - EF_i \qquad (i < j) \qquad (3-37)$$

由于单代号网络图的表达方法与双代号网络图不同，在单代号网络图中，一项工作其紧后工作的最早开始时间不一定相同，故其自由时差的表达式为式（3-37）。在单代号网络图中总时差与自由时差的关系满足：

1）$TF_i \geqslant FF_i$；

2）若 $TF_i = 0$，则 $FF_i = 0$。

（4）确定关键线路。在网络计划中，若合同工期等于计划工期，则总时差为零的各项工

作所组成的线路为关键线路。

4. 单代号网络图时间参数的计算方法

单代号网络图时间参数的计算方法可采用分析计算法、图上计算法、表上计算法等，下面以图上计算法说明其计算过程。

采用"图上计算法"时，工作时间参数的标注形式如图 3-50 所示。

工作代号	ES	EF
工作名称	LS	LF
持续时间	TF	FF

图 3-50 单代号网络图时间参数标注形式

【例 3-11】 已知网络计划如图 3-51 所示，试用图上计算法计算各项工作的六个时间参数，并确定工期，标出关键线路。

解 图例如图 3-52 所示。

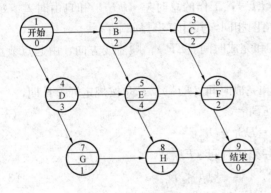

图 3-51 单代号网络计划

图 3-52 单代号网络计划参数标注形式

（1）计算工作的最早开始和完成时间，并标注于网络图上，如图 3-53 所示。

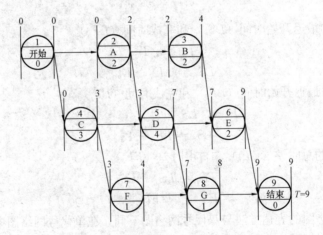

图 3-53 工作最早开始与完成时间计算值

（2）计算工作的最迟开始和完成时间，并标注于网络图上，如图 3-54 所示。

（3）计算工作的总时差，标注于网络图上，如图 3-55 所示。将总时差为零的关键工作所组成的线路，用双线标出，即为关键线路。

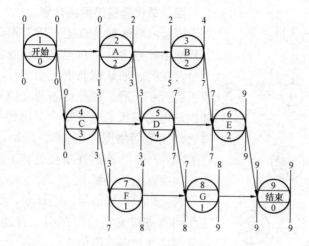

图 3-54　工作最迟开始与完成时间计算值

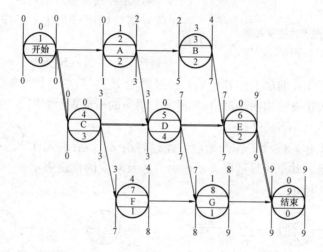

图 3-55　工作总时差与关键线路

（4）计算工作的自由时差，标注于网络图上，如图 3-56 所示。

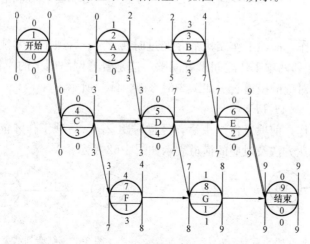

图 3-56　工作自由时差的计算

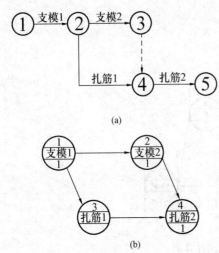

图 3-57 普通网络图表达搭接关系

(a) 双代号网络图；(b) 单代号网络图

四、单代号搭接网络计划

搭接网络计划是直接表达工作间各种搭接关系的工程网络计划方法。在建筑工程施工中，搭接关系是大量存在的。如某钢筋混凝土工程，施工组织安排支模板进行一天后，绑扎钢筋与支模板平行施工，且绑扎钢筋比支模板迟一天结束。这种平行搭接关系，用普通双代号网络图［图 3-57（a）］，或单代号网络图［图 3-57（b）］，均需在搭接处将工作进行分段以满足工作间逻辑关系的要求。

若采用单代号搭接网络计划，如图 3-58 所示，将工作间的搭接关系与时距引入普通单代号网络图中，将使网络计划得以简化。

（一）单代号搭接网络计划的表达方法

在单代号搭接网络计划中，工作的基本搭接关系有五种：

1. 开始到开始关系（STS）

表达相邻两项工作，前项工作开始后，经过时距 $Z_{i,j}$，后项工作才能开始的搭接关系。其单代号搭接关系表达方法如图 3-59（a）所示。对应的横道表示如图 3-59（b）所示。

2. 开始到结束关系（STF）

表达相邻两项工作，前项工作开始后，经过时距 $Z_{i,j}$，后项工作才能结束的搭接关系。其单代号搭接关系表达方法及对应的横道表示如图 3-60（a）、（b）所示。

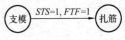

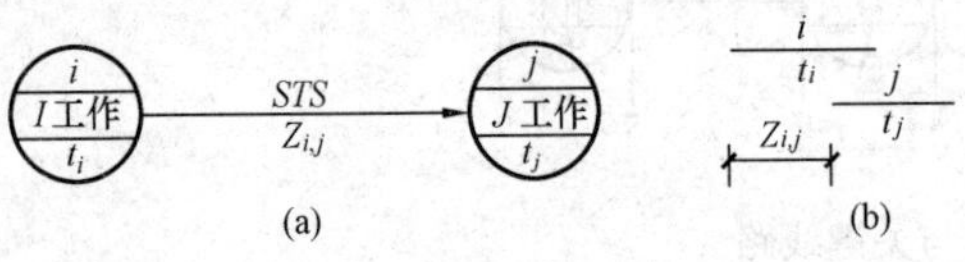

图 3-58 搭接网络计划

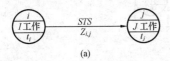

(a)　　　　(b)

图 3-59 开始到开始关系表示方法

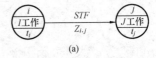

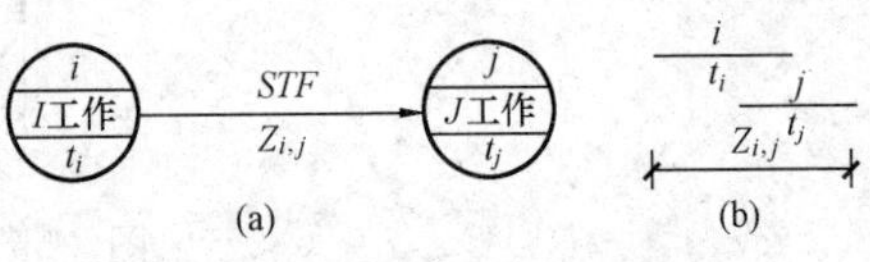

(a)　　　　(b)

图 3-60 开始到结束关系表示方法

3. 结束到开始关系（FTS）

表达相邻两项工作，前项工作结束后，经过时距 $Z_{i,j}$，后项工作才能开始的搭接关系。当 $Z_{i,j}=0$ 时，表示相邻两项工作之间没有间歇，这是普通网络图中的逻辑关系。其单代号搭接关系表达方法及对应的横道表示如图 3-61（a）、（b）所示。

4. 结束到结束关系（FTF）

表达相邻两项工作，前项工作结束后，经过时距 $Z_{i,j}$，后项工作才能结束的搭接关系。其单代号搭接关系表达方法及对应的横道表示如图 3-62 所示。

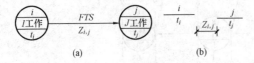

(a)　　　　(b)

图 3-61 结束到开始关系表示方法

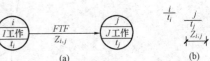

(a)　　　　(b)

图 3-62 结束到结束关系表示方法

5. 混合关系

表达相邻两项工作间同时存在上述四种基本关系的两种关系，如两项工作同时具有 STS 和 FTF 的搭接关系，或同时具有 STS 和 STF 的搭接关系等。其单代号搭接关系表达方法及对应的横道表示如图 3-63 所示。

（二）单代号搭接网络图的绘制步骤

（1）根据工作间的逻辑关系，绘制单代号网络图，要求建立虚拟的起点节点和终点节点，以备进行时间参数的计算。

（2）确定相邻工作间的搭接类型及搭接时距。

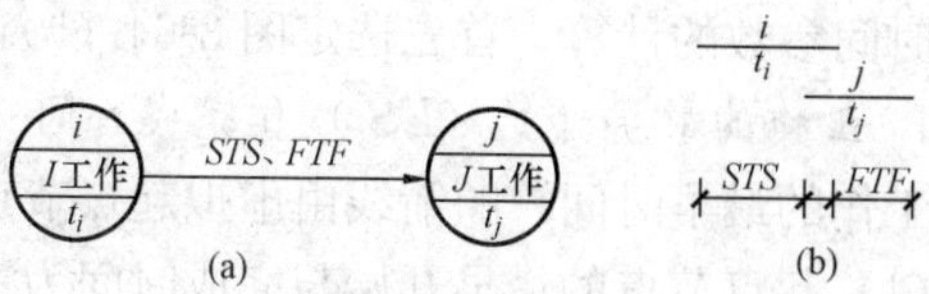

图 3-63　混合关系表示方法

（3）将工作间的搭接关系及时距标注在单代号网络图的箭线上。

【例 3-12】　某工程工作项目及工作间逻辑关系表 3-7，试绘制单代号搭接网络计划图。

表 3-7　　　　　　　　　**某项目工作间逻辑关系表**

工程名称	紧前工作	搭接关系	作业时间（d）	工程名称	紧前工作	搭接关系	作业时间（d）
A	—	$FTS=0$	5		D	$STS=2$、$FTF=3$	
B	—	$FTS=0$	8	G	E	$FTS=0$	10
C	—	$FTS=0$	10		F	$FTS=0$	
D	A	$STS=12$	15	H	F	$STF=3$	5
	B	$FTS=5$			E	$STS=4$	
E	B	$STS=3$	20	I	G	$STS=2$	2
F	C	$FTF=2$	20		H	$FTS=4$	

解　某工程单代号搭接网络计划如图 3-64 所示。

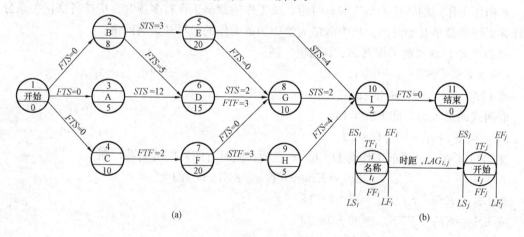

图 3-64　单代号搭接网络计划图

（a）网络计划；（b）图例

（三）单代号搭接网络计划图时间参数的计算

单代号搭接网络计划图时间参数计算的内容，包括：

（1）工作的最早开始时间 ES_i 和完成时间 EF_i。

（2）工作的最迟开始时间 LS_i 和完成时间 LF_i。

（3）间隔时间 $LAG_{i,j}$、总时差 TF_i 和自由时差 FF_i。

下面以图 3-64 所示单代号搭接网络计划为例，采用图上计算法，说明单代号搭接网络计划时间参数的计算。首先选定图 3-64（b）：

1. 工作的最早开始（ES_i）和完成时间（EF_i）的计算

工作的最早时间，顺箭线由虚拟起点节点向虚拟终点节点计算。

（1）起点节点的最早开始与完成时间为零，与起点节点相连的各工作的最早开始时间均为零。即

$$ES_{开始}=0 \qquad\qquad EF_{开始}=0$$
$$ES_A=0 \qquad\qquad EF_A=ES_A+D_A=0+5=5$$
$$ES_B=0 \qquad\qquad EF_B=ES_B+D_B=0+8=8$$
$$ES_C=0 \qquad\qquad EF_C=ES_C+D_C=0+10=10$$

（2）在搭接网络计划中各节点的最早开始与完成时间，由其与紧前工作的搭接关系确定。

若搭接关系为 STS 时　　$ES_j=ES_i+STS_{i,j}$　　（$i<j$）　　　　　　　（3-38）
$$EF_j=ES_j+D_j$$

若搭接关系为 STF 时　　$EF_j=ES_i+STF_{i,j}$　　（$i<j$）　　　　　　　（3-39）
$$ES_j=EF_j-D_j$$

若搭接关系为 FTS 时　　$ES_j=EF_i+FTS_{i,j}$　　（$i<j$）　　　　　　　（3-40）
$$EF_j=ES_j+D_j$$

若搭接关系为 FTF 时　　$EF_j=EF_i+FTF_{i,j}$　　（$i<j$）　　　　　　　（3-41）
$$ES_j=EF_j-D_j$$

若相邻工作间的搭接关系为组合时距，或工作的紧前工作有多项时，应按各搭接关系分别计算工作的最早开始时间，从中取最大值作为该工作的最早开始时间值。

如 D 工作，其紧前工作有 A、B 两项，则

$ES_D=ES_A+STS_{A,D}=0+12=12$

或 $ES_D=EF_B+FTS_{B,D}=8+5=13$

取两式的最大值，即 $ES_D=13$

$EF_D=ES_D+t_D=13+15=28$

又如 G 工作，其紧前工作有 D、E、F 三项，同时有四种搭接关系，则

$$ES_G=EF_E+FTS_{E,G}=23+0=23$$

或 $ES_G=ES_D+STS_{D,G}=13+2=15$

或 $ES_G=EF_F+FTS_{F,G}=20+0=20$

或 $EF_G=EF_D+FTF_{D,G}=28+3=31$

$ES_G=EF_G-D_G=31-10=21$

取 ES_G 最大值，即 $ES_G=23$，$EF_G=ES_G+D_G=23+10=33$

当按照上述计算原则计算出的 ES 值为负值时，须将该工作与虚拟开始节点用虚箭线连接起来，以符合逻辑关系。

如 F 工作，由 $FTF_{C,F}=2$

$$EF_F=EF_C+FTF_{C,F}=10+2=12$$
$$ES_F=EF_F-D_F=12-20=-8$$

ES_F 出现负值与实际情况不符，将该工作与起点节点相连，使之成为该计划的第一项工作，则 $ES_F=0$

$$EF_F=0+20=20$$

（3）终点节点的最早开始与完成时间。在单代号搭接网络计划中，终点节点一般需虚设，终点节点的时间，即为计划工期，其值为所有紧前工作最早完成时间的最大值。但是，如果在计划中某项中间工作的最早完成时间大于此值时，须将该工作与终点节点用虚箭线连接起来，再确定终点节点的时间。

如本例中，将 G 工作与结束工作用虚箭线相连，结束工作的最早开始时间为

$$ES_{结束}=[33,27]_{max}=33$$

各项工作最早开始时间计算如图 3-65 所示。

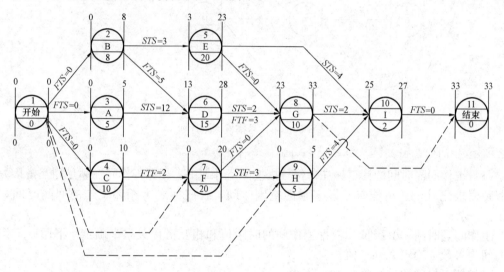

图 3-65 工作最早时间计算

2. 工作最迟开始和完成时间的计算

工作最迟开始和完成时间的计算逆箭线由虚拟终点节点向虚拟起点节点计算。

（1）与虚拟终点节点相连的工作，其最迟完成时间，即为工期。

如本例中 $LF_1=33$，$LS_1=LF_1-D_1=33-2=31$

$\qquad LF_G=33$，$LS_G=LF_G-D_G=33-10=23$

（2）搭接网络图中间各节点最迟开始时间的计算，由其紧后工作的搭接关系确定。

若搭接关系为 STS 时 $\quad LS_i=LS_j-STS_{i,j} \qquad (i<j)$ $\qquad\qquad$ (3-42)

$\qquad\qquad\qquad\qquad LF_i=LS_i+D_i$

若搭接关系为 STF 时 $\quad LS_i=LF_j-STF_{i,j} \qquad (i<j)$ $\qquad\qquad$ (3-43)

$\qquad\qquad\qquad\qquad LF_i=LS_i+D_i$

若搭接关系为 FTS 时 $\quad LF_i=LS_j-FTS_{i,j} \qquad (i<j)$ $\qquad\qquad$ (3-44)

$$LS_i = LF_i - D_i$$

若搭接关系为 FTF 时　　$LF_i = LF_j - FTF_{i,j}$　$(i<j)$　　　　　　(3-45)

$$LS_i = LF_i - D_i$$

若相邻工作间的搭接关系为组合搭接关系，或工作有多项紧后工作时，应按各搭接关系分别计算工作的最迟时间，从中取最小值。本例各工作的最迟时间值标注于图 3-66 中。

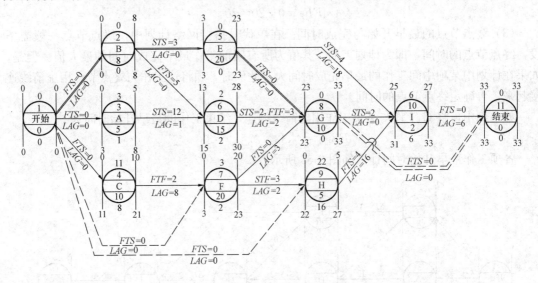

图 3-66　单代号搭接网络计划

3. 工作的间隔时间，总时差和自由时差的计算

（1）工作间隔时间的计算。在单代号搭接网络计划中，相邻工作间在满足相互搭接关系的时距要求之外，还可能有一段多余的空闲时间，我们称之为相邻工作的间隔时间，用 $LAG_{i,j}$ 表示。

工作间隔时间 $LAG_{i,j}$ 值，根据工作间的时距值和相互搭接关系来确定。下面以工作最早时间为参数，确定 $LAG_{i,j}$ 值。

当相邻工作间的搭接关系为 STS 时

$$LAG_{i,j} = ES_j - ES_i - STS_{i,j}　　(i<j)$$　　　　　　(3-46)

当相邻工作间的搭接关系为 STF 时

$$LAG_{i,j} = EF_j - ES_i - STF_{i,j}　　(i<j)$$　　　　　　(3-47)

当相邻工作间的搭接关系为 FTS 时

$$LAG_{i,j} = ES_j - EF_i - FTS_{i,j}　　(i<j)$$　　　　　　(3-48)

当相邻工作间的搭接关系为 FTF 时

$$LAG_{i,j} = EF_j - EF_i - FTF_{i,j}　　(i<j)$$　　　　　　(3-49)

当相邻工作间的搭接关系为混合搭接关系时，则按各搭接关系分别计算 LAG，并取其中最小值，即

$$LAG_{i,j} = \begin{cases} ES_j - ES_i - STS_{i,j} \\ EF_j - ES_i - STF_{i,j} \\ ES_j - EF_i - FTS_{i,j} \\ EF_j - EF_i - FTF_{i,j} \end{cases}_{min}$$

本例各工作时间间隔值标注于图 3-66 中。

（2）总时差 TF_i 的计算。工作的总时差是指在不影响计划工期的前提下，本项工作所具有的机动时间，$TF_i = LS_i - ES_i$。本例各项工作的总时差标注于图 3-66 中。

（3）自由时差 FF_i 的计算。工作的自由时差，是指在不影响紧后工作最早可能开始情况下，本工作所具有的机动时间。

当只有一项紧后工作时 $\quad FF_i = LAG_{i,j} \quad (i < j)$ (3-50)

当有多项紧后工作时 $\quad FF_i = [LAG_{i,j}]_{min} \quad (i < j)$ (3-51)

本例各项工作的自由时差标注于图 3-66 中。

4. 单代号搭接网络计划关键线路的确定

在单代号搭接网络图中，总时差为零的工作是关键工作，由关键工作组成的线路为关键线路。在关键线路上，各工作的时间间隔值均为零。

第四节　网络计划的优化

网络计划的优化是在满足既定的约束条件下，按某一目标，对初始网络计划进行不断检查、调整，寻求最优网络计划方案的过程。通过对初始网络计划的优化，达到缩短工期，保证质量，降低成本的效果。网络计划的优化包括工期优化、资源优化和费用优化三种。

一、工期优化

工期优化是在网络计划的计算工期大于要求工期时，通过增加劳动力、机械设备等措施，压缩关键工作的持续时间，满足工期要求的过程。

（一）工期优化的计算步骤

（1）找出关键线路，确定关键工作及计算工期。

（2）按要求工期计算初始网络计划应缩短的时间。

（3）确定各项关键工作能缩短的工作持续时间。

（4）按下述条件，选择优先压缩的关键工作，压缩其工作持续时间，并重新计算网络计划的工期。压缩条件：

1）缩短工作持续时间对质量影响不大的工作；

2）有充足备用资源的工作；

3）缩短工作持续时间，所需增加费用最少的工作。

（5）若按上述步骤计算工期达到规定工期要求，则完成优化过程，否则重复以上步骤，直至满足要求。

（6）当所有关键工作的工作持续时间都已达到其能缩短的极限，而工期仍不能满足要求时，应对原计划的施工组织方案进行调整，或对要求工期重新审定。

（二）工期优化计算过程中应注意的问题

（1）不能将关键工作压缩成非关键工作。

（2）若优化过程中出现多条关键线路时，应将各条关键线路的持续时间压缩同一数值，以保证工期缩短的有效性。

【例 3-13】 已知某网络计划如图 3-67 所示。图中箭线下方括号外数据为工作正常持续

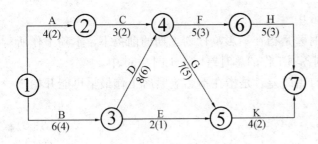

时间，括号内数据为工作最短持续时间。假定要求工期为 20d，试对该原始网络计划进行工期优化。

图 3-67　初始网络计划

解　（1）找出网络计划的关键线路、关键工作，确定计算工期。

如图 3-68 所示，关键线路：①→③→④→⑤→⑦，$T=25$（d）。

（2）计算初始网络计划需缩短的时间 $t=25-20=5$（d）

（3）确定各项工作可能压缩的时间。

①→③工作可压缩 2d；③→④工作可压缩 2d；④→⑤工作可压缩 2d；⑤→⑦工作可压缩 2d。

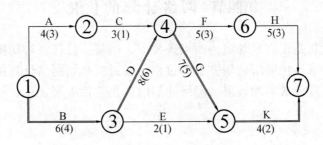

图 3-68　找出关键线路及工期

（4）选择优先压缩的关键工作。

考虑优先压缩条件，首先选择⑤→⑦工作，因其备用资源充足，且缩短时间对质量无太大影响。⑤→⑦工作可压缩 2d，但压缩 2d 后，①→③→④→⑥→⑦线路成为关键线路，⑤→⑦工作变成非关键工作。为保证压缩的有效性，⑤→⑦工作压缩 1d。此时关键线路有两条，工期为 24d，如图 3-69 所示。

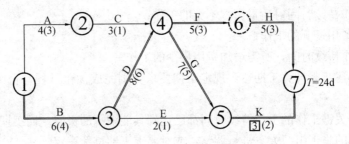

图 3-69　⑤→⑦工作压缩了 1d

按要求工期尚需压缩 4d，根据压缩条件，选择①→③工作和③→④工作进行压缩。分别压缩至最短工作时间，如图 3-70 所示，关键线路仍为两条，工期为 20d，满足要求，优化完毕。

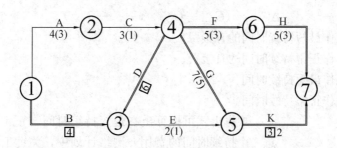

图 3-70 优化后网络计划

二、费用优化

费用优化又称为工期—成本优化。

1. 工程成本与工期的关系

工程成本由直接费和间接费组成。直接费包括人工费、材料费和机械费。采用不同的施工方案，工期不同，直接费也不同。间接费包括施工组织管理的全部费用，它与施工单位的管理水平、施工条件、施工组织等有关。在一定时间范围内，工程直接费随着工期的增加而减小，间接费则随着工期的增加而增大，如图 3-71 所示。

图中总成本曲线是将不同工期的直接费与间接费叠加而成。总成本曲线最低点所对应的工期 T_O，即为最低成本的工期，称为最优工期。工期—成本优化，就是寻求最低成本时的最优工期。

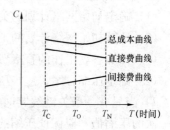

图 3-71 工期与费用关系曲线
T_C—最短工期；T_O—优化工期；
T_N—正常工期

2. 费用优化的基本思路

费用优化是在初始网络计划中，寻求能使计划工期缩短而直接费增加最少的工作，依次缩短其工作持续时间，同时考虑间接费的影响，把不同工期时的直接费与间接费叠加，求出成本最低时相应的最优工期。影响工期的工作是网络计划中的关键工作。

完成一项工作的方法很多，将其中费用最低方案所对应的工作持续时间，称为"正常工作持续时间"。要缩短工作的持续时间，可采取增加工作班次，增加或换用大功率机械设备，采用更有效施工等方法。采用加快措施，同时带来工程直接费的大幅增加，但工作持续时间在一定条件下只能缩短到一定的限度，我们称之为工作的"最短持续时间"。在网络计划费用优化中，工作的持续时间和直接费之间的关系有两种情况：

（1）连续型变化关系。在工作的正常持续时间与最短持续时间内，工作可逐天缩短，工作的直接费随工作持续时间的改变而改变，呈连续的直线、曲线或折线形式。工作与费用的这种关系，称为连续型变化关系。在优化中，为简化计算，当工作持续时间与费用关系呈曲线或折线形式时，也近似表示为直线，如图 3-72 所示。

图 3-72 中直线的斜率称为直接费率，即每缩短单位工作持续时间所需增加的直接费，其值为

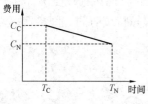

图 3-72 时间—费用连续型变化关系

$$\Delta C_{i,j} = (C_{Ci,j} - C_{Ni,j})/(T_{Ni,j} - T_{Ci,j}) \tag{3-52}$$

式中　$C_{Ci,j}$——工作最短持续时间的直接费；

　　　$C_{Ni,j}$——工作正常持续时间的直接费；

　　　$T_{Ci,j}$——工作最短持续时间；

　　　$T_{Ni,j}$——工作正常持续时间。

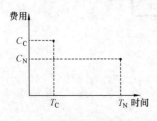

图 3-73　时间—费用
非连续型变化关系

根据上式可推算出在最短持续时间与正常持续时间内，任意一个持续时间的费用。网络计划中，关键工作的持续时间决定着计划的工期值，压缩工作持续时间，进行费用优化，正是从压缩直接费率最低的关键工作开始的。

（2）非连续型变化关系。工作的持续时间和直接费呈非连续型变化关系，是指计划中二者的关系是相互独立的若干个点或短线，如图 3-73 所示。

这种关系多属于机械施工方案。当选用不同的施工方案时，产生不同的工期和费用，各方案之间没有任何关系。工作不能逐天缩短，只能在几个方案中进行选择。

3. 费用优化计算步骤

（1）确定初始网络计划的关键线路，计算工期。

（2）计算初始网络计划的工程直接费和总成本。

（3）计算各项工作的直接费率 $\Delta C_{i,j}$。

（4）确定压缩方案，逐步压缩，寻求最优工期。

1）当只有一条关键线路时，按各关键工作直接费率由低到高的次序，确定压缩方案。每一次的压缩值，应保证压缩的有效性，保证关键线路不会变成非关键线路。压缩之后，需重新绘制调整后网络计划，确定关键线路和工期，计算增加的直接费及相应的总成本。

2）当有多条关键线路时，各关键线路应同时压缩。以关键工作的直接费率或组合直接费率由低到高的次序，确定依次压缩方案。

3）将被压缩工作的直接费率或组合直接费率值与该计划的间接费率值进行比较，若等于间接费率，则已得到优化方案；若小于间接费率，则需继续压缩；若大于间接费率，则在此前小于间接费率的方案即为优化方案。

（5）绘出优化后的网络计划，计算优化后的总费用。

【例 3-14】　已知网络计划如图 3-74 所示，试对其进行费用优化。图中箭线上方为工作的正常费用和最短时间费用，箭线下方为工作的正常持续时间和最短持续时间。间接费率为 50 元/d。

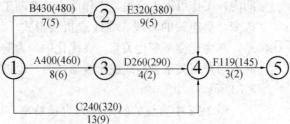

图 3-74　初始网络计划（费用单位：元；时间单位：d）

解　（1）按正常工作持续时间，确定关键线路和工期，如图 3-75 所示。

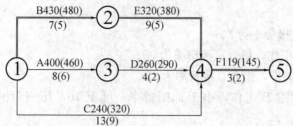

图 3-75　关键线路为①→②→④→⑤　$T=19$（d）

（2）计算正常工作时间下网络计划的工程直接费和总成本。

直接费 $430+320+400+260+240+119=1769$（元）

间接费 $50×19=950$（元）

工程总成本 $1769+950=2719$（元）

（3）计算网络计划各项工作的直接费率，列于表 3-8 中。

表 3-8　　　　　　　　　　　网络计划各项工作的直接费率

工程名称	正常持续时间（d）	正常时间直接费（元）	最短工作时间（d）	最短工作时间直接费（元）	直接费率
(1)	(2)	(3)	(4)	(5)	$(6)=\dfrac{(5)-(3)}{(2)-(4)}$
A	8	400	6	460	30
B	7	430	5	480	25
C	13	240	9	320	20
D	4	260	2	290	15
E	9	320	5	380	15
F	3	119	2	145	26

（4）确定压缩方案，逐步压缩，寻求最优工期。

1）第一次压缩。初始网络计划有一条关键线路①→②→④→⑤，各项关键工作的直接费率为：E 工作 15，B 工作 25，F 工作 26，首先压缩 E 工作。

E 工作可压 4d，为保证其所在线路仍为关键线路，故只压缩 3d。第一次压缩后网络计划如图 3-76 所示，图中箭线上方为直接费率，单位：元/d。关键线路有两条，分别是①→②→④→⑤和①→④→⑤，工期为 16d，总成本为 $2719+15×3-50×3=2614$（元）。

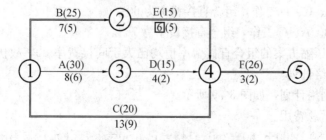

图 3-76　第一次压缩后的网络计划（箭线上方为直接费率，单位：元/d）

2) 第二次压缩。在图 3-76 所示的网络计划中，有两条关键线路，对其压缩有三个方案。

a. 压缩 F 工作，直接费率为 26；

b. 同时压缩 E、C 工作，组合直接费率为 35；

c. 同时压缩 B、C 工作，组合直接费率为 45。

选择第一方案，压缩 F 工作，小于直接费率，可压 1d，压缩后网络计划如图 3-77 所示。

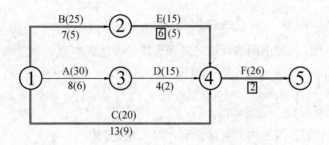

图 3-77 第二次压缩后的网络计划（箭头线上方数字为直接费率，单位：元/d）

3) 第三次压缩。图 3-77 所示的网络计划中，仍有两条关键线路，因为 F 工作已不能再压缩，故在上述三个方案中选择第二方案进行压缩，即同时压缩 E、C 工作，组合直接费率小于间接费率，可压 1d，压缩后网络计划如图 3-78 所示。关键线路有三条，分别是①→②→④→⑤，①→③→④→⑤和①→④→⑤。工期为 14d，总成本为 2590＋35－50＝2575（元）。

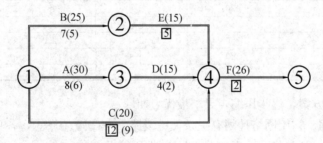

图 3-78 第三次压缩后的网络计划（箭头线上方数字为直接费率，单位：元/d）

4) 对三条关键线路进行压缩，压缩方案有两个，即

a. 同时压缩 B、C、D 工作，组合直接费率为 60；

b. 同时压缩 B、A、C 工作，组合直接费率为 75。

由于上述两种压缩方案的组合直接费率值均已大于间接费率 50，故优化的网络计划为第三次压缩后的网络计划。

5) 绘出优化网络计划，如图 3-79 所示。

6) 计算优化后总费用。

总成本 430＋380＋400＋260＋260＋145＋14×50＝2575（元）与第三次压缩后计算值相同。

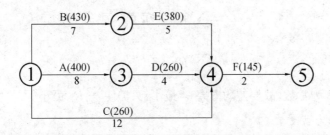

图 3-79 优化后的网络计划（箭头线上方数字为直接费，单位：元/d）

三、资源优化

资源是为完成施工任务所需投入的人力、材料、机械设备和资金等的统称。资源优化即通过调整初始网络计划的每日资源需要量达到：①资源均衡使用，减少施工现场各种临时设施的规模，便于施工组织管理，以取得良好的经济效果。②在日资源受限制时，使日资源需要量不超过日资源限量，并保证工期最短。

资源优化的方法是利用工作的时差，通过改变工作的起始时间，使资源按时间的分布符合优化目标。

（一）资源均衡目标优化

理想状态下的资源曲线是平行于时间坐标的一条直线，即每天资源需要量保持不变。工期固定，资源均衡的优化，即是通过控制日资源需要量，减少短时期的高峰或低谷，尽可能使实际曲线近似于平均值的过程。

1. 衡量资源均衡的指标

衡量资源需要量均衡的程度，介绍两种指标。

（1）不均衡系数 K

$$K = \frac{R_{max}}{\overline{R}} \tag{3-53}$$

式中　R_{max}——日资源需要量的最大值；

$\overline{R}$——每日资源需要量的平均值。

$$\overline{R} = 1/T(R_1 + R_2 + R_3 + \cdots + R_T) = 1/T\sum_{i=1}^{T} R_i \tag{3-54}$$

式中　T——计划工期；

R_i——第 i 天的资源需要量。

不均衡系数越接近于 1，资源需要量的均衡性越好。

（2）均方差值。均方差值是每日资源需要量与日资源需要量平均值之差的平方和的平均值。均方差越大，资源需要量的均衡性越差。均方差的计算公式为

$$\sigma^2 = 1/T\sum_{i=1}^{T} (R_i - \overline{R})^2 \tag{3-55}$$

将上式展开得

$$\sigma^2 = \frac{1}{T}\sum_{i=1}^{T} (R_i^2 - 2R_i\overline{R} + \overline{R}^2)$$

$$= \frac{1}{T}\sum_{i=1}^{T} R_i^2 - 2\overline{R} \cdot \frac{1}{T}\sum_{i=1}^{T} R_i + \overline{R}^2$$

$$= \frac{1}{T}\sum_{i=1}^{T} R_i^2 - 2\overline{R}\,\overline{R} + \overline{R}^2$$

$$= \frac{1}{T}\sum_{i=1}^{T} R_i^2 - \overline{R}^2 \tag{3-56}$$

上式中 T 与 R 为常数,故要使均方差 σ^2 最小,只需使 $\sum R_i^2$ 最小。

2. 优化的方法与步骤

工期固定,资源均衡的方法一般采用方差法。其基本思路为:利用非关键工作的自由时差,逐日调整非关键工作的开始时间,使调整后计划的资源需要量动态曲线能削峰填谷,达到降低方差的目的。

设有 $i-j$ 工作,第 m 天开始,第 n 天结束,日资源需要量为 $r_{i,j}$。将 $i-j$ 工作向右移 1 天,则该计划第 m 天的资源需要量 R_m 将减少 $r_{i,j}$,第 $(n+1)$ 天的资源需要量 R_{n+1} 将增加 $r_{i,j}$。若第 $(n+1)$ 天新的资源量值小于第 m 天调整前的资源量值,即

$$R_{n+1} + r_{i,j} \leqslant R_m \tag{3-57}$$

则调整有效。具体步骤如下:

(1) 按各项工作的最早时间绘制初始网络计划的时标图及每日资源需要量动态曲线,确定计划的关键线路、非关键工作的总时差和自由时差。

(2) 确保工期、关键线路不作变动,对非关键工作由终点节点逆箭线逐项进行调整,每次右移 1d,判定其右移的有效性,直至不能右移为止。若右移 1 天,不能满足式(3-57)时,可在自由时差范围内,一次向右移动 2d 或 3d,直到自由时差用完为止。若多项工作同时结束时,对开始较晚的工作先作调整。

(3) 所有非关键工作都做了调整后,在新的网络计划中,按照上述步骤,进行第二次调整,以使方差进一步缩小,直到所有工作不能再移动为止。

3. 优化示例

【例 3-15】 已知网络计划如图 3-80 所示,箭线上方数字为每日资源需要量。试对该网络计划进行工期固定—资源均衡的优化。

解 (1)绘制初始网络计划时标图、每日资源需要量动态曲线,确定关键线路及非关键工作的总时差和自由时差,如图 3-81 所示。其不均衡系数 K 为

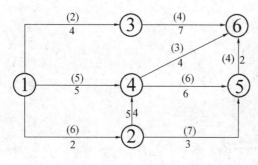

图 3-80 初始网络计划

$$\text{不均衡系数 } K = \frac{21}{\dfrac{13\times2+19\times2+21+9+13\times4+10+6+4\times2}{14}} = 1.7$$

(2) 对初始网络计划调整如下:

1) 逆箭线按工作开始的后先顺序调整以⑥节点为结束节点的④→⑥工作和③→⑥工作,由于④→⑥工作开始较晚,先调整④→⑥工作。

将④→⑥工作右移 1d,则 $R_{11}=13$ 原第 7d 资源量为 13,故可右移 1d;

将④→⑥工作再右移 1d,则 $R_{12}=6+3=9<R_8=13$ 可右移;

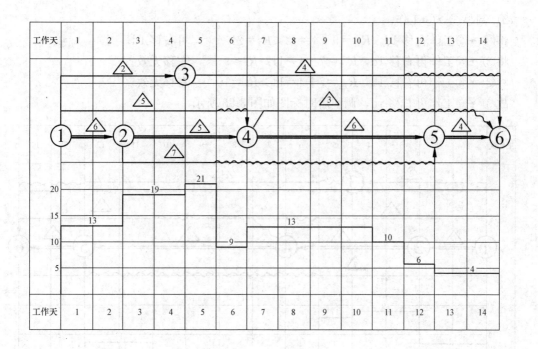

图 3-81 初始网络计划时标图（△内数字为工作的每日资源需要量）

将④→⑥工作再右移 1d，则 $R_{13}=4+3=7<R_9=13$ 可右移；

将④→⑥工作再右移 1d，则 $R_{14}=4+3=7<R_{10}=13$ 可右移；

故④→⑥工作可连续右移 4d。④→⑥工作调整后的时标图如图 3-82 所示。

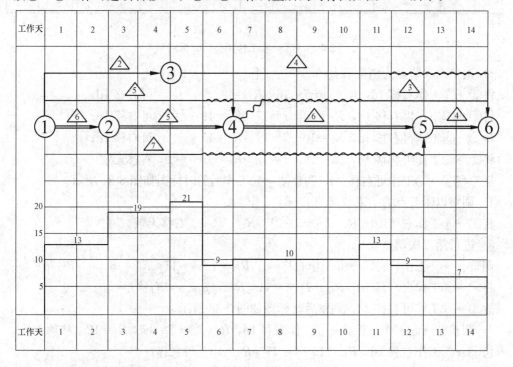

图 3-82 ④→⑥工作调整后时标图

2）调整③→⑥工作。

将③→⑥工作右移 1d，$R_{12}=9+4=13<R_5=21$　　　　　可右移 1d；

将③→⑥工作再右移 1d，$R_{13}=7+4=11>R_6=9$　　　　　右移无效；

将③→⑥工作再右移 1d，$R_{14}=7+4=11>R_7=10$　　　　右移无效。

故③→⑥工作可右移 1d，调整后时标图如图 3-83 所示。

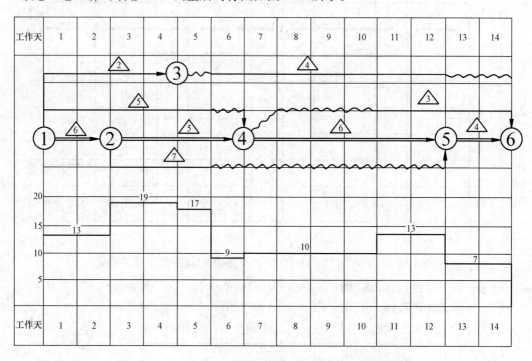

图 3-83　③→⑥工作调整后时标图

3）调整以⑤节点为结束节点的②→⑤工作。

将②→⑤工作右移 1d，$R_6=9+7=16<R_3=19$　　　　　可右移 1d；

将②→⑤工作再右移 1d，$R_7=10+7=17<R_4=19$　　　　可右移 1d；

将②→⑤工作再右移 1d，$R_8=10+7=17=R_5=17$　　　　可右移 1d；

将②→⑤工作再右移 1d，$R_9=10+7=17>R_6=9+7=16$　右移无效。

经考察②→⑤工作可右移 3d，调整②→⑤工作后的时标图如图 3-84 所示。

4）调整以④节点为结束节点的①→④工作。

将①→④工作右移 1d，$R_6=16+5=21>R_1=13$　　　　右移无效。

5）进行第二次调整。

调整③→⑥工作，将③→⑥工作右移 1d，$R_{13}=7+4=11<R_6=16$　　　可右移；

将③→⑥工作再右移 1d，$R_{14}=7+4=11<R_7=17$　　　可右移；

故③→⑥工作可右移 2d，调整后时标图如图 3-85 所示。

6）调整②→⑤工作，将②→⑤工作右移 1d，$R_9=10+7=17>R_6=12$　　移动无效；

将②→⑤工作右移 2d，$R_{10}=10+7=17>R_7=13$　　　可右移；

将②→⑤工作再右移 1d，$R_{11}=13+7=20>R_8=17$　　　移动无效。

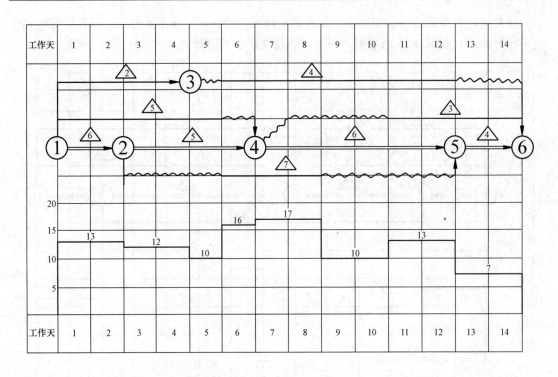

图 3-84 ②→⑤工作调整后时标图

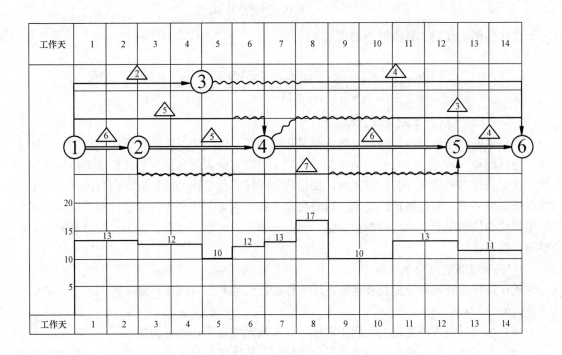

图 3-85 ③→⑥工作调整后时标图

经考察，在保证②→⑤工作连续作业的条件下，②→⑤工作不能再移。同样，其他工作也不能再移动，则图 3-86 所示网络图为资源优化后的网络计划。

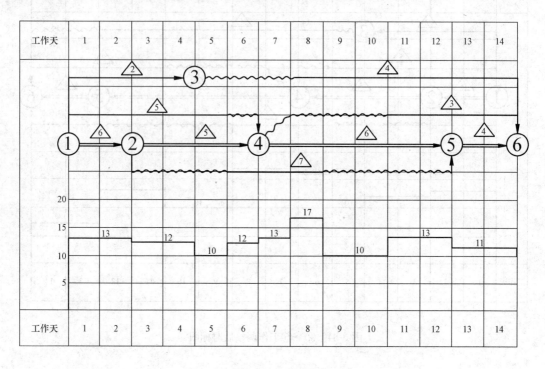

图 3-86　优化后的网络计划

优化后网络计划，其资源不均衡系数降低为

$$K = \cfrac{17}{\cfrac{13\times2+12\times2+10+12+13+17+10\times2+13\times2+11\times2}{14}} = 1.4$$

(二) 资源有限，工期最短目标优化

当一项网络计划某些时段的资源需要量超过施工单位所能供应的数量时，须对初始网络计划进行调整。若该时段只有一项工作时，则根据现有资源限量值重新计算该工作的持续时间；若该时段有多项工作共同施工时，则须将该时段某些工作的开始时间向后推移，减小该时段资源需要量，满足限量值要求。调整哪些工作，调整值为多少才能在计划工期内，或工期增加最少的情况下，满足资源限量值，对于这个问题的解决过程，即为"资源有限，工期最短"的优化。

1. 优化过程资源分配原则

优化过程中资源的分配是在保持各项工作的连续性和原有网络计划逻辑关系不变的前提下进行的。

(1) 按每日资源需要量由大到小顺序，优先满足关键工作的资源需要量。

(2) 非关键工作在满足关键工作资源供应后，依次考虑自由时差、总时差，按时差由小到大的顺序供应资源。在时差相等时，以工作资源的叠加量不超过资源限额，并能用足限额的工作优先供应资源。在优化过程中，已被供应资源而不允许中断的工作优先供应。

2. 优化步骤

(1) 按工作最早时间绘制网络计划的时标图，确定关键线路，标出非关键工作的总时差。

(2) 绘制该网络计划资源需要量曲线图，标出资源供应量限值。

(3) 从网络计划的第一天开始，逐个时段进行优化。所谓时段，是指在资源需要量曲线图中，曲线的每一个变化均说明有工作在该时间开始或结束。每日资源需要量不变且连续的一段时间，称为一个时段。找出第一个超过资源供应限量值的时段，按资源分配原则，对该时段工作的分配顺序进行编号。

(4) 按编号的顺序，依次将各时段内工作的每日资源需要量 $r_{i,j}$ 累加，并与资源供应限值进行比较。当累加到 x 号工作，首先出现 $\sum_{n=1}^{x} r_{i,j} > R_{限}$ 时，将 x 号到第 n 号工作全部推移出本时段，使 $\sum_{n=1}^{x-1} r_{i,j} < R_{限}$。

(5) 画出调整后的时标图及资源需要量曲线图，从已优化的时段向后，继续优化，直至所有时段的每日资源量均在限值内。

3. 优化示例

【例 3-16】 已知网络计划如图 3-87 所示。图中箭线上方数据表示该工作每天的资源需用量 $r_{i,j}$。若资源限量为 9 个单位，试对其进行资源有限—工期最短的优化。

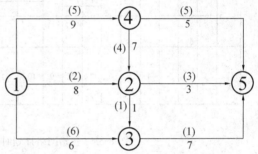

图 3-87 初始网络计划

解 (1) 作出该计划的时标图及资源需要量曲线图，如图 3-88 所示（箭线上方括号外数字为资源量值，括号内数字为总时差）。

(2) 优化调整。

1) 在 [0，6] 时段内，资源需要量为 13 大于资源限量 9，需调整。该时段发生的工作见表 3-9。

表 3-9　　　　　　　　　　　　[例 3-16] 表 （一）

工程名称	每日资源需用量	编　　号	编号依据
①→②	2	1	关键工作
①→③	6	2	自由时差=3
①→④	5	3	自由时差=6

按编号顺序①→②、①→③和①→④工作资源需要量之和为 $2+6+5=13>9$，故将①→④工作推迟到下一时段，调整后时标图如图 3-89 所示。

2) 在 [8，9] 时段内，资源需要量为 13 大于资源限量 9，需调整。在该时段内发生的工作见表 3-10。

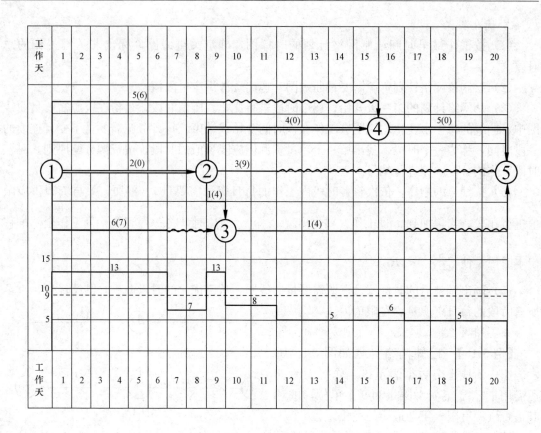

图 3-88　初始网络计划时标图（虚线为资源限量值）

表 3-10　　　　　　　　　　　　［例 3-16］表（二）

工程名称	每日资源需用量	编　号	编号依据
②→④	4	1	关键工作
①→④	5	2	时差已用完
②→③	1	3	自由时差＝0
②→⑤	3	4	自由时差＝9

　　按编号顺序叠加②→④、①→④和②→③工作，资源量之和为 4＋5＋1＝10＞9，需将②→③、②→⑤工作向后推移，由于②→③工作的自由时差为 0，经考查，需将关键工作②→④向后推移 1d，调整后时标图如图 3-90 所示。

　　3) 在 ［9，12］ 时标段内，资源需要量为 13＞9，需调整，在该时段内发生的工作见表 3-11。

表 3-11　　　　　　　　　　　　［例 3-16］表（三）

工程名称	每日资源需用量	编　号	编号依据	工程名称	每日资源需用量	编　号	编号依据
②→④	4	1	无时差	③→⑤	1	3	自由时差＝5
①→④	5	2	前一时段已开始	②→⑤	3	4	自由时差＝9

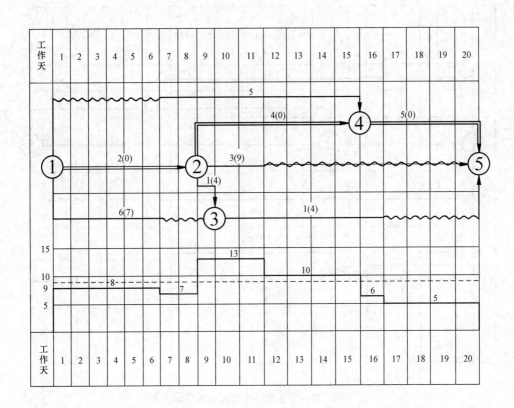

图 3-89 ①→④工作调整后时标图

按编号顺序②→④、①→④和③→⑤工作资源需要量之和为 $4+5+1=10>9$，故将③→⑤和②→⑤工作推迟到下一时段，调整后时标图如图 3-91 所示。

4）在 [12，15] 时段内，资源需要量为 13 大于资源限量 9，需调整。该时段内发生的工作见表 3-12。

表 3-12　　　　　　　　　　[例 3-16] 表（四）

工程名称	每日资源需用量	编　号	编号依据	工程名称	每日资源需用量	编　　号	编号依据
②→④	4	1	无时差	③→⑤	1	3	自由时差＝2
①→④	5	2	前一时段已开始	②→⑤	3	4	自由时差＝6

按编号顺序②→④、①→④和③→⑤工作资源需要量之和为 $4+5+1=10>9$，故将③→⑤和②→⑤工作移到下一时段。因③→⑤工作只有 2d 的自由时差，故需将④→⑤工作向后推移 1d，调整后时标图如图 3-92 所示。

经过调整，各时段的资源用量均在资源限量值范围内，工期 22d，优化完毕。

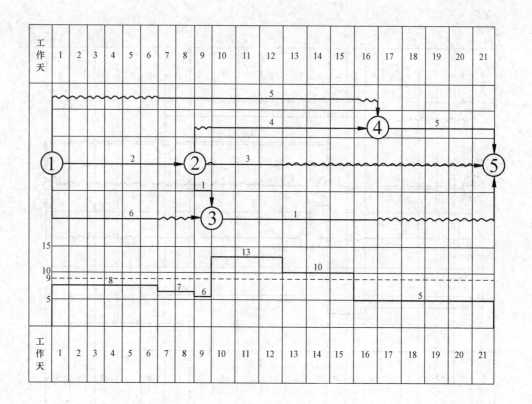

图 3-90 　②→⑤、②→④工作调整后时标图

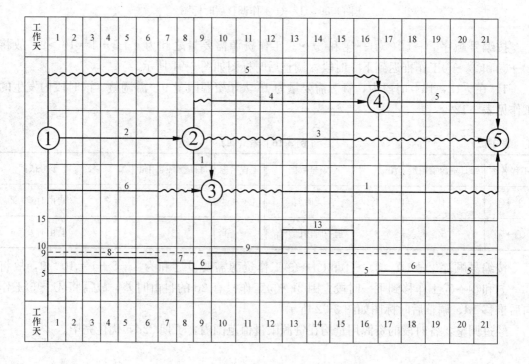

图 3-91 　②→⑤、③→⑤工作调整后时标图

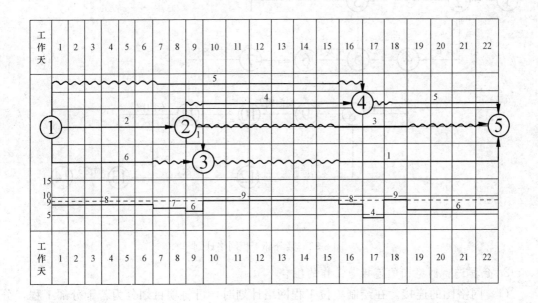

图 3-92 ②→⑤、③→⑤、④→⑤工作调整后时标图

第五节 工程项目网络计划

在建筑工程项目施工的网络图上加注各工序的作业持续时间，即为一个建筑工程项目的施工网络计划。对计划进行时间参数计算，进一步为计划的调整、实施和施工管理提供各种有用的信息。根据工程对象不同，工程项目网络计划可分为：分部工程网络计划，单位工程网络计划和群体工程网络计划。

一、网络进度计划的编制方法

（一）网络进度计划的编制方法

1. 正确表达工程项目网络计划的逻辑关系

工程项目网络计划的逻辑关系包括工艺关系和组织关系。所谓工艺关系是指项目施工工艺所决定的各工作间先后顺序关系，它是客观存在的一种逻辑关系。当项目的施工方法确定后，这种工艺关系随之也被确定。网络计划的组织关系是在施工过程中，组织者对各项资源如劳动力、机械等所做的组织安排而形成的工作间先后顺序。这种组织关系可调整、优化，以达到较好的经济效果。

如某装饰工程包括以下四道工序：①砌墙；②抹灰；③安门窗；④喷刷涂料。采用三段流水施工，其网络计划属于分部工程网络计划。从工艺关系上，懂得各工序先后顺序关系为：砌墙→抹灰→安门窗→喷刷涂料。从组织关系上，各段工作按照 1 段工作→2 段工作→3 段工作的顺序开展。在绘制该分部工程网络计划时应同时遵循上述两方面的逻辑关系，如图 3-93 所示。

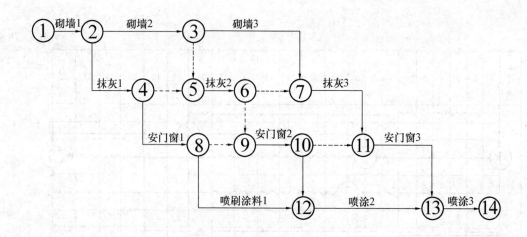

图 3-93　某分部工程网络计划

2. 合理进行网络图的连接与工作的组合

(1) 网络图的连接。在绘制单位工程网络计划时，可将项目划分为若干分部工程，分别绘制各分部工程网络计划，然后将其连接合成一总网络图。如一项民用建筑工程项目，可先绘制其基础工程网络计划、主体结构工程网络计划、装修工程网络计划、水电设备安装工程网络计划，然后将各分部工程网络计划合理地连接为该工程的单位工程网络计划。

(2) 网络图工作的组合。网络计划根据其对施工管理的作用不同，编制时可粗可细。对于工地管理人员具体执行的网络图需要详尽地加以编制，而控制性网络计划，编制则较为粗略，往往将网络图中的一些工作加以组合。如在编制群体工程的一级网络计划时，可将按分项工程绘制的网络图分别组合成以基础、主体结构、装修、水电设备安装等分部工程为基本工作的网络图，或者按施工楼层或每幢建筑物为一个基本工作来组合。

(二) 工程项目网络进度计划的编制步骤

1. 单位工程网络进度计划的编制步骤

单位工程网络计划是针对一个独立的建筑物或构筑物所编制的网络计划，用以指导单位工程从开工到竣工投产的整个施工过程，其编制可按如下步骤进行。

(1) 调查研究。对编制和执行计划所涉及的资料进行调查研究，了解和分析单位工程的构成、特点及施工时的客观条件，充分掌握编制网络计划的必要条件。

(2) 确定施工方案。确定合理可行的施工方案，使其在工艺上符合技术要求，能够保证质量；在组织上切合实际情况，有利于提高施工效率、缩短工期和降低成本。

(3) 划分施工过程。单位工程施工过程划分的粗细程度，一般根据网络计划的需要来划分。较大的单位工程，可先编制控制性网络计划，其施工过程划分较粗；具体指导施工队组作业时，则以控制性网络计划为基础，编制指导性网络计划，其施工过程的划分应明确到分项工程或更具体，以满足施工作业的要求。

(4) 编制初始网络计划。

1) 根据施工方案，明确各工作间的工艺关系和组织关系，按分部工程绘制局部网络计划。

2）连接各分部工程网络计划，编制单位工程初始网络计划。

3）确定各工作持续时间，标注于初始网络图上。

（5）计算各工作的时间参数，确定关键线路。

（6）对计划进行审查与调整，确定是否符合工期要求与资源限制条件，如不符合，要进行调整，使计划切实可行。

（7）正式绘制单位工程施工网络计划。经调整后的初始网络计划，可绘制成正式的网络计划。

2. 群体工程网络计划

群体工程网络计划是以一个建设项目或建筑群为对象编制的网络计划。群体工程施工具有工程项目多、整体性强、施工周期长和施工单位多的特点，编制群体工程网络计划，必须建立整体观、系统观，组织大流水施工，采用分级编制的方法。其编制可按如下步骤进行。

（1）调查研究。编制群体工程网络计划要进行的调查研究与编制单位工程网络计划所进行的调查研究基本相同，而其内容更为广泛，所要进行的分析与预测工作更多，难度更大，需要更多的施工组织经验。

（2）进行施工部署。

1）划分施工任务与组织安排。做好组织分工，对施工任务划分区段，明确主攻项目和穿插施工项目，从总体上规划建设期限和施工程序。

2）确定重点单位工程的施工方案和主要工种工程的施工方法。

（3）分级编制网络计划初始方案。

1）在划分施工区段和进行系统分析的基础上，首先编制一级网络计划，即总体施工网络计划，总体施工网络计划主要控制构成总体的各局部单体网络计划的施工工期，使群体工程的总工期满足合同工期的要求。在总体网络计划中，每个"工作"单元一般为单位工程，计划的箭线不宜过多，但要明确表示出系统性、区域性、可控性。

2）编制二级网络计划。二级网络计划一般是一级网络计划中的重点或复杂的单位工程。二级网络计划的总工期受控于一级网络计划，其工作单元一般是分部（项）工程。

3）编制三级网络计划。根据施工组织需要编制的三级网络计划一般是二级网络计划中的一个结构标准层、装修标准层网络计划，或者是设备安装标准层施工网络计划。它根据二级网络计划规定的工期、劳动力资源数等展开编制，是施工工地操作层组织分项工程施工的最具体的实施性计划。

（4）分级计算工作的时间参数，确定关键线路。

（5）分级进行工期、资源优化。

（6）编制各级正式施工网络计划。

二、网络计划示例

某宿舍楼工程，砖混结构，五层，建筑面积 2050m²，基础为钢筋混凝土条形基础，现浇钢筋混凝土楼板。其施工进度网络计划如图 3-94 所示。

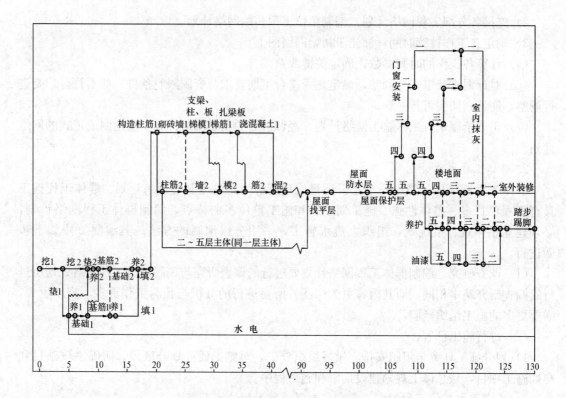

图 3-94　某宿舍楼工程施工网进度计划

1、2—施工段数；一～五—房屋层数

习　　题

1. 简述双代号网络图的构成要素及其含义。

2. 何谓虚工作？虚工作有何作用？

3. 什么是关键线路？关键线路有何作用？

4. 何谓时差？说明其现实意义。

5. 网络计划的优化包括哪几个方面？

6. 指出图 3-95 所示网络图中的错误。

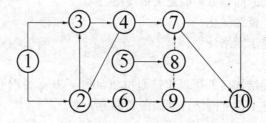

图 3-95　题 6 图

7. 已知各工作间的逻辑关系见表 3-13，绘制双代号网络图。

表 3-13　　　　　　　　　　　**习题 7 表**

工　作	紧前工作	紧后工作	工　作	紧前工作	紧后工作
A	—	B、E、F	F	A	G
B	A	C	G	F	C、H
C	B、G	D、I	H	G	I
D	C、E	—	I	C、H	—
E	A	D、J	J	E	—

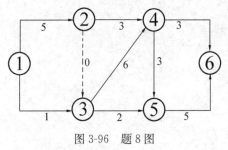

图 3-96　题 8 图

8. 用图上计算法计算如图 3-96 所示各项工作的最早可能开始与结束时间，最迟必须开始与结束时间，总时差、自由时差等时间参数，并确定关键线路，求出工期。

9. 某钢筋混凝土楼板工程，分三段流水施工。施工过程及流水节拍为：支模板——6d，绑扎钢筋——4d，浇筑混凝土——3d。试绘制该项目的时标网络图。

10. 根据表 3-14 所列逻辑关系绘制单代号网络图。

表 3-14　　　　　　　　　　　**习题 10 表**

工　作	紧前工作	紧后工作	工　作	紧前工作	紧后工作
A	—	B	E	—	B、D、F
B	A、E	C	F	E	G
C	B	—	G	D、F	—
D	E	G			

11. 绘制第 8 题单代号网络图并计算各工作的六个时间参数。

12. 根据单代号搭接网络图（图 3-97），计算 ES、EF、LS、LF、TF、FF 和 LAG。

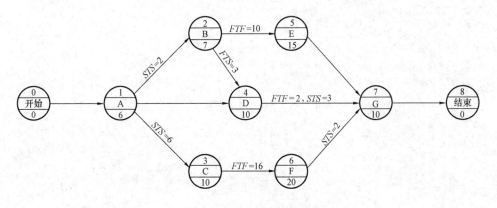

图 3-97　题 12 图

13. 某工程网络计划如图 3-98 所示，图中箭线上数字表示一种资源数，箭线下数字表示持续时间，试对该计划进行工期固定——资源均衡的优化。

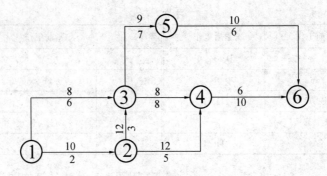

图 3-98 题 13 图

第四章　施　工　准　备　工　作

施工准备工作是为了保证工程顺利开工和施工活动正常进行而必须事先做好的各项准备工作，它是施工程序中的重要环节，不仅存在于开工之前，而且贯穿在整个施工过程之中。

第一节　施工准备工作的意义和内容

一、施工准备工作的意义

1. 遵循建筑施工程序

项目建设的总程序是按照规划、设计和施工等几个阶段进行的。施工阶段又可分为施工准备、土建施工、设备安装和交工验收等几个阶段。这是由工程项目建设的客观规律决定的。只有认真做好施工准备工作，才能保证工程顺利开工和施工的正常进行，才能保质、保量、按期交工，才能取得如期的投资效果。

2. 降低施工风险

工程项目施工受外界干扰和自然因素的影响较大，因而施工中可能遇到的风险较多。施工准备工作是根据周密的科学分析和多年积累的施工经验来确定的，具有一定的预见性。因此，只有充分做好施工准备工作，采取预防措施，加强应变能力，才能有效地防范和规避风险，降低风险损失。

3. 创造工程开工和顺利施工条件

施工准备工作的基本任务是为拟建工程施工建立必要的技术、物质和组织条件，统筹组织施工力量和合理布置施工现场，为拟建工程按时开工和持续施工创造条件。

4. 提高企业经济效益

认真做好工程项目施工准备工作，能调动各方面的积极因素，合理组织资源，加快施工进度，提高工程质量，降低工程成本，从而提高企业经济效益和社会效益。

实践证明，施工准备工作的好坏，将直接影响着建筑产品生产的全过程。只有重视和认真细致地做好施工准备工作，积极为工程项目创造一切有利的施工条件，才能够多快好省地完成建设任务。如果违背施工程序而不重视施工准备工作，仓促上马，必然给工程的施工带来麻烦，甚至迫使施工停工、延长施工工期，造成不应有的经济损失。

二、施工准备工作的分类和内容

（一）施工准备工作的分类

1. 按施工准备工作的规模及范围划分

施工准备工作按规模及范围分为：全场性施工准备（施工总准备）、单项（或单位）工程施工条件准备和分部（分项）工程作业条件准备三种。

全场性施工准备是以整个建设项目或建筑群体为对象而进行的统一部署的各项施工准备，它的作用是为整个建设项目的顺利施工创造条件，既为全场性的施工做好准备，也兼顾了单项（或单位）工程施工条件的准备。

单项（或单位）工程施工条件准备是以建设一栋建筑物或构筑物为对象而进行的施工条件准备工作，它的作用是为单项（或单位）工程施工服务；不仅要为单项（或单位）工程在开工前做好一切准备，而且要为分部工程或冬、雨季施工做好施工准备工作。

分部（分项）工程作业条件的准备是以一个分部（分项）工程为对象而进行的作业条件准备。

2. 按拟建工程所处的不同施工阶段划分

按拟建工程所处的施工阶段不同，一般可分为开工前的施工准备和各施工阶段施工前的施工准备两种。

开工前的施工准备：它是在拟建工程正式开工之前所进行的一切施工准备工作。其作用是为拟建工程正式开工创造必要的施工条件，具有全局性和总体性。它既可能是全场性的施工准备，又可能是单位工程施工条件的准备。

各施工阶段施工前的施工准备：它是在拟建工程开工之后，每个施工阶段正式开工之前所进行的一切施工准备工作。其作用是为各施工阶段正式开工创造必要的施工条件，具有局部性和经常性。如混合结构民用住宅的施工，一般可分为地基和基础工程、主体工程、装饰工程和屋面工程等施工阶段，每个施工阶段的施工内容不同，所需要的技术条件、物质条件、组织要求和现场布置等方面各不相同。因此，在每个施工阶段开工之前，都必须做好相应的施工准备工作。

3. 按施工准备工作的主体划分

按施工准备工作的主体不同，划分为建设单位（业主）的准备和施工单位（承包商）的准备。

建设单位（业主）的准备是指按照常规或合同的约定应由建设单位（业主）所做的施工准备工作。如土地征用、拆迁补偿、"三通（或七通）一平"、施工许可、水准点与坐标控制点的确定以及部分施工材料的采购等工作。

施工单位（承包商）的准备是指按照常规或合同的约定应由施工单位（承包商）所做的施工准备工作。如施工组织设计、临时设施的建造、材料的采购、施工机具租赁、施工人员的准备等工作。

综上所述，施工准备工作不仅具有整体性，又具有阶段性，是整体性与阶段性的统一，同时又要体现连续性。因此，施工准备工作必须有计划、有步骤、分期、分阶段地进行，并能及时根据工程进展的变化而调整和补充。

（二）施工准备工作的内容

一般工程的施工准备工作其内容可归纳为六个部分：原始资料的调查收集、技术资料准备、施工现场准备、物资准备、施工人员准备和季节施工准备。详见图 4-1。

各项工程施工准备工作的具体内容，视该工程情况及其已具备的条件而异。有的比较简单，有的却十分复杂。不同的工程，因工程的特殊需要和特殊条件而对施工准备工作提出各不相同的具体要求。只有按照施工项目的规划来确定准备工作的内容，并拟订具体的、分阶段的施工准备工作实施计划，才能充分地为施工创造一切必要的条件。

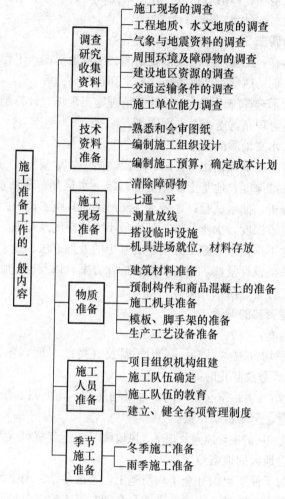

图 4-1 施工准备工作的内容

第二节 原始资料的调查

我国地域辽阔,各地区的自然条件、技术经济条件和社会状况等各不相同,而建筑工程施工方案的选择在很大程度上受当地的各项条件及社会状况的影响和约束。因此,为了编制出切实可行的高质量的施工组织设计,必须做好调查研究,收集各种资料,尤其进入一个新的城市或地区,了解当地的实际情况,熟悉当地条件,掌握第一手的原始资料尤为重要。为了弥补原始资料的不足,有时还要借助一些相关的参考资料作为编制施工组织设计的依据。

原始资料的调查应根据工程施工需要,首先拟订一个明确、详细的调查提纲,主要内容包括调查的范围、内容、要求等,以便使原始资料的调查工作有计划、有目的地进行;然后,向建设单位、勘察设计单位收集有关规划、可行性研究及工程设计的依据,向当地气象台(站)、地震局、政府管理部门等有关部门(单位)收集气象、运输、劳动力来源、材料供应、水电供应及当地的政治、经济、文化、生活等有关资料。

将收集到的资料整理、归纳后，进行分析研究，对其中特别重要的资料，必须复查其数据的真实性和可靠性。

一、施工现场的调查

调查的主要内容有：工程所在地城市规划图、区域地形图、工程位置地形图、经纬坐标桩、水准基点位置，现场地形、地貌特征、勘察高程、高差等。

调查的目的是为了选择施工用地、拆迁和清理施工现场、计算场地平整土方量、了解障碍物类型及其数量、合理布置施工总平面图等。

二、工程地质、水文地质的调查

调查的主要内容有：工程钻孔布置图、地质剖面图、地基土质的物理力学指标、地层的稳定性资料、最大冻结深度、地基土破坏情况；地下水最高、最低水位及时间，水的流速、流向、流量，水质分析，抽水试验；地表水（江河湖泊）距工地的距离，洪水、平水、枯水期的水位、流量及航道深度，水质分析、最大最小冻结深度及结冻时间。

调查的目的是为了选择土方施工方法、地基土的处理方法、地下水的降低方法、基础施工方法，进行地基基础设计复核，拟订障碍物拆除方案，以及确定临时给水方案、交通运输方式、水工工程施工方案、防洪方案等。

三、气象与地震资料的调查

调查的主要内容有：

（1）气温。年平均气温，最高、最低气温及其持续时间，冬、夏季室外温度，小于－3℃、0℃、5℃的天数及起止时间。

（2）雨（雪）。雨（雪）季起止时间，月平均降雨（雪）量、最大降雨（雪）量、一昼夜最大降雨（雪）量，全年雷暴日数。

（3）风力。建设地区的主导风向及频率（风玫瑰图），全年强风（大于8级）的天数及时间。

（4）地震。建设地区的地震烈度。

调查的目的是为了便于组织好全年均衡施工，考虑冬季、雨季的施工方法，确定防暑降温措施；拟订工地排水、防洪、防雷的措施；合理布置工地临时设施；拟订高空作业及吊装的技术安全措施等。了解地震资料是为了对地基及结构工程按不同震级的规程施工。

四、周围环境及障碍物的调查

调查的主要内容有：施工区域现有建筑物、构筑物、沟渠、水井、树木、土堆、高压输变电线路、地下沟道、人防工程、上下水管道、埋地电缆、煤气及天然气管道等的位置和走向、枯井、古墓等。

调查的目的是为了采取有效措施，及时进行拆（除）迁、保（防）护及合理布置现场施工平面图。

五、建设地区资源调查

1. 当地给排水资料

调查的主要内容有：施工现场用水与当地现有水源连接的可能性、供应能力、接管地点、管径、材料、埋深、水压、水质及水费，至工地距离，沿途地形、地物状况。如当地现有水源不能满足施工用水的需要，则要调查附近可作水源的江河湖泊水源的水质、水量、取水方式，至工地距离，沿途地形、地物状况或自选临时水井的位置、深度、管径、出水量和水质。另外，还要调查利用当地永久性排水设施的可能性，施工排水的去向、距离和坡度；

有无洪水影响，防洪设施状况。

调查的目的是为了确定施工生产、生活供水方案，工地排水方案和防洪设施，拟订供排水设施的施工进度计划。

2. 施工可用电源与电信资料

调查的主要内容有：当地电源位置，引入的可能性，可供电的容量、导线截面和电费；引入方向，接线地点及其至工地距离，沿途地形、地物的状况。如需自行发电，要了解建设单位和施工单位自有的发、变电设备的型号、台数和容量。另外，还需调查邻近电信设施利用的可能性，电话、电报局等至工地的距离，可能增设电信设备、线路的情况。

调查的目的是为了确定供电方案、通信方案，拟订供电、通信设施的施工进度计划。

3. 供热、供气资料

调查的主要内容有：蒸汽来源，可供蒸汽量，接管地点，管径、埋深、至工地距离，沿途地形地物状况，蒸汽价格；建设、施工单位自有锅炉的型号、台数和能力，所需燃料和水质标准；当地或建设单位可能提供压缩空气、氧气的能力，至工地距离等。

调查的目的是为了确定生产、生活用气的方案，压缩空气、氧气的供应计划。

4. 材料及主要设备资料

调查的主要内容有：钢材、木材和水泥三大材料的供货来源，材料的规格、型号、等级、数量和到货时间；特殊材料需要的品种、规格、数量，试制、加工和供应情况；地方材料的供应能力和价格；主要工艺设备名称、规格、数量和供货单位，分批和全部到货时间。

调查的目的是为了确定临时设施、堆放场地、储存方式，材料、设备采购方案，运输计划等。

5. 地方建筑生产加工企业的资料

调查的主要内容有：构件厂、木工厂、金属结构厂、硅酸盐制品厂、建筑设备厂、砖、石、瓦、石灰厂等所能提供的产品类型、规格、质量、生产能力、生产方式、出厂价格、运距、运输方式及单位运价等。

调查的目的是为了确定材料、构（配）件、制品等货源，加工供应方式，运输计划，规划临时设施。

6. 劳动力及生活设施资料

调查的主要内容有：了解建设地区可支援劳动力的数量、技术水平、来源、工资费用及其生活要求，如果建设工地是在少数民族地区，还需调查当地的风俗习惯；了解必须在工地居住的单身人数和户数，能作为施工用的现有的房屋栋数，每栋面积，结构特征，总面积、位置、水、暖、电、卫设备状况及其适宜用途（用作宿舍、食堂、办公室的可能性）。周围主副食品、日用品供应；文化教育、消防治安、医疗单位、公共汽车、邮电服务情况；周围是否存在有害气体，污染情况，有无地方病等。

调查的目的是为了拟订劳动力计划，确定原有房屋为施工服务的可能性，安排临时设施，安排职工生活基地。

六、交通运输条件调查

交通道路是进行建筑施工输送千万吨物资、设备的动脉，也与现场施工和消防有关，特别是在城区施工，场地狭小，物资、设备存放空间有限，运输频繁，并且往往与城市交通管理存在矛盾。因此，在认真做好调查研究的基础上，统筹规划，尽量减少交通阻塞和场内倒运。

调查的主要内容：建设地区邻近的铁路、公路、航运情况。如铁路、公路、河流的位置，其车站、码头离工地的距离，站台、码头的卸货与存储能力，装卸与运输的费用，开辟铁路专用线的可能性，公路桥梁的最大载重量，当地汽车修理厂的情况及能力，航道的封冻期、洪水期及枯水期。有超长、超高、超宽或超重的大型构件，大型起重机械和生产工艺设备需整体运输时，还要调查沿途架空电线、天桥的高度，并与有关部门商议为避免大件运输对正常交通产生干扰的路线、时间及解决措施。

调查的目的是为了选择运输方式和拟订运输计划。

七、施工单位能力调查

（一）调查目的

施工单位施工能力的调查随施工的不同阶段，调查的主体不同，调查的目的有所不同。

（1）在初步设计阶段的施工组织总设计中，建设单位调查总承包单位的能力是为了掌握他们在规定工期内保质、保量地完成建设工程的可能性和现实性，为工程招标作准备，初步选出承建本建设项目最合适的那些建筑企业。

（2）当已经确定施工总承包企业后，由施工总承包企业主持编制的施工组织总设计中的调查目的是为了选择能承担单位工程施工的分包单位，以便更好地配备投入本工程的劳动力、技术、设备能力，保证按期、保质、保量地完成任务，并且在保证安全的前提下取得好的经济效益。

（3）在施工图阶段、工程开工之前由施工单位编制的单位工程施工组织设计或施工作业设计中，调查的目的是为了选择分部（分项）工程的专业分包队伍，以及如何利用本单位现有力量和优势，组织工程施工，优选设备、劳动力与技术配备，以发挥最大的效用，以较低的成本完成项目。

（二）调查内容

1. 劳动力情况

施工单位劳动力总数、工种类别及其各工种人数；可能投入本工程的劳动力；是否具备本工程所需某些特殊工种的劳动力；分包的可能性；完成定额的情况。

2. 技术人员情况

技术人员总数，工程师、高级工程师数量；技术人员占总职工人数的比例，技术人员中的专业类别能否满足本工程所需要称职的专业技术人员需要量。

3. 施工机械与设备的装备情况

施工单位主要施工机械及设备的名称、数量、能力及新旧程度；本工程所需要的施工机械与设备是否装备齐全，能提供给本工程使用的可能性；外调或租赁施工机械的可能性；为本工程施工需要添购的新施工机械的数量和费用。

4. 施工经验

施工单位过去曾建设过哪些主要工程；是否有与本建设项目类似的工程；所建工程的质量如何、建设单位是否满意、存在哪些缺点；各施工单位擅长何种项目的工程建设、习惯用何种施工方法、对先进的施工方法能否熟练掌握、有哪些科研及技术革新成果。

5. 施工单位的主要技术经济指标

施工单位的劳动生产率、年度产值、工程质量、安全情况、降低成本情况、机械化程度、机械利用率和完好率等。

第三节 技术资料的准备

技术资料准备是施工准备工作的核心，是确保工程质量、工期、施工安全和降低工程成本、增加企业经济效益的关键。其主要内容包括熟悉与会审施工图纸、学习和掌握有关技术规范、编制施工组织设计、编制施工预算文件。

一、熟悉与会审施工图纸

1. 熟悉与会审施工图纸的目的

（1）充分了解设计意图、结构构造特点、技术要求、质量标准，以免发生施工指导性错误。

（2）及时发现施工图纸中存在的差错或遗漏，以便及时改正，确保工程顺利施工。

（3）结合具体情况，提出合理化建议和协商有关施工配合等事宜，以便确保工程质量和施工安全，降低工程成本和缩短工期。

2. 熟悉施工图纸的重点内容和要求

（1）基础部分。应核对建筑、结构、设备施工图纸中有关基础预留洞的标高、位置尺寸，地下室的排水方向，变形缝及人防出口的做法，防水体系的做法要求，特殊基础形式做法等。

（2）主体部分。弄清建筑物墙体轴线的布置；主体结构各层的砖、砂浆、混凝土构件的强度等级有无变化；梁柱的配筋及节点做法；阳台、雨篷、挑檐等悬挑结构的锚固要求及细部做法；楼梯间的构造；卫生间的构造；设备图与土建图上洞口尺寸、位置关系是否一致；对标准图有无特别说明和规定等。

（3）屋面及装修部分。主要掌握屋面防水节点做法，内外墙和地面等所用装饰材料及做法，核对结构施工时为装修施工设置的预埋件、预留洞的位置、尺寸和数量是否正确，防火、保温、隔热、防尘、高级装修等的类型和技术要求。

在熟悉图纸时，对发现的问题应在图纸的相应位置做出标记，并做好记录，以便在图纸会审时提出意见，协商解决。

3. 审查设计技术资料

审查设计图纸及其他技术资料时，应注意以下问题。

（1）设计图纸是否符合国家有关的技术规范要求、建筑节能要求和地方规划要求，在设计功能和使用要求上是否符合卫生、防火及美化城市等方面的要求；

（2）核对图纸与说明书是否齐全，有无矛盾，规定是否明确，图纸有无遗漏，建筑、结构、设备安装等图纸之间有无矛盾；

（3）核对主要轴线、尺寸、位置、标高有无错误和遗漏；

（4）总平面图的建筑物坐标位置与单位工程建筑平面是否一致，基础设计与实际地质是否相符，建筑物与地下构筑物及管线之间有无矛盾；

（5）工业项目的生产工艺流程和技术要求是否掌握，配套投产的先后次序和相互关系是否明确；

（6）建筑安装与建筑施工在配合上存在哪些技术问题，能否合理解决；

（7）设计中所采用的各种材料、配件、构件等能否满足设计要求；

（8）审查设计是否考虑了施工的需要，各种结构的承载力、刚度和稳定性是否满足设置内爬、附着、固定式塔式起重机等使用的要求；

（9）对设计技术资料有什么合理化建议及意见。

4. 熟悉和会审图纸的三个阶段

（1）熟悉图纸。施工单位收到拟建工程的施工图纸和有关设计资料后，应尽快地组织各专业有关工程技术人员对本专业的有关图纸进行熟悉和审查，了解设计要求及施工应达到的技术标准，掌握和了解图纸中的细节。

（2）自审。在熟悉图纸的基础上，由总承包单位内部的土建与水、暖、电等专业，共同核对图纸，写出自审图纸记录，协商施工配合事项。自审图纸的记录应包括对图纸的疑问和对图纸的有关建议。

（3）会审。施工图纸会审一般由建设单位或委托监理单位组织，设计单位、监理单位、施工单位参加。会审时，首先由设计单位进行图纸交底，主要设计人员应向与会者说明拟建工程的设计依据、意图和功能要求，并对特殊结构、新材料、新工艺和新技术的选用和设计进行说明；然后施工单位根据自审图纸时的记录和对设计意图的理解，对施工图纸提出问题、疑问和建议；最后在各方统一认识的基础上，对所探讨的问题逐一做好协商记录，形成"图纸会审记录"。记录一般由施工单位整理，参加会议的单位共同会签、盖章，作为与施工图纸同时使用的技术文件和指导施工的依据，并列入工程预算和工程技术档案。图纸会审记录的格式见表4-1。

表 4-1 　　　　　　　　　　　图纸会审记录

工程编号：_____

工程名称		会审日期及地点		
建筑面积		结构类型	专　业	
主持人				
记录内容				
建设单位签章 代表：	设计单位签章 代表：	施工单位签章 代表：	监理单位签章 代表：	

二、学习和掌握有关技术规范和规程

技术规范、规程是由国家有关部门制定的，是具有法令性、政策性和严肃性的建设法规，施工各部门必须按规范与规程施工，建筑施工中常用的技术规范、规程主要有以下几种：

（1）工程施工质量验收规范；

（2）建筑安装工程施工质量验收统一标准；

（3）施工操作规程；

（4）设备维护及检修规程；

（5）安全技术规程；

（6）上级部门所颁发的其他技术规范与规定。

各施工有关人员，务必结合本工程实际，认真学习和熟悉有关技术规范、规程，尤其对于采用和推广新材料、新技术、新结构、新工艺的工程，更需要进行全面、具体、明确、详细的学习，为保证优质、安全、按时完成工程任务打下坚实的技术基础。

三、编制施工组织设计

开工前施工组织设计是以标前施工组织设计为大纲，用以规划和指导拟建工程从施工准备到竣工验收全过程中的各项活动的技术、经济、组织的一个综合性文件，也是编制施工预算，实行项目管理的依据，是施工前准备工作的主要文件，所有施工准备的主要工作，均集中反映在施工组织设计之中，具有预见性和可操作性。

施工组织设计编制完成后，应报建设（或监理）单位审批，一经批准，便构成施工承包合同的主要组成文件，承包单位必须按施工组织设计中承诺的内容组织施工，并作为施工索赔的主要依据。因此，必须根据拟建工程的规模、结构特点和施工合同的要求，在原始资料调查分析的基础上，编制出一份能切实指导工程全部施工活动的施工组织设计，以确保工程好、快、省、安全地完成。施工组织设计（方案）报审表见表 4-2。

表 4-2　　　　　　　　　　　　**施工组织设计（方案）报审表**

工程名称：_____　　　　　　　　　　　　　　　　　　　　编号：_____

致：_____（监理单位） 　我方已根据施工合同的有关规定完成了_____工程施工组织设计（方案）的编制，并经我单位上报技术负责人审查批准，予以审查。 　附件：施工组织设计（方案） 　　　　　　　　　　　　　　　　　　　　　承包单位（章）：_____ 　　　　　　　　　　　　　　　　　　　　　项目经理：_____ 日期：_____
专业监理工程师审查意见： 　　　　　　　　　　　　　　　　　　　　　专业监理工程师：_____ 日期：_____
总监理工程师审核意见： 　　　　　　　　　　　　　　　　　　　　　项目监理机构（章）：_____ 　　　　　　　　　　　　　　　　　　　　　总监理工程师：_____ 日期：_____

本表由承包单位填报，一式三份，送监理机构审核后，建设、监理及承包单位各一份。

四、编制施工预算，确定施工成本计划

在施工图预算的基础上，结合施工企业的实际施工定额和积累的技术数据资料，依据施工组织设计中所采用的施工方法、施工机具，考虑成本降低措施，编制施工预算，作为本施工企业（或基层工程队）对该建设项目内部经济核算的依据。施工预算主要是用来控制工料消耗和施工中的成本支出。根据施工预算的分部分项工程量及定额工料用量，在施工中对施工班组签发施工任务单，实行限额领料及班组核算。因此，在施工过程中要按施工预算严格

控制各项指标,确定成本计划,以促进降低工程成本和提高施工管理水平。

施工预算是建筑企业内部管理与经济核算的文件。随着计算机技术的迅猛发展,各种施工管理软件的不断涌现,采用电子计算机编制标书及施工预算在全国各地已很普遍。在具体编制时,可根据施工图纸将工程量一次输入,然后应用工程量清单中的单位报价和本企业的施工定额这两种数据库文件输出两种不同的预算,即投标报价和施工成本及本企业实际的工料、成本分析。根据这些成果文件再在施工过程中进行严格控制,实行限额领料、限额用工和成本控制,必然会降低工程造价、提高企业经济效益。因此,编制施工预算,确定施工成本,是施工准备中的重要工作。

第四节　施工现场的准备

施工现场是参加建筑施工的全体人员为优质、安全、低成本和高速度完成施工任务而进行工作的活动空间,施工现场准备工作是为拟建工程顺利开工和正常施工创造有利的施工条件和物质保证的基础。其工作应按施工组织设计的要求进行,主要内容有:清除障碍物、七通一平、测量放线、搭设临时设施、机具进场就位、材料存放等。

一、清除障碍物

施工现场内的一切障碍物,无论是地上的还是地下的,都应在开工之前清除,以确保工程顺利开工。这些工作一般由建设单位完成,但也可依据合同委托施工单位完成。完成这项工作时,一定要事先摸清现场情况,尤其是在城市的老城区内,由于原有建筑物和构筑物情况较为复杂,而且资料往往不全,在清除前需要采取相应的措施,防止发生事故。对于地下复杂的施工现场,需要做一定的补充勘探,进一步寻找枯井、防空洞、古墓、地下管道、暗沟和枯树根等,以便及时拟订处理方案并实施,保证基础工程施工的顺利进行和消除隐患。

对于房屋的拆除,一般只要把水源、电源切断后即可进行。若房屋较大、较坚固,则有可能采用定向爆破的方法,这需要由专业的爆破作业人员来承担,并且必须经有关部门批准。

架空电线(电力、通信)、地下电缆(电力、通信)、自来水、污水、煤气、热力等管线的拆除,必须与电力、通信、市政等有关部门联系并办理有关手续后方可进行,最好由有关部门自行拆除或拆迁,也可承包给专业公司来完成。

场地内若有树木,需报园林部门批准后方可砍伐。

拆除障碍物后,留下的渣土等杂物都应清除出场外。运输时,应遵守交通、环保部门的有关规定,运土的车辆要按指定的路线和时间行驶,并采取封闭运输车或在渣土上洒水等措施,以免渣土飞扬而污染环境。

二、七通一平

"七通一平"是指在工程用地范围内,接通施工用水、用电、道路、电信、蒸汽及煤气,施工现场排水及排污畅通和场地平整的工作简称。施工现场具体需要接通哪些管线,应根据工程的实际确定。

1. 场地平整

障碍物清除后,即可进行场地平整工作。场地平整是根据建筑施工总平面图中规定的标高或高程,通过测量,计算出土方填挖工程量,然后设计土方调配方案,组织人力或机械进行场地平整工作。如果工程规模较大,这项工作可以分段进行,先完成第一期开工工程用地范围内的场地平整工作，再依次进行后续的平整工作，为第一期工程项目尽早开工创造条件。

2. 修通道路

施工现场的道路是组织施工物资进场的动脉。为保证施工物资能早日进场，必须按施工组织设计的要求，修通施工现场与省市公路的连接道路，以及现场永久性道路和必要的临时道路。为节省工程费用，应尽可能利用已有的道路。对于现场永久性道路，为使施工时不损坏路面和加快修路速度，可以先修路基或在路基上铺简易路面，施工完毕后，再铺路面。

3. 通水

施工用水包括生产、生活与消防用水。通水应按施工总平面图的规划进行安排，应尽量利用永久性给水设施。临时管线的敷设，既要满足生产用水的需要和使用方便，还要尽量缩短管线，以降低工程成本。

4. 通电

通电包括施工生产用电和生活用电，应按施工组织设计要求布设线路和通电设备。电源首先应考虑从国家电力系统或建设单位已有的电源上获得。如供电系统不能满足施工生产、生活用电的需要，则应考虑在现场建立发电系统，以保证施工的连续顺利进行。

5. 其他方面

施工现场的排水也十分重要，特别在雨期，如场地排水不畅，会影响到施工和运输的顺利进行。对于高层建筑，其基坑深、面积大，施工往往要经过雨季，应做好基坑周围的挡土支护工作，以防止坑外雨水向坑内汇流，另外还要作好基坑底部雨水的排放工作。

施工现场的污水排放，直接影响到城市的环境卫生。根据环境保护的要求，有些污水不能直接排放，而需进行处理以后方可排放。因此，现场的排污也是一项重要的工作。

施工中如需要通热、通气或通电信，也应按施工组织设计要求事先完成。

三、测量放线

（一）建立测量控制网

建筑施工工期长，现场情况变化大，因此，保证控制网点的稳定、正确，是确保建筑施工质量的先决条件，特别是在城区建设或项目建设后期，障碍多，通视条件差，给测量工作带来一定的难度。施工时应根据规划部门给定的永久性坐标和高程，按建筑总平面图上的要求，进行现场控制网点的测量，妥善设立现场永久性标准，为施工全过程的投测创造条件。控制网一般采用方格网，建筑方格网多由 100～200m 的正方形或矩形组成，如果土方工程需要，还应测绘地形图，通常这项工作由专业测量队完成，但施工单位还需根据施工的具体需要做一些加密网点的补充工作。

（二）测量放线

测量放线是在土方开挖之前，依据施工场地内设置的坐标控制网和高程控制点将图纸上所设计好的建筑物、构筑物及管线等测设到地面上或实物上，并用各种标志表现出来，作为施工的依据。在测量放线前，应做好以下几项准备工作：

1. 检验和校正测量仪器

在施工之前，应将所使用的经纬仪、水准仪、钢尺、水准尺等测量仪器和测量工具经有关部门检验合格后方可使用。

2. 熟悉并校核施工图纸

通过设计交底，了解工程全貌和设计意图，掌握现场情况和定位条件，明确主要轴线间的相互关系，明确地上、地下的标高以及测量精度要求。

在熟悉施工图纸过程中，应仔细核对图纸尺寸，对轴线尺寸、标高以及边界尺寸要特别注意。

3. 校核红线桩与水准点

建设单位提供的，由城市规划勘测部门给定的建筑红线，在法律上起着建筑边界用地的作用。在使用红线桩前，施工单位和建设单位（或监理单位）要共同进行校核，并在施工过程中做好保护工作，以便将它作为检查建筑物定位的依据。水准点也同样要校测和保护。红线和水准点经校测如发现问题，应提请建设单位及时处理。

4. 制定测量、放线方案

根据设计图纸的要求和施工方案，制定切实可行的测量、放线方案，主要包括平面控制、标高控制、±0 以下施测、±0 以上施测、沉降观测和竣工测量等项目。

工程定位放线是确定整个工程平面位置的关键环节，施测中必须保证精度，杜绝错误，否则其后果将难以处理。工程定位放线，一般通过建筑总平面图中工程角坐标以及平面控制轴线来确定建筑物的位置，施工单位测定并经自检合格后，提交有关部门和建设单位（或监理人员）验线，以保证定位的准确性。沿红线建的建筑物放线后，还要由城市规划部门验线，以防止建筑物压红线或超红线，为正常顺利地施工创造条件。施工测量放线报验单的格式见表 4-3。

表 4-3 施工测量放线报验单

工程名称：_____ 编号：_____

致：_____（监理单位）
我单位已完成_____（工程或部位的名称）的放线工作，经自检合格，清单如下，请予查验。 专职测量人员岗位证书编号： 测量设备鉴定证书编号： 附件：测量放线依据材料及放线成果

工程部位或名称	放　线　内　容	备　注

承包单位（章）：_____

项目经理：_____ 日期：_____

专业监理工程师审查意见：

□　查验合格
□　纠正差错后再报

项目监理机构（章）：_____

专业监理工程师：_____ 日期：_____

本表由承包单位填报，一式四份，送监理机构审核后，建设、承包单位各一份，监理单位两份（其中报城建档案馆一份）。

四、搭设临时设施

现场生活和生产用临时设施，在安排布置时，根据施工平面图的布置原则，并要遵照当地有关规定进行。如房屋的间距、标准要符合卫生和防火要求，污水和垃圾的排放要符合环境保护的要求等。因此，临时建筑平面图及主要房屋结构图，都应报请城市规划、市政、消防、交通、环境保护等有关部门审查批准。

为了施工方便、安全，做到文明施工，对于指定的施工用地周界，应用围墙围护起来，围墙的形式、材料及高度应符合市容管理的有关规定和要求。在主要入口处设"七牌一图"，反映工程概况、施工平面图以及有关安全操作规程等。

各种生产、生活用的临时设施，包括各种仓库、混凝土搅拌站、预制构件场、机修站、各种生产作业棚、办公用房、宿舍、食堂、文化生活设施等，均应按批准的施工组织设计规定的数量、标准、面积、位置等要求组织修建。大、中型工程可分批分期修建。

此外，在考虑施工现场临时设施的搭设时，应尽量利用原有建筑物，尽可能减少临时设施的数量，以便节约用地，节省投资。

五、机具进场就位及材料存放

安装调试施工机具，做好建筑材料、构配件等的存放工作。按照施工机具的需要量及供应计划，组织施工机具进场，并安置在施工平面图规定的地点或库棚内。固定的机具就位后，应做好搭棚、接电源水源、保养和调试工作，所有施工机具都必须在正式使用之前进行检查和试运转，以确保正常使用。

按照建筑材料、构配件和制品的需要量及供应计划，分期分批地组织进场，并按施工平面图规定的位置和存放方式存放。

第五节　物　资　准　备

施工物资准备是指施工中必须的劳动手段（施工机械、工具）和劳动对象（材料、配件、构件）等的准备。它是一项较为复杂而又细致的工作，对整个施工过程的工期、质量和成本有着举足轻重的作用。

一、物资准备工作程序

物资准备工作程序是指搞好物资准备工作所应遵循的客观顺序。通常按如下程序进行：

1. 编制物资需要量计划

根据施工定额、分部（项）工程施工方法和施工总进度的安排，拟订国拨材料、统配材料、地方材料、构（配）件及制品、施工机具和工艺设备等物资的需要量计划。

2. 组织货源签订合同

根据各种物资、机具需要量计划和施工组织设计所确定的仓储和使用面积，确定各种物资、机具的需要量进度计划，组织货源，确定加工、供应地点和供应方式，签订物资买卖合同或机具租赁合同。

3. 确定运输方案和计划

根据各种物资、机具的需要量进度计划和物资买卖合同、机具租赁合同，拟订运输计划和运输方案。如运输外包，需签订物资运输合同。

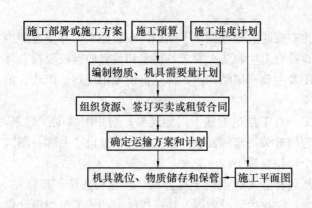

图 4-2　物质准备工作程序图

4．物资储存保管、机具定位

按照施工总平面图的要求，组织物资、机具按计划时间进场，在指定地点按规定方式进行就位、储存和保管。

物资准备工作程序如图 4-2 所示。

二、物资准备工作的内容

1．建筑材料的准备

建筑材料的准备主要是根据施工预算的工料分析所确定的需要量，按照施工进度计划的使用要求以及材料储备定额和消耗定额，分别按材料名称、规格、使用时间进行汇总，编出建筑材料需要量进度计划。建筑材料的准备包括：三材、地方材料、装饰材料的准备。准备工作应根据材料的需要量计划，组织货源，确定加工、供应地点和供应方式，签订物资买卖合同，确定仓库、堆场面积，组织运输。

材料的储备应根据施工现场分期分批使用材料的特点，按照以下原则进行材料储备。

（1）按工程进度分期分批进行。现场储备的材料多了会造成积压，增加材料保管的负担，同时，也多占用了流动资金；储备少了又会影响正常生产。所以材料的储备应合理、适量。

（2）做好现场保管工作。根据材料的物理及化学性能的不同，采用不同的保存方式，以防止材料挥发、变质、损耗等，以保证材料的原有数量和原有的使用价值。

（3）现场材料的堆放应合理。现场储备的材料，应严格按照施工平面布置图的位置堆放，以减少二次搬运，且应堆放整齐，标明标牌，以免混淆。此外，亦应做好防水、防潮、易碎材料的保护工作。

（4）做好技术试验和检验工作。对于无出厂合格证明和没有按规定测试的原材料，一律不得使用。不合格的建筑材料和构件，一律不准出厂，特别对于没有使用经验的材料或进口原材料、某些再生材料更要严把质量关。

2．预制构件和商品混凝土的准备

工程项目施工中需要大量的预制构件、门窗、金属构件、水泥制品以及卫生洁具等。这些构件、配件必须尽早地从施工图中摘录出其规格、质量、品种和数量，制表造册，编制出其需要量计划，确定加工方案和供应渠道以及其进场后的存储地点和方式。对于采用商品混凝土现浇的工程，则先要到生产单位签订买卖合同，注明品种、规格、数量、需要时间及送货地点等。

3．施工机具的准备

施工选定的各种土方机械、混凝土、砂浆搅拌设备、垂直及水平运输机械、吊装机械、动力机具、钢筋加工设备、木工机械、焊接设备、打夯机、抽水设备等应根据施工方案和施工进度，确定施工机具的数量和供应办法，确定进场时间及进场后的存放地点和方式，编制建筑安装机具的需要量计划，为组织运输、确定存放场地面积等提供依据。需租赁机械时，应提前签约，确保机械不耽误生产、不闲置，提高机械利用率，节省机械使用费用。

4. 模板和脚手架的准备

模板和脚手架是施工现场使用量大、堆放占地大的周转材料。首先要根据施工方案确定模板的种类，其次根据工程量确定模板需要量，再次组织模板的采购、调拨或租赁。

模板及其配件规格多、数量大，对堆放场地要求比较高，一定要分规格、型号整齐码放，以便于使用及维修。大钢模一般要求立放，并防止倾倒，在现场也应规划出必要的存放场地。钢管脚手架、桥式脚手架、吊栏脚手架等都应按指定的平面位置堆放整齐，扣件等零件还应防雨，以防锈蚀。

5. 生产工艺设备的准备

按照拟建工程生产工艺流程及工艺设备的布置图，提出工艺设备的名称、型号、生产能力和需要量；按照设备安装计划确定分期分批进场时间和保管方式，编制工艺设备需要量进度计划，为组织运输、确定存放和组装场地面积提供依据。

工艺设备订购时，要注意交货时间与土建进度密切配合。因为，某些庞大设备的安装往往要与土建施工穿插进行，如果土建全部完成或封顶后，安装会有困难或无法安装，故各种设备的交货时间要与安装时间密切配合，以免影响建设工期。

第六节 施工现场人员的准备

一项工程完成的好坏，很大程度上取决于承担这一工程的施工人员的素质。现场施工人员包括施工的组织指挥者和具体操作者两大部分。这些人员的选择和组合，将直接关系到工程质量、施工进度及工程成本。因此，施工现场人员的准备是开工前施工准备的一项重要内容。

一、施工项目经理部的组建

施工合同签订之后，工程开工之前，承建商在施工现场需建立工程施工项目管理机构，即施工项目经理部。项目经理部由项目经理在组织职能部门的支持下组建，直属项目经理领导，主要承担和负责现场项目管理的日常工作，并接受企业职能部门的监督和管理。项目经理部规模可大可小，对于一般单位工程可设一名项目经理，再配施工员、质检员、安全员及材料员等；对大型的单位工程或群体项目，则需配备一套班子，包括技术、材料、计划、成本、合同、资料和组织协调等管理人员。

项目经理是项目经理部的负责人，是承包人在施工合同专用条款中指定的负责施工管理和合同履行的代表。应由取得全国注册建造师资格证，并具有相应施工经验和能力的人担任。

另外，需强调的是，项目经理部内应至少配备一名成本员，来监控项目实施过程中的成本支出，及时发现成本超支和浪费现象，并对施工过程中的各种方案进行必要的技术经济分析。成本员应由懂技术、经济和合同管理，又有一定的工作经验的人担任，如具有一定工作经历的工程管理专业毕业的大中专毕业生。

二、施工队伍的确定

施工队伍选择时，应根据工程的特点、现有的劳动力组织情况及施工组织设计的劳动力需要量计划来选择确定。

（一）施工工种组织形式

各有关工种工人的合理组织，一般有以下几种参考形式：

1. 砖混结构工程

砖混结构工程由于其层数较低，在总进度中，主体结构施工和装饰施工占用的时间相差不多，其主要工种以瓦工、抹灰工、油漆工为主，配备适量的架子工、木工、钢筋工、混凝土工以及小型机械工等。因此，以混合施工班组的形式较好。其特点是：人员配备较少，工人以本工种为主兼做其他工作，工序之间的衔接比较紧凑，因而劳动效率较高。

2. 全现浇结构工程

全现浇结构工程，一般层数较高，钢筋混凝土的工程量很大，在总进度中占主要部分，故模板工、钢筋工、混凝土工是主要工种。其他如屋面工程、装饰工程、简易设备安装等可穿插进行，占用时间较短。因此，这种工程以专业施工班组为主，辅助工种配合的形式较好。

3. 预制装配式结构工程

这种结构的施工以预制构件吊装为主，故应以吊装起重工为主。因焊接量较大，电焊工要充足。其他施工作业可穿插进行。所以，以专业施工班组为主，其他班组为辅的形式较好。

（二）外包工的组织

随着建筑市场的开放、用工制度的改革、建筑施工企业资质所要求内容的修订以及建筑施工企业经营层和管理层的分离，企业完全依靠自己的施工力量来完成施工任务已远远不能满足需要，也没有必要，因此将越来越多地依靠组织外包施工队伍来共同完成施工任务。外包施工队伍大致有以下三种形式：工程分包、劳务分包和劳务合作，以前两种形式居多。

1. 工程分包

工程分包有两种形式：单位工程分包和分部（分项）工程分包。

（1）单位工程分包。对于有一定的技术管理水平、工种配套并拥有常用的中小型机具的外包施工队伍，根据其资质可独立承担某一单位工程的施工。在业务上，受总包单位的领导，对总承包单位负责，总包单位只需抽调少量的管理人员对工程进行管理；在经济上，可采用包工、包材料消耗的方法，即按定额包人工费，按材料消耗定额结算材料费，结余有奖，超耗受罚，同时提取一定的管理费。

（2）分部（分项）工程分包。对于机械化程度较高或专业性较强的分部（分项）工程，如土方工程、吊装工程、防水工程、钢筋气压焊施工和大型单位工程内部的机电、消防、空调、通信系统等设备安装工程等可分包给具有专业施工资质的施工队伍。

2. 劳务分包

劳务分包是指分包单位单纯提供劳务，而管理人员以及所有的机械和材料，均由总承包负责提供。在劳动组织上服从总包单位的安排，根据其完成工程量的多少来结算劳务费用。

3. 劳务合作

这种方式就是将本身不具备施工管理能力，只拥有简单的手动工具，仅能提供一定数量的个别工种的施工队伍，编排在本单位施工队伍之中，指定一批技术骨干带领他们操作，以保证质量和安全，共同完成施工任务。使用时，要进行技术考核，对达不到技术标准、质量没有保证的队伍不得使用。

施工总承包单位在确定了分包单位后，要报建设单位或监理单位审批，审批表格式见表4-4。

表 4-4   **分包单位资格报审表**

工程名称：＿＿＿＿＿＿＿   编号：＿＿＿＿＿＿＿

致：＿＿＿＿＿＿＿＿＿＿＿＿（监理单位） 经考察，我方认为拟选择的＿＿＿＿＿＿＿＿＿＿＿（分包单位）具有承担下列工程的施工资格和施工能力，可以保证工程项目按合同的规定进行施工。分包后，我方仍承担总包单位的全部责任。请予以审查和批准。 附件：1. 分包单位资质材料 2. 分包单位业绩材料			
分包工程名称（部位）	工程数量	拟分包工程合同额	分包工程占全部工程
合　计			
承包单位（章）：＿＿＿＿＿＿＿＿＿＿ 项目经理：＿＿＿＿＿＿＿ 日期：＿＿＿＿＿＿＿			
专业监理工程师审查意见： 专业监理工程师：＿＿＿＿＿＿＿ 日期：＿＿＿＿＿＿			
总监理工程师审核意见： 项目监理机构（章）：＿＿＿＿＿＿＿＿ 总监理工程师：＿＿＿＿＿＿＿ 日期：＿＿＿＿＿＿			

本表由承包单位填报，一式三份，送监理单位审核后，建设、监理及总承包单位各一份。

施工经验证明，无论采用哪种形式的施工队伍，都应遵循施工队组和劳动力相对稳定的原则，以利于保证工程质量和提高劳动效率。

三、施工队伍的教育

建筑产品的质量是由工序质量决定的，工序质量是由工作质量决定的，工作质量又是由人的素质决定的。要想提高建筑产品的质量，必须首先提高人的素质。因此，施工前企业要对施工队伍进行劳动纪律、施工质量和安全教育，要求本企业职工和外包施工队人员必须做到遵守劳动时间，坚守工作岗位，遵守操作规程，保证产品质量，保证施工工期及安全生产，服从调动，爱护公物。同时，企业还应做好职工、技术人员的培训和技术更新工作，只有不断提高职工、技术人员的业务技术水平和综合素质，才能从根本上保证建筑工程质量，不断提高企业的竞争力。

此外，在单位工程或分部分项工程开始之前要向施工队组的有关人员或全体施工人员进行施工组织设计、施工计划交底和技术交底。交底的内容主要有：工程施工进度计划、月（句）作业计划、施工工艺方法、质量标准、安全技术措施、降低成本措施、施工验收规范中的有关要求以及图纸会审纪要中确定的有关内容、施工过程中四方会签的设计变更通知单或洽商记录中核定的有关内容等。交底工作应按施工管理系统自上而下逐级进行，直至施工班组；交底的方式以书面交底为主，口头交底、会议交底为辅，必要时应进行现场示范交底或样板交底。交底工作之后，还要组织施工队组有关人员或全体施工人员进行研究、分析，搞清关键内容，掌握操作要领，明确施工任务和分工协作关系，并制定出相应的岗位责任制和安全、质量保证措施。对于某些采用新工艺、新结构、新材料、新技术的工程，应该先将有关的管理人员和操作工人组织起来培训，使之达到标准后再上岗操作。

四、建立、健全各项管理制度

工地的各项管理制度是否建立、健全，直接影响着各项施工活动的顺利进行。各种规章制度通常包括：施工图纸学习与会审制度，技术责任制度，技术交底制度，工程技术档案管理制度，材料、主要构配件和制品检查验收制度，材料出入库制度，定额领料制度，机具使用保养制度，职工考勤和考核制度，安全操作制度，工程质量检查与验收制度，工地及班组经济核算制度等。

第七节　冬、雨季施工准备

建筑工程施工绝大部分工作是露天作业，因此，季节对施工生产的影响较大，特别是冬季和雨季。为保证按期、保质完成施工任务，必须做好冬、雨季施工准备工作。

一、冬季施工准备工作

1. 合理安排冬季施工项目

冬季施工条件差，技术要求高，施工质量不易保证，且施工成本高。为此，要合理安排施工进度计划，将既能保证施工质量，同时费用增加较少的项目安排在冬季施工，如吊装、打桩、室内粉刷、装修（可先安装好门窗及玻璃）等工程；而费用增加很多又不易确保质量的土方、基础、外粉刷、屋面防水等易受冻胀影响的湿作业工程，均不宜安排在冬季施工。因此，从施工组织安排上要综合研究，合理确定冬季施工的项目，做到冬季不停工，而且施工费用增加较少。

2. 落实各种热源供应和管理

要落实各种热源供应渠道、热源设备和各种保温材料的储存和供应，以保证施工的顺利进行。

3. 做好测温工作

冬季施工昼夜温差较大，为保证施工质量应做好测温工作，防止砂浆、混凝土在达到临界强度前遭受冻结而破坏。

4. 做好保温防冻工作

在进入冬季施工之前，做好室内施工项目的保温和热源供应工作，如先完成供热系统，安装好门窗玻璃等项目，保证室内其他项目能顺利施工；做好室外各种临时设施保温防冻工作，如防止给排水管道冻裂，防止道路积水结冰，及时清扫道路上的积雪，以保证运输顺利。

5. 加强安全教育，严防火灾发生

冬季施工，热源来源于火力和电力，保温材料常为易燃材料，因此，要有切实可行的防火安全技术措施，并经常检查落实，保证各种热源设备完好，易燃材料远离火源。同时，做好职工培训及冬季施工的技术操作和安全施工的教育，确保施工质量，避免事故发生。

二、雨季施工准备工作

1. 防洪排涝，做好现场排水工作

雨季来临前，应针对现场具体情况，开挖好排水沟渠，准备好抽水设备，防止因场地积水和地沟、基槽、地下室等泡水而造成损失。

2. 合理安排雨季施工项目

合理安排雨期施工项目，尽量把不宜在雨期施工的基础、地下工程、土方工程、室外及屋面工程，在雨季到来之前安排完成；多留些室内工作在雨季施工，以避免雨季窝工造成损失。

3. 做好道路维护，保证运输畅通

雨季前检查道路边坡排水，适当提高路面，做好道路的维护工作，防止路面凹陷，保证运输畅通。

4. 做好物资的储存

雨季到来前，考虑雨季对材料、物资供应的影响，适当增加储备，减少雨季运输量，以节约费用。准备必要的防雨器材，库房四周要有排水沟渠，以防物资淋雨浸水而变质。

5. 做好机具设备等防护

雨季施工，对现场的各种设施、机具要加强检查，特别是脚手架、垂直运输设施等，要采取防倒塌、防雷击、防漏电等一系列技术措施。

6. 加强施工管理和施工安全教育

要认真编制雨季施工技术措施和安全措施，并认真组织贯彻落实。加强对职工的安全教育，防止各种事故发生。

第八节 工程资金准备

建筑项目资金准备是一切施工准备工作的基础。俗话说"巧妇难为无米之炊"，没有资金，前面所述的各项准备工作计划不论多么完善、合理，最终转变不成现实。资金准备不充分，就会在施工过程中，出现拖欠工程款、材料款和工资款等现象，致使工程停工待料、施工人员不足或素质低下等，最终使工程不能如期完成发挥其投资效益。因此，资金准备是施工准备工作中其他准备工作的基础和工作保证，其他准备工作是资金准备的前提。资金准备从行为主体来分，分为建设单位（业主）准备和施工单位（承包商）准备。

一、建设单位（业主）的资金准备

建设单位（业主）资金准备是指建设单位（业主）为项目的顺利实施，而需做好的各种筹措资金的活动。其包括两种情况：一类是凭借企业有形资产的价值作为担保取得筹资信用，即"为项目融资"，主要适用于中小型项目和多数大型工业项目，这类项目的融资主要涉及传统的融资方式，如银行贷款、债券融资与股票融资等，以及许多创新的融资方式，如可转换债券、资产证券化等；另一类是根据项目建成后的收益作为偿债的资金来源的筹资活动，换句话说，它是以项目的资产作为抵押来取得筹资的信用，即"通过项目融资"，主要适用于少数超大型的基础设施项目，如电厂项目、交通项目、污水处理项目等。

1. 项目资金的筹集渠道

建设单位（业主）为投资项目所筹集的资金需要通过一定的渠道，采用一定的方式，并使二者合理地配合起来获得。所谓筹资渠道是指筹集资金的来源方向与通道，体现资金的源泉与流量。充分认识筹资渠道的种类以及每种渠道的特点，有利于企业正确利用筹资渠道。一般而言，企业筹集资金的渠道包括国家财政资金、企业自留资金、银行信贷资金、非银行金融机构资金、其他企业资金、民间资金与国外资金。

2. 筹资方式

筹资方式是指企业筹集资金所采取的具体形式，它体现了资金的属性。认识筹资方式的种类及每种方式的属性，有利于企业选择合适的筹资方式与筹资组合。企业筹集资金的方式包括：直接投资、发行股票、银行借款、发行债券、融资租赁、BOT，以及资产证券化等方式。

3. 筹资决策

筹资方式与筹资渠道之间有着密切的关系，同一种筹资方式适用于不同的筹资渠道，而同一渠道的资金往往可以采取不同的方式取得。因此，企业筹集资金时，必须注意二者的合理配合。在具体筹资过程中，应根据项目的总进度计划，确定资金需要量计划，结合自有资金情况，考虑各种资金的融资成本及风险程度，来确定融资比例和融资计划。

影响融资结构的主要因素有：资金的可获得性、经营杠杆和经营风险、贷款人和信用评级机构的态度、保持借债储备能力、资产的性质、企业的获利能力、企业经营的长期性和稳定性、企业所得税率等。

二、施工单位（承包商）的资金准备

施工单位（承包商）的资金准备是指为了保证项目的顺利开工和施工活动的正常进行而做的各种资金筹措活动。

（一）资金筹措

资金筹措是根据资金的需要量来决定的。施工单位首先需要预测资金的收支情况，然后据此确定资金需要量，编制资金需要量进度计划，制定资金筹措方案。

1. 资金收入预测

项目资金是按合同价款收取的，在实施施工项目合同的过程中，应从收取工程预付款（预付款在施工后以冲抵工程价款方式逐步扣还给建设单位）开始，每月按进度收取工程进度款，到最终竣工结算，按时间测算出价款数额，做出项目收入预测表，绘出项目资金按月收入图及项目资金按月累加收入图。

资金收入测算过程中应注意：

（1）由于资金预测工作是一项综合性工作，因此，要在项目经理主持下，由职能人员参加，共同分工负责完成。

（2）考虑施工管理水平，确保按合同工期要求完成，以免延误工期被索赔，造成经济损失。

（3）严格按合同规定的结算办法测算每月实际应收的工程进度款数额，同时要注意收款滞后时间因素。

按上述原则测算的收入，形成了资金收入在时间上、数量上的总体概念，为项目筹措资金、加快资金周转、合理安排资金使用提供科学依据。

2. 资金支出预测

项目资金支出预测，主要根据成本费用控制计划、施工组织设计、材料和物资储备计划、施工机具供应计划等，测算出随着工程的实施，每月预计的人工费、材料费、施工机械使用费、物资储运费、临时设施费、其他直接费和施工管理费等各项支出，使整个项目的支出在时间上和数量上有一个总体概念，以满足资金管理上的需要。

项目资金支出预测应注意：

（1）从实际出发，使资金支出预测更符合实际情况。资金支出预测在投标报价中就已经做了，但不够具体。因此，要根据项目实际情况，将原报价中估计的不确定因素加以调整，使之符合实际。

（2）必须重视资金的支出时间价值。资金支出的测算是从筹措资金和合理安排调度资金角度考虑的，一定要反映出资金支出的时间价值，以及合同实施过程中不同阶段的资金需要。

3. 资金收入与支出对比

将施工项目资金收入预测累计结果和支出预测累计结果绘制在一个坐标图上，得到两条曲线，它们之间的距离代表着资金的需求情况。在某一时间点，前者减后者其差为负时，即为工程在该时间所需的资金筹措量。

（二）资金来源

施工过程所需要的资金来源，一般是在承发包合同条件中规定了的，由发包方提供工程备料款和分期结算工程款。为了保证生产过程的正常进行，施工企业也需垫支部分自有资金，但在占用时间和数量方面必须严加控制，以免影响整个企业生产经营活动的正常进行。因此，施工项目资金来源的渠道是：预收工程备料款、已完施工价款结算、银行贷款、企业自有资金、其他项目资金的调剂占用。

在筹措资金时要考虑下列原则：

（1）充分利用自有资金。其好处是：调度灵活，不需支付利息，比贷款的保证性强。

（2）必须在经过收支对比后，按差额筹措资金，避免造成浪费。

（3）把利息的高低作为选择资金来源的主要标准，尽量利用低利率贷款。用自有资金时也应考虑其时间价值。

第九节　施工准备工作计划与注意事项

一、施工准备工作计划

为了落实各项施工准备工作，加强检查和监督，必须根据各项施工准备的内容、时间和人员，编制出施工准备工作计划。其格式见表 4-5。

表 4-5　　　　　　　　　　　　　施工准备工作计划表

序号	施工准备项目	简要内容	负责单位	负责人	起止时间		备　注
					月　日	月　日	

由于各项准备工作之间有相互制约相互依存的关系，为了加快施工准备工作的进度，必须加强建设单位、设计单位和施工单位之间的协调工作，密切配合，建立健全施工准备工作的责任制度和检查制度，使施工准备工作有领导、有组织、有计划和分期分批地进行。另外，施工准备工作计划除用上述表格外，还可采用网络计划的方法，以明确各项准备工作之间的工作关系，找出关键路线，并在网络计划图上进行施工准备期的调整，以尽量缩短准备工作的时间。

二、开工报告

施工准备工作是根据施工条件、工程规模、技术复杂程度来制定的。对一般的单项工程需完成以下准备工作方能开工。

（1）施工许可证已获政府主管部门批准；

（2）征地拆迁工作能满足工程进度的需要；

（3）施工组织设计已获总监理工程师批准；

（4）现场管理人员已到位，机具、施工人员已进场，主要工程材料已落实；

（5）进场道路及水、电、通信等已满足开工要求；

（6）质量管理、技术管理和质量保证的组织机构已建立；

（7）质量管理、技术管理制度已制定；

（8）专职管理人员和特种作业人员已取得资格证、上岗证。

上述条件满足后，应该及时填写开工申请报告，并报总监理工程师审批。施工现场质量管理检查记录格式见表 4-6，工程开工报审表见表 4-7。

表 4-6　　　　　　　　　　　　　　　　**施工现场质量管理检查记录**

开工日期：

工程名称		施工许可证（开工证）	
建设单位		项目负责人	
设计单位		项目负责人	
监理单位		总监理工程师	
施工单位		项目经理	技术负责人

序号	项　　目	内　　容
1	现场质量管理制度	
2	质量责任制	
3	主要专业工种操作上岗证书	
4	分包方资质与对分包单位的管理制度	
5	施工图审查情况	
6	地质勘察资料	
7	施工组织设计、施工方案及审批	
8	施工技术标准	
9	工程质量检验制度	
10	搅拌站及计量设置	
11	现场材料、设备存放与管理	
12		

检查结论：

总监理工程师

（建设单位项目负责人）　　　　年　　月　　日

表 4-7   工程开工报审表

工程名称：_____   编号：_____

致：_____（监理单位）	
我方承担的_____准备工作以完成。	☐
一、施工许可证已获政府主管部门批准；	☐
二、征地拆迁工作能满足工程进度的需要；	☐
三、施工组织设计已获总监理工程师批准；	☐
四、现场管理人员已到位，机具、施工人员已进场，主要工程材料已落实；	☐
五、进场道路及水、电、通信等已满足开工要求；	☐
六、质量管理、技术管理和质量保证的组织机构已建立；	☐
七、质量管理、技术管理制度已制定；	☐
八、专职管理人员和特种作业人员已取得资格证、上岗证。	☐
特此申请，请核查并批准开工。	
承包单位（章）：_____	
项目经理：_____日期：_____	
审查意见：	
项目监理机构：_____	
总监理工程师：_____日期：_____	

本表由承包单位填报，一式四份，送监理机构审核后，建设、承包单位各一份，监理单位两份（其中报城建档案馆一份）。

三、施工准备工作应注意的问题

1. 施工准备工作要有明确分工

（1）建设单位应做好主要生产设备、特殊材料等的订货，建设征地，申请建筑许可证，拆除障碍物，平整场地，接通场外的施工道路、水源、电源等项工作。

（2）设计单位按规定的时间和内容交付施工图，并进行技术交底。

（3）施工单位主要是分析整个建设项目的施工部署，做好调查研究，收集有关资料，编制好施工组织设计，并做好相应的施工准备工作。

（4）监理单位主要是协助建设单位做好前期的协调工作，审查和核实施工准备工作情况。

2. 施工准备工作要有严格的保证措施

（1）严格执行施工准备工作责任制度。由于施工准备工作范围广、项目多，因此，必须有严格的责任制度，把施工准备工作的责任落实到有关部门和个人，以保证按计划要求的内容及时间完成工作。同时，明确各级技术负责人在施工准备工作中应负的责任，以便推动和促使各级技术负责人认真做好施工准备工作。

（2）严格执行施工准备工作检查制度。施工准备工作不但要有计划、有分工，而且要有布置、有检查，以利于经常督促，发现薄弱环节，不断改进工作。施工准备工作的检查，主要检查施工准备工作的执行情况，如果没有完成计划要求，应进行分析，找出原因，排除障碍，协调施工准备工作进度或调整施工准备工作计划。

（3）严格执行开工报告制度。当施工准备工作完成到具备开工条件后，项目经理部应写出开工报告，报企业领导审批后，报建设或监理单位审批。总监理工程师审批通过后，在工程开工报审表上签署同意意见，施工单位在限定时间内开工，不得拖延。

3. 施工准备工作必须贯穿于施工全过程

经过开工前施工准备，可以顺利开工。但项目施工所需的大量材料，是用来逐步形成工程实体的，而施工准备不可能、也没必要将所有的材料一次采购完毕，堆放在施工现场，这既占用大量的资金，也需很大的场地。因此，一次性的材料准备是不可能的，也是不现实的。同样，施工机具、劳动工种随着工程进入不同的阶段，其各种机械和工种的需要量在发生着变化，只有开工准备是不够的。

工程开工以后，要随时做好作业条件的施工准备工作。施工顺利与否，决定于施工准备工作的及时性和完善性。企业各职能部门要面向施工现场，及时解决施工准备工作中的技术、机械设备、材料、人力、资金、管理等各种问题，为工程施工提供保证条件。项目经理应十分重视施工准备工作，加强施工准备工作的计划性，及时做好协调、平衡工作，使施工准备工作分阶段、有组织、有计划、有步骤地进行。

4. 取得协作单位的支持和配合

由于施工过程技术复杂、涉及面广、牵涉单位多，易受环境和气候的影响。因此，施工计划的波动变化是很频繁的，而每一次变化都会引起工程的质量、进度、成本的变动，导致计划的调整和修订，除了施工单位本身的努力外，还要取得建设单位、监理单位、设计单位、供应单位、银行及其他协作单位的大力支持，分工负责，统一步调，共同做好施工准备工作。

5. 施工准备工作中应做好四个结合

（1）施工与设计相结合。接到施工任务后，施工单位应尽早与设计单位联系，着重了解工程的总体规划、平面布局、结构型式、构件种类、新材料新技术等的应用和出图的顺序，以便使出图顺序与单位工程的开工顺序及施工准备工作顺序协调一致。

（2）室内准备工作与室外准备工作相结合。室内准备主要指内业的技术资料准备工作，室外准备主要指调查研究、收集资料和施工现场准备、物资准备等外业工作。室内准备对室外准备起着指导作用，而室外准备则为室内准备提供依据或具体落实室内准备的有关要求，室内准备工作与室外准备工作要协调地进行。

（3）土建工程准备与专业工程准备相结合。工程施工过程中，土建工程与专业工程是相互配合进行的，如果专业工程施工跟不上土建工程施工，就会影响施工进度。因此，土建施工单位做施工准备工作时，要告知专业施工单位，并督促和协助专业工程施工单位做好施工准备工作。

（4）前期施工准备与后期施工准备相结合。

习　　　题

1. 试述施工准备工作的意义。

2. 简述施工准备工作的种类和主要内容。

3. 原始资料的调查包括哪些方面？各方面的主要内容有哪些？为什么要做好原始资料的调查工作？

4. 图纸自审应掌握哪些重点？图纸会审由哪些单位参加？

5. 编制施工组织设计前主要收集哪些资料？

6. 施工现场准备包括哪些内容？

7. 物资准备包括哪些内容？

8. 季节性准备工作有哪些内容？

9. 施工现场人员准备包括哪些内容？

10. 收集一份工程承包合同和一份总分包合同。

11. 收集一份施工组织设计。

12. 调查一个建筑工地的混凝土搅拌站，列出搅拌站所用机械、设备和其他器具的规格、数量。

13. 调查一个建筑工地的施工现场人员配备情况，并分析这样配备是否与该工程的规模和复杂程度相适应。

第五章 施工组织总设计

施工组织总设计是以整个建设项目或群体工程为对象，根据初步设计或扩大初步设计和其他有关资料及现场施工条件编制的，用以指导建设项目建设过程中各项施工活动的全局性、综合性和纲领性的技术经济文件。它一般由建设总承包公司或大型工程项目经理部（或工程建设指挥部）的总工程师主持编制。

第一节 施工组织总设计概述

一、施工组织总设计的作用

施工组织总设计的主要作用是：

(1) 从全局出发，为整个项目或建筑群体的施工作出全面的战略部署；

(2) 为建设单位或业主编制工程建设计划提供依据；

(3) 为施工企业编制施工计划和单位工程施工组织设计提供依据；

(4) 为合理组织施工力量、技术、资源、物资和设备的供应提供依据；

(5) 为评价整个项目或建筑群体工程施工的经济合理性提供依据。

二、施工组织总设计的编制依据

为确保施工组织总设计编制工作的顺利进行，提高其编制水平及质量，使施工组织总设计切实可行，充分发挥其指导施工、控制施工的作用，其编制应以如下资料为依据。

（一）计划文件及有关合同

主要包括国家批准的基本建设计划、可行性研究报告、工程项目一览表、项目分期分批施工的筹资和投资计划；建设地区主管部门的批件；招投标文件及建筑工程施工合同和有关协议；工程所需材料、设备的订货合同以及引进材料、设备的供货合同等。

（二）设计文件及有关资料

主要包括已批准的初步设计或扩大初步设计等文件，如设计说明书、建筑总平面图、建筑区域平面图、建筑平面图和剖面图、建筑物竖向设计图以及总概算或修正总概算等。

（三）工程勘察资料和调查资料

主要包括建设地区地形、地貌、水文、地质、气象及现场可利用情况等自然条件；能源、交通运输、建筑材料、预制件、商品混凝土及构件、设备采购、建筑机械租赁、劳务及分包等技术经济条件；当地政治、经济、文化、科技、卫生、宗教等社会条件资料。

（四）现行的规范、规程和有关技术标准

主要包括施工质量验收规范、质量验收统一标准、工艺操作规程、有关定额、技术规定和技术经济指标等。

（五）其他

类似建设项目的施工组织设计实例、施工经验的总结资料及有关的参考数据等。

三、施工组织总设计的编制程序

施工组织总设计的编制程序如图 5-1 所示。

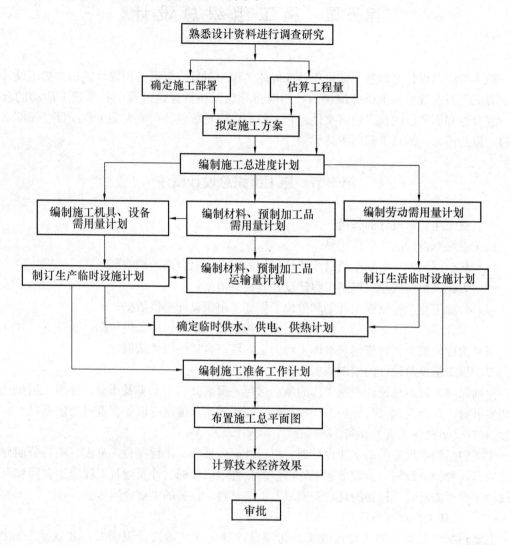

图 5-1　施工组织总设计编制程序

四、施工组织总设计的编制原则

为了多快好省地进行基本建设施工，取得较好的投资效益，必须有计划有步骤地组织施工，以便更有效地加强施工管理，充分发挥施工组织设计的作用。为此，在编制施工组织设计时，应遵循以下原则，合理安排施工项目。

1. 严格执行基本建设程序，合理安排施工项目

严格执行基本建设程序，是保证建筑安装工程顺利进行的重要条件。在工程建设过程中，必须对各项工程进行科学的分析、比较，分类排队，确定出应优先施工的工程项目。对总工期较长的大型项目，应根据生产或使用的需要，分期、分批安排建设、投产或交付使用，以期早日发挥建设投资的经济效益。

2. 遵循施工工艺及技术规律，合理安排施工程序和施工顺序

　　建筑产品生产的施工活动是在同一场地和不同空间上，同时或先后交错搭接地进行，这就是施工程序和施工顺序。它们一般随拟建工程项目的规模、性质、设计要求、施工条件和使用功能等的不同而有所变化。通常要遵循"先准备，后施工"、"先全场，后单项"、"先场外，后场内"、"先地下，后地上"、"先深后浅"、"先结构，后装修"、"先主体，后围护"、"先土建，后设备"、"先工种顺序，后空间顺序"等基本原则。

　　3. 采用流水施工方法和网络计划技术组织施工

　　编制施工进度计划，应从实际出发，尽量采用流水施工方法，组织有节奏、均衡和尽可能连续作业的施工方式，合理地使用人力、物力和财力，以利于保证工程质量，缩短工期，增加企业的经济效益。

　　4. 科学地安排冬、雨季施工项目，保证全年生产的连续性和均衡性

　　在安排施工进度计划时，要根据施工项目的具体情况，留有必要的适合冬、雨季施工的储备工程，将其安排在冬、雨季进行施工，增加全年施工天数，尽量做到全面、均衡、连续地施工。

　　5. 充分利用现有机械设备，提高机械化程度

　　在选择施工方法时，要结合当地的工程情况，充分利用现有的机械设备。要贯彻大型机械与中小型机械相结合，先进机械、简易机械和改进型机械相结合的方针；同时，还应恰当地选择自有机械、租赁机械或外包机械施工等不同的方式，尽量扩大机械化施工范围，不断提高机械化施工程度，努力提高机械设备的利用率和生产率。

　　6. 尽量采用国内外先进的施工技术和科学的管理方法

　　在编制施工组织设计时，应积极采用新材料、新设备、新工艺、新技术和先进科学的施工管理方法，必须结合具体工程的特点和现场实际条件进行选择，确保技术的先进性和管理的科学性、适用性与经济合理性。

　　7. 尽量减少暂设工程，科学地布置施工平面图

　　暂设工程是拟建工程项目完工后均要迅速拆除的设施。因此，要尽量利用原有的房屋和设施，尽量减少临时设施的修建量，节约临时设施费用。施工用建筑材料、构配件等应尽量就地取材，减少物资运输量和储备量。合理地布置现场施工平面图，缩短场内物资的运输距离，避免二次搬运，降低工程成本。

　　8. 坚持质量第一，重视执业健康安全与环境保护

　　在选择施工方案和施工方法时，必须从各方面制订相应的确保工程质量的措施，预防和控制影响工程质量的各种因素；严格执行施工质量验收规范、操作规程和质量验收统一标准的有关规定和要求，建造用户满意的优质工程。

　　要认真贯彻"安全第一，预防为主"的方针，可参照《职业健康安全管理体系　规范》（GB/T 28001—2001），编制安全管理计划。参照《环境管理体系　要求及使用指南》（GB/T 24001—2004），编制环境管理计划。建立、健全各项职业健康安全与环境管理制度及措施，确保施工安全。

五、施工组织总设计的内容

　　1. 工程概况

　　工程概况应包括项目主要情况和项目主要施工条件等。

　　（1）项目主要情况应包括下列内容：

1) 项目名称、性质、地理位置和建设规模。

2) 项目的建设、勘察、设计和监理等相关单位情况。

3) 项目设计概况。

4) 项目承包范围及主要分包工程范围。

5) 施工合同或招标文件对项目施工的重点要求。

6) 其他应说明的情况。

（2）项目主要施工条件应包括下列内容：

1) 项目建设地点气象状况。

2) 项目施工区域地形和工程水文地质状况。

3) 项目施工区域地上、地下管线及相邻的地上、地下建（构）筑物情况。

4) 与项目施工有关的道路、河流等状况。

5) 当地建筑材料、设备供应和交通运输等服务能力状况。

6) 当地供电、供水、供热和通信能力状况。

7) 其他与施工有关的主要因素。

2. 总体施工部署

（1）施工组织总设计应对项目总体施工做出下列宏观部署：

1) 确定项目施工总目标，包括进度、质量、安全、环境和成本等目标。

2) 根据项目施工总目标的要求，确定项目分阶段（期）交付的计划。

3) 确定项目分阶段（期）施工的合理顺序及空间组织。

（2）对于项目施工的重点和难点应进行简要分析。

（3）总承包单位应明确项目管理组织机构形式，并宜采用框图的形式表示。

（4）对于项目施工中开发和使用的新技术、新工艺应做出部署。

（5）对主要分包项目施工单位的资质和能力应提出明确要求。

3. 施工总进度计划

（1）施工总进度计划应按照项目总体施工部署的安排进行编制。

（2）施工总进度计划可采用网络图或横道图表示，并附必要说明。

4. 总体施工准备与主要资源配置计划

（1）总体施工准备应包括技术准备、现场准备和资金准备等。

（2）技术准备、现场准备和资金准备应满足项目分阶段（期）施工的需要。

（3）主要资源配置计划应包括劳动力配置计划和物资配置计划等。

（4）劳动力配置计划应包括下列内容：

1) 确定各施工阶段（期）的总用工量。

2) 根据施工总进度计划确定各施工阶段（期）的劳动力配置计划。

（5）物资配置计划应包括下列内容：

1) 根据施工总进度计划确定主要工程材料和设备的配置计划。

2) 根据总体施工部署和施工总进度计划，确定主要施工周转材料和施工机具的配置计划。

5. 主要施工方法

（1）施工组织总设计应对项目涉及的单位（子单位）工程和主要分部（分项）工程所采用的施工方法进行简要说明。

（2）对脚手架工程、起重吊装工程、临时用水用电工程、季节性施工等专项工程所采用的施工方法，应进行简要说明。

6. 施工总平面布置

（1）施工总平面布置应符合下列原则：

1）平面布置科学合理，施工场地占用面积少。

2）合理组织运输，减少二次搬运。

3）施工区域的划分和场地的临时占用，应符合总体施工部署和施工流程的要求，减少相互干扰。

4）充分利用既有建（构）筑物和既有设施为项目施工服务，降低临时设施的建造费用。

5）临时设施应方便生产和生活，办公区、生活区和生产区宜分离设置。

6）符合节能、环保、安全和消防等要求。

7）遵守当地主管部门和建设单位关于施工现场安全文明施工的相关规定。

（2）施工总平面布置图应符合下列要求：

1）根据项目总体施工部署，绘制现场不同施工阶段（期）的总平面布置图。

2）施工总平面布置图的绘制，应符合国家相关标准要求，并附必要说明。

（3）施工总平面布置图应包括下列内容：

1）项目施工用地范围内的地形状况。

2）全部拟建的建（构）筑物和其他基础设施的位置。

3）项目施工用地范围内的加工设施、运输设施、存储设施、供电设施、供水供热设施、排水排污设施、临时施工道路和办公、生活用房等。

4）施工现场必备的安全、消防、保卫和环境保护等设施。

5）相邻的地上、地下既有建（构）筑物及相关环境。

第二节 工 程 概 况

工程概况是对整个建设项目或建筑群体的总说明和总分析，是对拟建建设项目或建筑群体所作的一个简明扼要的文字介绍，有时为了补充文字介绍的不足，还可附建设项目设计的总平面图，主要建筑的平、立、剖面示意图及辅助表格等。其内容一般包括：建设项目主要情况和项目主要施工条件等。

一、建设项目主要情况

建设项目主要情况应包括：项目名称、性质、地理位置和建设规模；项目的建设、勘察、设计和监理等相关单位的情况；项目设计概况；项目承包范围及主要分包工程范围；施工合同或招标文件对项目施工的重点要求；其他应说明的情况。为了更清晰地反映这些内容，也可利用附图或表格等不同形式予以说明，见表 5-1。

表 5-1　　　　　　　　　　建筑安装工程项目一览表

序号	单位工程名称	建设规模	建筑面积（m²）	结构类型	层数	跨度（m）	设 备安装内容	工程造价（元）	开工日期	竣工日期

二、项目主要施工条件

施工条件主要是指建设项目开工所应具备的条件。主要说明：项目建设地点气象状况；项目施工区域地形和工程水文地质状况；项目施工区域地上、地下管线及相邻的地上、地下建（构）筑物情况；与项目施工有关的道路、河流等状况；当地建筑材料、设备供应和交通运输等服务能力状况；当地供电、供水、供热和通信能力状况；其他与施工有关的主要因素等。

第三节　施　工　部　署

施工部署是施工组织总设计中最重要的内容，是对整个建设项目从全局上作出的统筹规划和全面安排，它主要解决影响建设项目全局的重大问题，是施工组织总设计的核心，也是编制施工总进度计划、施工总平面图以及各种供应计划的基础。施工部署在时间和空间上分别体现为施工总进度计划、施工总平面图。因此，施工部署的正确与否，是直接影响建设项目进度、质量和成本三大目标能否顺利实现的关键。现实中往往由于施工部署考虑不周，造成施工过程中存在着各施工单位或队组相互影响、相互制约的情况，存在窝工和工效降低的情况，从而拖延进度，影响资量，增加成本。因此，施工部署是项目目标能否顺利实现的关键。

施工部署的内容和侧重点根据建设项目的性质、规模和客观条件不同而有所不同。一般包括确定工程开展程序、拟订主要工程项目的施工方案、制订"七通一平"的规划、明确施工任务划分与组织安排等内容。

一、确定工程开展程序

根据建设项目总目标的要求，确定建设项目中各项工程合理的开展程序，是关系到整个建设项目能否迅速建成投产或使用的重大问题，也是施工部署中组织施工全局生产活动的战略目标，在确定施工开展程序时，主要应考虑以下几点。

1. 在保证工期的前提下，分期分批配套施工

建设工期是施工的时间总目标，在满足工期要求的前提下，合理地确定分期分批施工的项目和开展程序，科学地划分独立施工和交工工程，使建设项目中相对独立的具体工程实行分期分批建设并进行合理的搭接，既可在全局上实现施工的连续性、均衡性，减少暂设工程数量、降低工程成本，又可使具体工程迅速建成、尽早投入使用、发挥投资效益。至于分几期（或几批）施工，各期（批）工程包含哪些项目，则要根据生产工艺要求，建设单位（或业主）要求，工程规模大小和施工难易程度、资金、技术资料等情况，由建设单位（或业主）和施工单位共同研究确定。

2. 统筹安排，保证重点，兼顾其他

按照各工程项目的性质、重要程度、生产工艺或使用要求，合理安排各工程项目的施工程序，保证重点，兼顾其他，确保各工程项目按期投产。应优先安排的工程项目主要有：

（1）按生产工艺要求，须先期投入生产或起主导作用的工程项目；

（2）工程量大、技术复杂、施工难度大、工期长的项目；

（3）运输系统、动力系统，如厂区内外道路、铁路和变电站等；

（4）生产上需先期使用的机修车间、办公楼及部分家属宿舍等；

（5）可供施工使用的永久性工程和公用设施工程，如供水设施、排水干线、输电线路、

配电变电所、交通道路等。

对于建设项目中工程量小、施工难度不大，周期较短而又不急于使用的辅助项目，可以考虑与主体工程相配合，作为平衡项目穿插在主体工程的施工中进行。

3. 遵循施工程序的一般原则

所有工程项目应遵循"先地下、后地上"，"先深后浅"的原则；在安排道路、管线等工程项目的施工程序时，还应遵守"先场外、后场内"、"先全场、后单项"和场外工程"由远而近"、场内工程"先主干、后分支"的原则。

4. 要考虑季节对施工的影响

要充分考虑到季节对施工的影响，合理地安排冬、雨季施工项目和冬、雨季的施工准备工作。例如大规模土方工程和深基础施工，最好避开雨季。寒冷地区入冬以后最好封闭房屋并转入室内作业，避免露天湿作业。

二、拟订施工方案和选择施工方法

（一）拟订施工方案

在施工组织总设计中拟订施工方案是指拟订那些工程量大、技术复杂、施工难度大、工期长、对整个建设项目的完成起着关键作用的主要工程项目的施工方案，以及确定某些在全场范围内属于工程量大、影响全局的供施工使用的特殊工程的施工方案。

拟订主要工程项目施工方案的重点内容是对施工方法的选择、施工工艺流程的确定、施工机械的选择、施工段的划分以及施工技术组织措施等提出原则性的意见，并以此作为编制施工总进度计划的依据。其内容和深度与单位工程施工组织设计中的要求是不同的，它只需原则性地提出施工方案，如，采用何种施工方法；哪些构件采用现浇；哪些构件采用预制；是现场就地预制，还是在构件预制厂加工生产；构件吊装时采用什么机械；准备采用什么新工艺、新技术等，即对涉及全局性的一些问题拟订出施工方案。

确定全场范围内供施工使用的特殊工程的施工方案，则应根据拟订的主要工程项目施工方案，确定具体的施工用工程的施工方案。如采石（砂）场、木材加工场、各种构件加工厂、混凝土搅拌站、施工道路或铁路、公路运输专线等施工附属工程及其他为施工服务的临时设施工程的施工方案。

（二）选择施工方法

选择施工方法是指选择那些工程量大、占用时间长、对工程质量和工期起着关键作用的主要工种工程的施工方法。如土石方、基础、砌体、脚手架、模板、钢筋、混凝土、结构安装、防水、装饰、垂直运输、管道安装、设备安装等工种工程。在选择主要工种工程的施工方法时，应根据建设项目的特点、当地和施工企业的具体情况，尽可能地采用技术先进、经济合理、切实可行的建筑工业化与施工机械化程度较高的施工方法。在施工方法的具体选择时，一定要从整个项目角度入手，从全局考虑各具体工程采用的施工方法。如对于工程类似、距离较近的各单体工程可以统一安排，采用相同的施工方法，合理组织工程间流水施工，从而提高生产效率。

（三）确定施工工艺流程

根据工程所选择的具体施工方法，参照有关的施工工艺标准和操作规程，确定具体的施工工艺流程。如某工程的施工方法中，剪力墙模板选择为大模板，则其施工工艺流程如图5-2所示，它与滑模、爬模、台模、组合钢模等的施工工艺是不同的。

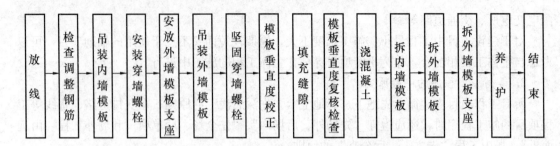

图 5-2　剪力墙钢大模板施工工艺图

（四）施工机械的选择

选择施工机械时应注意其可能性、实用性及经济合理性，尽量考虑机械化施工，努力扩大机械化施工的范围，增添新型高效机械，提高机械化施工的水平和生产效率。在确定机械化施工总方案时应注意以下几点。

（1）所选主导施工机械的类型、性能和数量既能满足工程施工的需要，又能充分发挥其效能，并尽量安排同一机械在几个项目上实现综合流水作业，减少其拆、装、运的次数和费用。

（2）各种辅助机械或运输工具应与主导机械的生产能力协调配套，以充分发挥主导机械效率。如土方工程在采用汽车运土时，汽车的载重量应为挖土机斗容量的整倍数，汽车的数量应保证挖土机连续工作。

（3）在同一工地上，应力求使建筑机械的种类和型号尽可能少一些，以利于机械管理。尽量使用一机多能的机械，提高机械使用效率。

（4）工程量大而集中的施工项目，应选用大型的施工机械；施工面大而又比较分散的施工项目，则应选用移动灵活的中小型施工机械。

（5）机械选择应考虑充分发挥施工单位现有机械的能力，当本单位的机械能力不能满足工程需要时，则应购置或租赁所需机械。

总之，所选机械化施工总方案应是在生产上适用、技术上先进和经济上合理的。

（五）施工技术组织措施

1．选择工业化施工方法

工业化施工方法的选择要按照工厂预制与现场预制相结合的方针和逐步提高建筑工业化程度的原则，妥善安排钢筋混凝土构件预制、金属构配件加工、木制品加工、混凝土搅拌、机械修理和砂石加工等生产活动。在安排预制加工时应注意以下几个问题：

（1）要充分利用当地的预制加工厂生产大批量的标准构件，如屋面板、楼板、墙板、砌块、中小型梁、门窗、金属构件、木制品和预埋铁件等。

（2）当地预制加工厂生产能力不能满足需要或缺乏某些预制加工厂时，可以考虑投资与当地合作扩建或新建预制加工厂，或自行设置预制加工厂，以便满足施工的需要。

（3）对于大型构件，如柱、屋架、托架、天窗架等，一般应在现场就地预制，以便减轻运输的困难；对于就近没有预制加工厂生产的预制大梁等中型构件，也可安排在施工现场生产。

2．任务划分与组织分工

此内容详见本节"四、施工任务的划分与组织分工"。

三、制订"七通一平"规划

"七通一平"是指在施工用地范围内，开通施工场地与城乡公共道路的通道以及施工场地内的主要道路、接通施工现场用水、用电、电信、蒸汽、煤气、施工现场排水及排污、平整施工场地等项工作。这是工程项目开工前的重要施工准备工作，是单位工程开工的必备条件之一。此项工作应由建设单位或业主完成，也可根据施工承包合同的约定，委托承包人办理。因此，此项内容的粗细应根据实际情况来编制。

（一）平整场地的规划

做好施工场地的平整工作，既有利于拟建工程、道路、管线等的定位放线，又便于材料、构配件的运输与堆放。但在实际施工中，由于建筑工程的性质、规模、施工期限以及技术力量等条件的不同，并考虑到基坑（槽）开挖的要求等，场地平整的顺序通常有先平整整个场地，后开挖建筑物基坑（槽）；先开挖建筑物基坑（槽），后平整场地；边平整场地，边开挖基坑（槽）三种。在规划时，具体采用何种顺序，应根据实际情况确定，要尽可能做到挖填平衡、以挖补填、就近调运，以便最大限度地降低挖、填、运的总数量，节约施工费用。

（二）施工道路的规划

首先开通施工场地与城乡公共道路的通道，然后根据各种仓库、堆场、加工厂、搅拌站等的位置，本着尽量避免或减少施工物资的中间转运、尽量利用拟建的永久性道路为施工服务的原则，确定场内主要道路，以便节约运输费用。为了不损坏永久性道路的路面和加速运输道路的开通速度，可先做永久性道路的路基，作为临时道路使用，待拟建工程完工前再做路面，以便节约临时设施费用。

（三）施工现场用水、排水规划

施工现场用水一般包括施工用水、生活用水和消防用水三个部分。现场临时供水管网的敷设，既要方便施工，又要节约费用，要充分地利用原有或拟建的永久性供水系统为施工服务，并接通至各用水点。

施工现场排水系统的规划也是十分重要的，特别是在雨量大、雨期长的地区。尤其在土方工程和基础工程施工阶段，要充分考虑排水系统的建立。为了节省费用，可充分利用永久性排水系统。在山区施工时，还必须重视施工现场的防洪问题，并相应设置截水沟、排水沟、挡水坝等防洪设施。

（四）施工现场用电的规划

施工现场用电主要包括施工机械、设备等动力用电和施工现场室内外照明用电两部分。在电力系统供电能力范围内，只需与供电部门联系获得电源或要求增容即可；在电力系统供电能力不足或不能供给电力时，则应考虑部分或全部自行发电。从供电系统的高压供电网中引接电源时，所配置的各种变电设施、配电线路及其布置均要符合安全用电管理规定的要求。

施工中如需要通热、通气、通电信等，也应按施工组织设计的要求，本着不影响工程进度和质量、费用最少的原则规划布置。

四、施工任务的划分与组织分工

1. 建立组织机构

工程施工开始之前，应首先建立施工现场统一的工程指挥系统，设置相应的工程项目经理部，配置相应的职能部门，建立有关的各种规章制度，明确责任，确立信息传递流程，确保项目目标的实现。

2. 任务划分

整个项目建设是分期分批、分单位工程、分部工程、分项工程逐步施工、竣工交付使用的。施工任务应按照其可独立施工的性质，考虑施工队伍之间的协调，在保证质量、工期的前提下，有利于降低施工成本的原则划分施工任务。如可以以整个项目中一个或几个单位工程为一个施工任务段来划分任务，也可以以各个单位工程中共同具有的工种类型来划分施工任务。

3. 组织分工

根据任务划分的成果，充分考虑各分包队伍可以提供的资源情况，确定综合的或专业化的施工队组，确定总包、分包关系；明确各施工队组之间的分工与协作关系；明确各施工单位分期分批施工的主攻项目、穿插施工项目及其施工期限。

第四节 施工总进度计划

施工总进度计划是以拟建项目交付使用的时间为目标而确定的控制性施工进度计划，是对施工现场所有施工活动在时间上所做的安排，即施工部署在时间上的体现。它依据施工部署和施工方案确定的工程展开顺序，在时间上对各单位工程施工做出安排。其作用在于确定各单位工程、准备工作和全工地性的施工辅助工程的施工期限及其开竣工日期，确定各项工程施工的相互搭接和衔接关系，从而确定：建筑施工现场上的劳动力、材料、半成品、成品以及施工机械设备的需要量和调配情况；附属生产企业的生产能力；建筑职工居住房屋的面积；仓库和堆场的面积；供水供电和其他能源、交通的需要数量等。因此，正确地编制施工总进度计划是保证各个建设工程以及整个建设项目按期交付使用，充分发挥投资效益，降低建筑工程成本的重要条件。

一、施工总进度计划的编制原则和内容

（一）施工总进度计划的编制原则

（1）合理安排各工程的施工顺序，恰当配置劳动力、物资、施工机械等，确保拟建工程在规定的工期内以最少的资金消耗量完工，并能迅速地发挥投资效益。

（2）合理组织施工，使建设项目的施工连续、均衡、有节奏，从而加快施工速度，降低工程成本。

（3）本着保证质量、节约费用的原则，科学地安排全年各季度的施工任务，尽力实现全年施工的均衡，避免出现突击赶工增加施工费用的现象。

（二）施工总进度计划的主要内容

一般包括：列出主要工程项目一览表并估算其实物工程量，确定各单位工程的施工期限，确定各单位工程开、竣工时间和相互搭接关系，编制施工总进度计划。

二、施工总进度计划的编制步骤和方法

（一）列出工程项目一览表并计算工程量

首先根据建设项目的特点划分项目。由于施工总进度计划主要起控制性作用，因此项目划分不宜过细，可按施工方案确定的主要工程项目的开展顺序排列，一些附属项目、辅助工程、临时设施可以合并列出，然后估算各主要项目的实物工程量。此时计算工程量的目的是为了确定施工方案和主要的施工、运输、机械安装方法，初步规划主要施工过程的流水施工，估算各项目的完成时间，计算劳动力、物资的需要量等。因此，工程量只需粗略地计算

即可。估算工程量可按初步设计（或扩大初步设计）图纸，并根据各种定额手册或有关资料进行。常用的定额资料有以下几种：

1. 万元、十万元投资工程量、劳动力及材料消耗扩大指标

这种定额规定了某种结构类型建筑，每万元或十万元投资中劳动力、主要材料等消耗数量，见表 5-2。在工程量估算时，根据设计图纸中的结构类型和投资估算额或概算，即可计算出拟建工程各分项工程需要的劳动力和主要材料消耗数量。

表 5-2　　　　　　　　　　　　　建筑安装工程万元消耗工料指标

序号	工 程 种 类		人工（工日）	钢材（t）	水泥（t）	模板（m³）	成材（m³）	砖（万块）	瓦（千块）	黄砂（t）	碎石（t）
1		工业与民用建筑综合	397	2.95	14.2	1.17	1.87	2.3	0.91	66	62
2		工业建筑	373	2.96	14.7	1.23	1.4	1.9	0.8	63	64
3		民用建筑	492	1.4	14.29	0.94	3.77	3.9	1.35	76	53
4	工	装配式重型结构	345	3.06	15.48	1.06	1.23	1.1	—	47	64
5		装配式轻型结构	339	3.04	12.35	0.59	0.71	1.1	1.06	52	58
6		框架结构	362	5.29	15.96	4.74	1.18	1.3	—	62	71
7	业	单层混合结构	410	2.34	14.24	0.72	1.58	3.2	1.39	84	74
8		多层混合结构	434	2.0	15.05	1.52	3.48	2.7	0.65	64	44
9		办公教学楼类	508	1.29	14.89	1.15	3.1	3.7	1.11	70	74
10		试验、门诊、医院类	398	1.23	13.05	0.85	2.86	3.1	—	67	45
11	民	食堂、浴室、厨房类	424	1.77	14.63	1.01	3.54	3.6	2.42	73	40
12		住宅、宿舍类	473	1.24	14.89	0.84	4.25	4.9	1.01	86	50
13	用	沿街建筑、招待所类	435	1.51	15.65	1.20	2.4	3.1	0.13	95	74
14		饭馆、汽车站、公用建筑类	521	2.78	14.33	1.27	4.47	2.1	0.98	78	42
15		农村建筑类	995	1.09	6.17	0.12	6.94	2.5	8.48	9	13

序号	工 程 种 类		白铁皮（m²）	玻璃（m²）	油毡（m²）	电焊条（kg）	铁钉（kg）	铁丝（kg）	沥青（kg）
1		工业与民用建筑综合	5	18	62	18	20	12	101
2		工业建筑	5	16	63	20	19	13	114
3		民用建筑	6	26	58	11	22	7	50
4	工	装配式重型结构	4	18	92	23	13	18	274
5		装配式轻型结构	3	11	99	21	16	13	37
6		框架结构	4	17	37	16	39	21	81
7	业	单层混合结构	4	17	21	19	16	5	44
8		多层混合结构	7	24	44	18	25	16	271
9		办公教学楼类	4	26	42	18	21	5	—
10		试验、门诊、医院类	6	23	123	16	17	8	235
11	民	食堂、浴室、厨房类	8	23	96	6	21	8	20
12		住宅、宿舍类	7	29	34	5	26	6	—
13	用	沿街建筑、招待所类	6	24	69	15	17	13	166
14		饭馆、汽车站、公用建筑类	11	16	140	35	24	10	156
15		农村建筑类	—	27			8	5	—

注　本表是某一地区的资料，仅供参考。

2. 概算指标或扩大结构定额

这两种定额都是在预算定额基础上的进一步扩大。概算指标是以建筑物每 $100m^3$ 体积为单位，扩大结构定额则以每 $100m^2$ 建筑面积为单位。在估算工程量时，依据拟建项目的结构类型、跨度、建筑面积、体积、高度、层数等结构特征，查找定额中与之对应的定额单位所需的劳动力和各项主要材料消耗量，从而推算出拟建项目所需的劳动力和材料的消耗量。

3. 标准设计或已建类似建筑物、构筑物的资料

在缺乏上述几种定额资料的情况下，可采用标准设计或已建成的类似工程实际所消耗的劳动力及材料量加以类推，按比例估算。但是，已建工程和拟建工程完全相同是极为少见的。因此，在利用已建成工程资料时，一般都要进行换算调整。实际工作中这种方法使用较多。

除项目工程外，还必须计算为施工服务的全工地性工程的工程量，如场地平整的土石方工程量，铁路、道路和地下管线的敷设长度等，这些可以根据建筑总平面图来计算。

按上述方法计算出的工程量，应填入统一的工程量汇总表中，见表5-3。

表5-3　　　　　　　　　　　　　工 程 项 目 一 览 表

工程分类	工程项目名称	结构类型	建筑面积	幢数	概算投资	主 要 实 物 工 程 量								
						场地平整	土方工程	铁路敷设	……	砖石工程	钢筋混凝土工程	……	装饰工程	……
			$1000m^2$	个	万元	$1000m^2$	$1000m^3$	km		$1000m^3$	$1000m^3$		$1000m^2$	
A 全工地性工程														
B 主体项目														
C 辅助项目														
D 永久住宅														
E 临时建筑														
合　计														

(二) 确定各单位工程的施工期限

由于建筑工程施工受建筑类型、结构特征、工程规模，施工场地的水文、地质、地形、气象条件以及周围环境，施工单位的施工技术、管理水平、施工方法、机械化施工程度、劳动力及施工物资供应情况等各种因素的影响较大，致使各单位工程的施工工期有很大的差异。因此，各单位工程的施工工期应根据拟建工程的特点、现场的具体条件、施工单位的实际情况，并参考类似工程的施工经验加以确定；也可以参考有关的工期定额来确定，但总工期应控制在合同工期以内。工期定额是根据各地各部门多年来建设经验，经分析对比由有关

部门制定的，作为确定建筑工期限额的资料，其形式见表5-4。

表 5-4 单层厂房工程工期指标

序号	结构	类型	建筑面积（m²）	不同地区工期天数		
				Ⅰ	Ⅱ	Ⅲ
1	混合结构	一类	500 以内	100	110	120
2		一类	1000 以内	110	120	135
3		一类	2000 以内	125	140	155
4		一类	3000 以内	145	160	175
5		一类	5000 以内	170	185	200
6	预制门架	一类	3000 以内	210	220	240
7		一类	5000 以内	230	240	260
8		一类	7000 以内	255	265	290
9	预制排架	一类	3000 以内	235	245	270
10		一类	5000 以内	250	265	290
11		一类	7000 以内	270	285	310
12		一类	10 000 以内	290	305	335
13		一类	15 000 以内	320	335	365
14		一类	20 000 以内	360	375	405
15		一类	25 000 以内	400	415	450
16	现浇框架	一类	3000 以内	255	270	305
17		一类	5000 以内	275	290	325
18		一类	7000 以内	295	315	350
19		一类	10 000 以内	325	345	380
20		一类	15 000 以内	355	375	415
21		一类	20 000 以内	385	405	450
22		一类	25 000 以内	415	435	485
23		一类	30 000 以内	445	470	525
24	混合	二类	2000 以内	160	175	190
25	预制框架	二类	3000 以内	270	280	310
26		二类	5000 以内	285	300	335
27		二类	7000 以内	310	325	360
28		二类	10 000 以内	335	350	385
29		二类	15 000 以内	365	385	420
30		二类	20 000 以内	410	430	465
31		二类	25 000 以内	450	480	520
32	现浇框架	二类	3000 以内	295	310	350
33		二类	5000 以内	315	335	375
34		二类	7000 以内	340	360	400
35		二类	10 000 以内	370	395	435
36		二类	15 000 以内	405	430	475
37		二类	20 000 以内	440	465	515
38		二类	25 000 以内	475	500	555
39		二类	30 000 以内	515	540	600

注 工期天数中，混合结构一类包括动力、通风，二类包括动力、通风、天车；预制门架结构包括附房3层、动力、通风；预制排架结构及现浇框架结构包括附房3层、动力、通风、天车。

（三）确定各单位工程的开竣工时间和相互搭接关系

在确定了总的施工期限、施工程序和各工程的控制期限及搭接关系后，就可以对每一个单位工程的开竣工时间进行具体确定。通过对各主要建筑物的工期进行计算分析，具体安排各建筑物的开竣工时间和搭接施工时间时，通常应考虑以下各主要因素：

1. 保证重点，兼顾一般

在安排进度时，要分清主次、抓住重点，同一时期施工的项目不宜过多，以免分散有限的人力、物力。对于工程量大、工期长、要求质量高、施工难度大的工程，或对其他工程施工影响大的工程，对整个建设项目顺利完成起关键性作用的工程，应优先安排。

2. 要满足连续、均衡施工要求

在安排施工进度时，应尽量使各工种施工人员、施工机械在全工地内连续施工，使劳动力、施工机具和物资消耗量在全工地上达到均衡，避免出现突出的高峰和低谷，以利于劳动力的调度和原材料供应。为达到这种要求，可以在主要工程项目之间组织大流水施工，并留出一些后备项目，如宿舍、办公楼、附属或辅助车间、临时设施等作为调节项目，穿插在主要项目的流水施工中。

3. 要满足生产工艺要求

根据工业企业的生产工艺所确定的分期分批建设方案，合理安排各个建筑物的施工顺序和衔接关系，使土建施工、设备安装和试生产实现"一条龙"，以缩短建设周期，尽快发挥投资效益。

4. 考虑施工总平面图的空间关系

工业企业建设项目由于其生产工艺流程的要求，使各建筑物的布置尽量紧凑，这会导致各单项工程施工场地狭小，使场内运输、材料构件堆放、设备拼装和施工机械布置等施工活动产生困难，但这些活动在施工的不同阶段有所变化，对施工场地的要求有所不同。为减少这方面的困难，除采取一定的技术措施外，还可以对相邻建筑物的开工时间和施工顺序进行调整，以避免或减少相互干扰。

5. 全面考虑各种条件限制

在确定各建筑物施工顺序时，还应考虑施工企业的施工力量，原材料、机械设备的供应情况，设计单位提供图纸的时间，各年度建设投资数量，工程所在地气候、环境以及季节变化等各种客观条件的限制和影响，进而对各项建筑物的开工时间和先后顺序予以调整。

（四）施工总进度计划的编制

施工总进度计划目前无固定格式，用表格形式表达较多。由于施工总进度计划只是起控制各单位工程或各分部工程的开工、竣工时间的作用，而且施工条件多变，因此宜粗不宜细，搞得过细、内容太多反而不便调整和施工过程的动态控制。在施工总进度计划中，一般以单位工程或分部工程作为施工项目名称即可；时间划分可按月，对跨年度工程，第一年可按月，以后可按季划分。

施工总进度计划既可用横道图表达，也可用网络图表达。用网络图表达时，最好采用时标网络图。因时标网络计划比横道计划更加直观易懂、逻辑关系明确，并能利用计算机进行编制、调整、优化、统计资源消耗数量、绘制并输出各种图表，因此，在实践中得到了广泛使用。

施工总进度计划的绘制步骤是：首先按照施工总体方案所确定的工程展开程序以及施工项目的工期和各工程相互搭接时间，编制项目总进度计划的初步方案；然后在进度计划的下面绘制投资、工作量、劳动力等主要资源消耗动态曲线图，并评估其均衡性，如果曲线上存在着较大的高峰或低谷，则要对施工总进度计划进行综合平衡、调整，使之趋于均衡；最后绘制成正式的施工总进度计划。

当采用横道图表达施工总进度计划时，应表达出各施工项目的开竣工时间及其施工持续时间等，其格式见表 5-5。

表 5-5　　　　　　　　　　施工总进度计划

序　号	工程项目名称	结构类型	建筑面积（m²）	工作量	施 工 进 度 表											
					200×年						200×年					
					三季度			四季度			一季度			二季度		
					7	8	9	10	11	12	1	2	3	4	5	6
1	1♯住宅															
2	2♯住宅															
…	……															
	道　路															
	室外工程															

当采用网络图编制施工总进度计划时，首先可依据各项目的施工期限和它们之间的逻辑关系编制网络计划草图；然后根据进度目标、成本目标、资源目标进行优化，编制正式施工总进度计划网络图，并可确定计划中的关键线路和关键工作，作为项目实施过程中的重点控制对象。

第五节　资源需要量计划

施工总进度计划编好以后，就可以编制各种主要资源的需要量计划。各项资源需要量计划是做好劳动力、施工机械及物资的供应、平衡、调度、落实的依据，其内容一般包括以下几个方面：

一、综合劳动力和主要工种劳动力计划

劳动力综合需要量计划是规划暂设工程和组织劳动力进场的依据之一。编制时首先根据工程量汇总表中列出的各个建筑物分工种的工程量，查承包单位自有的施工定额或其他类似工程的资料，通过计算便可得到各个建筑物各主要工种的劳动量工日数；然后再根据总进度计划表中各单位工程中各主要工种的持续时间，计算出各单位工程各工种在某段时间里平均劳动力数量。在总进度计划表中，沿横坐标方向将某一工种同一时间在各单位工程上的平均用工数叠加起来，表示在纵坐标上，按横坐标把它们连成曲线，即为某工种的劳动力动态曲线图。其他各主要工种也用同样方法绘成曲线图，从而可根据劳动力曲线图，列出主要工种

劳动力需要量计划表见表 5-6。将各主要工种劳动力需要量曲线图在时间上叠加，就可得到综合劳动力曲线图和计划表见表 5-7。

表 5-6　　　　　　　　　　　**某工种劳动力需要量计划表**

序　号	工程名称	施工高峰需用人数	200×年			200×年				200×年		
			二季	三季	四季	一季	二季	三季	四季	一季	二季	三季
汇　　　总												
现 有 人 数												
多余（＋）或不足（一）												

　　注　1. 需要量人数除生产工人外，应包括附属辅助用工（如机修、运输、构件加工、材料保管等）以及服务用工。
　　　　2. 表下应附分季度的劳动力动态曲线（纵轴表示人数，横轴表示时间）。

表 5-7　　　　　　　　　　**整个建筑工地劳动力综合一览表**

序号	工种名称	劳动量	工业建筑及全工地性工程							居住建筑		仓库、加工厂等临时性建筑	200×年				200×年			
			工业建筑			道路	铁路	上下水道	电气工程	其他	永久性	临时性		一季度	二季度	三季度	四季度	一季度	二季度	三季度	四季度
			主厂房	辅助	附属																
1	壮　工																				
2	钢筋工																				
3	木　工																				
4	混凝土工																				
5	瓦　工																				

二、主要材料和预制品需要量计划

　　主要材料和预制品需要量计划是组织材料和预制品加工、订货、运输、确定堆场和仓库面积的依据。它是根据施工图纸、施工部署和施工总进度计划而编制的。

　　根据各工种工程量汇总表所列各建筑物或构筑物的工程量，查施工定额或参照已建类似工程资料，计算出所需建筑材料、预制构件和加工品等需用量；然后根据施工总进度计划，大致计算出各项资源在各个季度（或月份）的需要量，依据施工现场、交通运输、市场供应能力等情况，从而可以编制出其分阶段的主要材料、预制构件加工品需要量计划及运输计划。其形式见表 5-8～表 5-10。

表 5-8　　　　　　　　　　　**主要材料需要量计划**

材料名称 工程名称	主　要　材　料							
	型钢（t）	钢板（t）	钢筋（t）	木材（m³）	水泥（t）	砖（千块）	砂（m³）	……

表 5-9　　　　　　　　　　　　　主要材料、构件、半成品需要量进度计划

序号	材料或预制加工品名称	规格	单位	需要量				需要量进度						
				合计	正式工程	大型临时设施	施工措施	200×年				200×年		
								一季	二季	三季	四季	一季	二季	……

表 5-10　　　　　　　　　　　　　　主要材料、预制加工品运输计划

序号	材料或预制加工品名称	单位	数量	折合吨数	运距（km）			运输量（t·km）	分类运输量（t·km）			备注
					装货点	卸货点	距离		公路	铁路	航运	

注　材料和预制加工品所需运输总量应加入 8%～10% 的不可预见系数。

三、主要施工机具和设备需要量计划

主要施工机械，如挖土机、起重机等的需要量计划，应根据施工部署和施工方案、施工总进度计划、主要工种工程量以及机械化施工参考资料等套用机械产量定额求得；辅助机械和运输机具可以根据主要机械的性能、数量、主辅机械匹配比例以及运输量确定的。施工机具需要量计划除组织机械供应外，还可作为施工用电容量和停放场地面积的计算依据。主要施工机具、设备需用量表见表 5-11。

表 5-11　　　　　　　　　　　　　　主要施工机具、设备需要量计划

序号	机具设备名称	规格型号	电动机功率	数量			解决办法	需要量计划				
				单位	需用	现有		200×年				200×年
								一季	二季	三季	四季	……
												……

四、施工准备工作计划的编制

施工总进度计划能否按期实现，很大程度取决于相应的施工准备工作能否及时开始、按

时完成,因此按照施工部署中的施工准备工作规划的项目、施工方案的要求和施工总进度计划的安排等,编制全工地性的施工准备工作计划,将施工准备期内的准备工作和其他准备工作进行具体安排和逐一落实,是施工总进度计划中准备工作项目的进一步具体化,也是实施施工总进度计划的要求。

主要施工准备工作计划通常以表格形式表示,见表4-5。

第六节　全场性暂设工程

在工程正式开工之前,按施工准备工作计划要求及时完成全工地性的大型暂设工程,对建设项目的顺利展开和正常进行是非常重要的。暂设工程类型和规模因工程而异,主要有:工地加工厂组织,工地仓库组织,工地运输组织,行政、生活福利设施组织,工地供水组织和工地供电组织。

一、工地加工厂组织

工地加工厂主要是确定其建筑面积和结构形式,加工厂的类型和规模依地区条件和对加工产品需要量而定。

(一)工地加工厂类型和结构

1. 工地加工厂类型

工地加工厂类型主要有:混凝土搅拌站、临时混凝土预制场、半永久性混凝土预制厂、木材加工厂、钢筋加工厂、金属结构加工厂、石灰消化厂及木工作业棚、电锯房、钢筋作业棚、立式锅炉房、发电机房、水泵房、空压机房等现场作业棚房。

2. 工地加工厂结构

各种加工厂的结构形式,应根据使用期限和建设地区的条件而定,其结构形式有露天加工厂、半封闭式的加工棚和封闭式加工车间。

(二)工地加工厂所需面积的确定

(1)对于混凝土搅拌站、混凝土预制构件厂、综合木工加工厂、锯木车间、模板加工厂、钢筋加工厂等,其建筑面积可按下式计算

$$F = \frac{K_1 Q}{K_2 TS} = \frac{K_1 Q f}{K_2} \tag{5-1}$$

式中　　F——加工厂的建筑面积,m^2;

　　　　K_1——加工量的不均衡系数,一般取 $K_1 = 1.3 \sim 1.5$;

　　　　Q——加工总量,m^3 或 t;

　　　　T——加工总时间,月;

　　　　S——每平方米加工厂面积上的月平均加工量定额,S 值可根据加工经验确定,$m^3/(m^2 \cdot 月)$ 或 $t/(m^2 \cdot 月)$;

　　　　K_2——加工厂建筑面积或占地面积的有效利用系数,一般取 $K_2 = 0.6 \sim 0.7$;

　　　　f——加工厂完成单位加工产量所需的建筑面积定额,$f = 1/(T \cdot S)$,查表 5-12 可得,m^2/m^3 或 m^2/t。

(2)其他各类加工厂、机修车间、机械停放场等占地面积需参考表 5-12~表 5-14 确定。

表 5-12   **临时加工厂所需面积参考指标**

序号	加工厂名称	年 产 量		单位产量所需 建筑面积	占地总面积 （m^2）	备 注
		单 位	数 量			
1	混凝土搅拌站	m^3 m^3 m^3	3200 4800 6400	0.022（m^2/m^3） 0.021（m^2/m^3） 0.020（m^2/m^3）	按砂石堆场考虑	400L 搅拌机 2 台 400L 搅拌机 3 台 400L 搅拌机 4 台
2	临时性混凝土 预制厂	m^3 m^3 m^3 m^3	1000 2000 3000 5000	0.25（m^2/m^3） 0.20（m^2/m^3） 0.15（m^2/m^3） 0.125（m^2/m^3）	2000 3000 4000 小于 6000	生产屋面板和中小 型梁柱板等，配有蒸 养设施
3	半永久性混凝土 预制厂	m^3 m^3 m^3	3000 5000 10 000	0.6（m^2/m^3） 0.4（m^2/m^3） 0.3（m^2/m^3）	9000～12 000 12 000～15 000 15 000～20 000	
4	木材加工厂	m^3 m^3 m^3	15 000 24 000 30 000	0.024 4（m^2/m^3） 0.019 9（m^2/m^3） 0.018 1（m^2/m^3）	1800～3600 2200～4800 3000～5500	进行原木、木方 加工
	综合木工加工厂	m^3 m^3 m^3 m^3	200 500 1000 2000	0.30（m^2/m^3） 0.25（m^2/m^3） 0.20（m^2/m^3） 0.15（m^2/m^3）	100 200 300 420	加工门窗、模板、 地板、屋架等
	粗木加工厂	m^3 m^3 m^3 m^3	5000 10 000 15 000 20 000	0.12（m^2/m^3） 0.10（m^2/m^3） 0.09（m^2/m^3） 0.08（m^2/m^3）	1350 2500 3750 4800	加工屋架、模板
	细木加工厂	万 m^3 万 m^3 万 m^3	5 10 15	0.014 0（m^2/m^3） 0.011 4（m^2/m^3） 0.010 6（m^2/m^3）	7000 10 000 14 000	加工门窗、地板
	钢筋加工厂	t t t t	200 500 1000 2000	0.35（m^2/t） 0.25（m^2/t） 0.20（m^2/t） 0.15（m^2/t）	280～560 380～750 400～800 450～900	加工、成型、焊接
5	现场钢筋调直 冷拉拉直场 卷扬机棚冷拉场 时效场	所需场地（m×m） 70～80×3～4 15～20m^2 40～60×3～4 30～40×6～8				包括材料和成品堆放
	钢筋对焊 对焊场地 对焊棚	所需场地（m×m） 30～40×4～5 15～24m^2				包括材料和成品堆放
	钢筋冷加工 冷拔机 剪断机 弯曲机 ϕ12 以下 弯曲机 ϕ40 以下	所需场地（m^2/台） 40～50 30～40 50～60 60～70				按一批加工数量计算

续表

序号	加工厂名称	年产量 单位	年产量 数量	单位产量所需建筑面积	占地总面积（m²）	备注
6	金属结构加工（包括一般铁件）			所需场地（m²/t） 年产 500t 为 10 年产 1000t 为 8 年产 2000t 为 6 年产 3000t 为 5		按一批加工数量计算
7	石灰消化 { 储灰池 淋灰池 淋灰槽			5×3＝15（m²） 4×3＝12（m²） 3×2＝6（m²）		配两个储灰池 配一个淋灰池
8	沥青锅场地			20～24（m²）		台班产量 1～1.5t/台

表 5-13　　　　　　　　　　　现场作业棚所需面积指标

序号	名称	单位	面积（m²）	备注
1	木工作业棚	m²/人	2	占地为建筑面积 2～3 倍
2	电锯房	m²	80	86～92cm 圆锯 1 台
3	电锯房	m²	40	小圆锯 1 台
4	钢筋作业棚	m²/人	3	占地为建筑面积 3～4 倍
5	搅拌棚	m²/台	10～18	
6	卷扬机棚	m²/台	6～12	
7	烘炉房	m²	30～40	
8	焊工房	m²	20～40	
9	电工房	m²	15	
10	白铁工房	m²	20	
11	油漆工房	m²	20	
12	机工、钳工修理房	m²	20	
13	立式锅炉房	m²/台	5～10	
14	发电机房	m²/kW	0.2～0.3	
15	水泵房	m²/台	3～8	
16	空压机房（移动式）	m²/台	18～30	
	空压机房（固定式）	m²/台	9～15	

表 5-14　　　　　现场机运站、机修站、停放场所需面积参考指标

序号	施工机械名称	所需场地（m²/台）	存放方式	检修间所需建筑面积 内容	检修间所需建筑面积 数量（m²）
	一、起重、土方机械类				
1	塔式起重机	200～300	露天	10～20 台设一个检修台位（每增加 20 台增设一个检修台位）	200（增加150）
2	履带式起重机	100～150	露天		
3	履带式、正铲、反铲、拖式铲运机、轮胎式起重机	75～100	露天		
4	推土机、拖拉机、压路机	25～35	露天		
5	汽车式起重机	20～30	露天或室内		

序号	施工机械名称	所需场地（m²/台）	存放方式	检修间所需建筑面积	
				内 容	数量（m²）
6 7	二、运输机械类 汽车（室内） 　　（室外） 平板拖车	20~30 40~60 100~150	一般情况下室内不小于10%	每20台设一个检修台位（每增加一个检修台位）	170 （增加160）
8	三、其他机械类 搅拌机、卷扬机 电焊机、电动机 水泵、空压机、油泵、小型吊车等	4~6	一般情况下，室内占30%，露天占70%	每50台设一个检修台位（每增加一个检修台位）	50 （增加50）

二、工地仓库组织

由于施工生产的连续性，材料供应的间断性、分批性，为保证施工生产连续有节奏地进行，需要建立一定的材料储备，即库存。库存必须经济合理，不能过多也不能过少。如果库存量过多，就会积压资金，增加库存保管费用等；如果库存量过少，就会导致停工待料，延误工期，造成损失。因此，必须对库存量进行科学的管理，合理进行工地仓库组织。

（一）工地仓库类型和结构

1. 工地仓库类型

建筑工程施工中所用仓库有以下几种：

（1）转运仓库。设在车站、码头附近，用来转运货物的仓库。

（2）中心仓库。是专用来储存整个建筑工地（或区域型建筑企业）所需的材料、贵重材料及需要整理配套的材料的仓库。

（3）现场仓库。是专为某项工程服务的仓库，一般就近建在现场。

（4）加工厂仓库。专供某加工厂储存原材料和已加工的半成品、构件的仓库。

2. 工地仓库结构

工地仓库按保管材料的方法不同，可分为以下几种：

（1）露天仓库。又称露天堆场，用于堆放不因自然条件而影响性能、质量的材料。如砖、砂石、装配式混凝土构件等的堆场。

（2）半封闭式仓库。又称"料棚"，是指用来存放细木制品、釉面陶瓷砖、油毡、沥青等在阳光雨雪的直接侵蚀下容易变形变质的物资仓库。

（3）闭式仓库。又称"库房"，是指用来存放水泥、石膏、五金零件及贵重设备、器具、工具等在阳光、风雨、大气的直接侵蚀下，容易变质变形的物资，或贵重物资、容易损坏或散失的物资仓库。

（二）工地仓库规划

1. 确定工地物资储备量

通常物资储备量根据物资的特性、现场条件、供应条件和运输条件来确定。

对经常或连续使用的材料，如砖、瓦、砂石、水泥和钢材等，其储备量可按式（5-2）计算

$$P = \frac{T_H Q K}{T_1} \tag{5-2}$$

式中　P——某种材料的储备量，t 或 m^3；

　　　T_H——材料储备天数又称储备期定额（表 5-15）；

　　　Q——某种材料年度或季度需要量，可根据材料需要量计划表求得，t 或 m^3；

　　　K——某种材料需要量不均匀系数（表 5-16）；

　　　T_1——有关施工项目的施工总工作日。

表 5-15　　　　　　　　　　　　仓库面积计算数据参考资料

序号	材料名称	单位	储备天数	每 m^2 储备量	堆置高度（m）	仓库类型
1	钢材	t	40～50	1.5	1.0	
	工槽钢	t	40～50	0.8～0.9	0.5	露天
	角钢	t	40～50	1.2～1.8	1.2	露天
	钢筋（直筋）	t	40～50	1.8～2.4	1.2	露天
	钢筋（盘条）	t	40～50	0.8～1.2	1.0	棚或库约占20％
	钢板	t	40～50	0.4～2.7	1.0	露天
	钢管 $\phi200$ 以上	t	40～50	0.5～0.6	1.2	露天
	钢管 $\phi200$ 以下	t	40～50	0.7～1.0	2.0	露天
	钢轨	t	20～30	2.3	1.0	露天
	铁皮	t	40～50	2.4	1.0	库或棚
2	生铁	t	40～50	5	1.4	露天
3	铸铁管	t	20～30	0.6～0.8	1.2	露天
4	暖气片	t	40～50	0.5	1.5	露天或棚
5	水暖零件	t	20～30	0.7	1.4	库或棚
6	五金	t	20～30	1.0	2.2	库
7	钢丝绳	t	40～50	0.7	1.0	库
8	电线电缆	t	40～50	0.3	2.0	库或棚
9	木材	m^3	40～50	0.8	2.0	露天
	原木	m^3	40～50	0.9	2.0	露天
	成材	m^3	30～40	0.7	3.0	露天
	枕木	m^3	20～30	1.0	2.0	露天
	灰板条	千根	20～30	5	3.0	棚
10	水泥	t	30～40	1.4	1.5	库
11	生石灰（块）	t	20～30	1～1.5	1.5	棚
	生石灰（袋装）	t	10～20	1～1.5	1.5	棚
	石膏	t	10～20	1.2～1.7	2.0	棚
12	砂、石子人工堆置	m^3	10～30	1.2	1.5	露天
	砂、石子机械堆置	m^3	10～30	2.4	3.0	露天
13	块石	m^3	10～20	1.0	1.2	露天
14	红砖	千块	10～30	0.5	1.5	露天
15	耐火砖	t	20～30	2.5	1.8	棚
16	黏土瓦、水泥瓦	千块	10～30	0.25	1.5	露天
17	石棉瓦	张	10～30	25	1.0	露天
18	水泥管、陶土管	t	20～30	0.5	1.5	露天
19	玻璃	箱	20～30	6～10	0.8	库或棚
20	卷材	卷	20～30	15～24	2.0	库

续表

序号	材料名称	单位	储备天数	每 m² 储备量	堆置高度（m）	仓库类型
21	沥青	t	20～30	0.8	1.2	露天
22	液体燃料润滑油	t	20～30	0.3	0.9	库
23	电石	t	20～30	0.3	1.2	库
24	炸药	t	10～30		1.0	库
25	雷管	t	10～30		1.0	库
26	煤	t	10～30	1.4	1.5	露天
27	炉渣	m³	10～30	1.2	1.5	露天
28	钢筋混凝土构件					
	板	m³	3～7	0.14～0.24	2.0	露天
	梁、柱	m³	3～7	0.12～0.18	1.2	露天
29	钢筋骨架	t	3～7	0.12～0.18	—	露天
30	金属结构	t	3～7	0.16～0.24	—	露天
31	铁件	t	10～20	0.9～1.5	1.5	露天或棚
32	钢门窗	t	10～20	0.65	2	棚
33	木门窗	m²	3～7	30	2	棚
34	木屋架	m³	3～7	0.3		露天
35	模板	m³	3～7	0.7	—	露天
36	大型砌块	m³	3～7	0.9	1.5	露天
37	轻型混凝土制品	m³	3～7	1.1	2	露天
38	水、电及卫生设备	t	20～30	0.35	1	棚、库各约占 1/4
39	工艺设备	t	30～40	0.6～0.8	—	露天约占 1/2
40	各种劳保用品	件		250	2	库

表 5-16　　　　　　　　　　材料使用的不均衡系数表

序号	材料名称	材料使用不均匀系数		备注
		$K_季$	$K_月$	
1	砂子	1.2～1.4	1.5～1.8	
2	碎石、卵石	1.2～1.4	1.6～1.9	
3	石灰	1.2～1.4	1.7～2.0	
4	砖	1.4～1.8	1.6～1.9	
5	瓦	1.6～1.8	2.2～2.5	
6	块石	1.5～1.7	2.5～2.8	
7	炉渣	1.4～1.6	1.7～2.0	
8	水泥	1.2～1.4	1.3～1.6	
9	型钢及钢板	1.3～1.5	1.7～2.0	
10	钢筋	1.2～1.4	1.6～1.9	
11	木材	1.2～1.4	1.6～1.9	
12	沥青	1.3～1.5	1.8～2.1	
13	卷材	1.5～1.7	2.4～2.7	
14	玻璃	1.2～1.4	2.7～3.0	

对于用量少、不经常使用或储备期较长的材料，如耐火砖、石棉瓦、水泥管、电缆等可按年度需要量的百分比来确定储备量。

2. 仓库面积的确定

(1) 定额计算法。求得某种材料的储备量后，便可根据某种材料的储备定额，用下式计算其面积

$$A = \frac{p}{qK} \tag{5-3}$$

式中　A——某种材料所需的仓库总面积，m^2；

　　　q——仓库存放材料的储备定额，(表 5-15)，t/m^2 或 m^3/m^2；

　　　K——仓库面积利用系数，用以考虑人行道和车道所占面积的影响。

装有货架的通用密闭仓库，在材料堆放行列之间，人行道宽 1.0m 和主要通道宽 2.5～3m 时，K 取 0.35～0.4；储放桶装、袋装和其他包装的密闭仓库，K 取 0.4～0.6；设有储放槽和车道的密闭仓库，K 取 0.5～0.7；木材露天仓库，K 取 0.4～0.5。金属仓库，货物放在架子上堆放时，K 取 0.5～0.6；散装材料露天仓库，K 取 0.6～0.7；储存水泥和其他胶结材料用的圆仓式仓库，K 取 0.8～0.85。

(2) 系数计算法。仓库面积也可根据经验确定的系数来确定，其计算公式为

$$A = \varphi m \tag{5-4}$$

式中　φ——系数 (表 5-17)，$m^2/人$，$m^2/万元$；

　　　m——计算基础数 (表 5-17)。

表 5-17　　　　　　　　　　　　　　按系数计算仓库面积表

序号	名　称	计算基础数 m	单位	系数 φ
1	仓库（综合）	按工地全员	$m^2/人$	0.7～0.8
2	水泥库	按当年水泥用量的 40%～50%	m^2/t	0.7
3	其他仓库	按当年工作量	$m^0/万元$	2～3
4	五金杂品库	按年建安工作量计算时	$m^2/万元$	0.2～0.3
		按在建建筑面积计算时	$m^2/100m^2$	0.5～1
5	土建工具库	按高峰年（季）平均人数	$m^2/人$	0.10～0.20
6	水暖器材库	按年在建建筑面积	$m^2/100m^2$	0.20～0.40
7	电器器材库	按年在建建筑面积	$m^2/100m^2$	0.3～0.5
8	化工油漆危险品仓库	按年建安工作量	$m^2/万元$	0.1～0.15
9	三大工具堆材	按年在建建筑面积	$m^2/100m^2$	1～2
	（脚手、跳板、模板）	按年建安工作量	$m^2/万元$	0.5～1

三、工地运输组织

据有关资料介绍，在工地建筑中每单位体积的建筑物的货运量达到 0.1～0.37t，在多层砖混居住房屋中每单位体积的建筑物的货运量达到 0.5t。运输费用通常要占建筑工程造价的 20%～30%（包括装卸费用在内），甚至 40%。所以，合理地组织运输业务，对于加速工程进展、降低工程成本具有重要意义。

建筑运输按其性质分为场外运输和场内运输两种。

场外运输是指将物资从供货地点运输到工地仓库。包括由材料场、建筑生产企业、供应机构仓库和转运仓库运到工地仓库。

场内运输是指将物资从工地仓库运输到工地各使用地点以及场内仓库之间物资调拨的运输。包括将材料及建筑物资由中心仓库送到工区仓库、工程仓库和施工附属生产企业；然后把材料由工区仓库或工程仓库运到工作地点或将建筑半成品和构件由施工附属生产企业送往需用的地点以及场内外土方的运输等。

建筑运输业务的内容包括：①确定货运量和货流；②选择运输方式；③计算运输工具需要量。

（一）确定货运量和货流

工地上需要的土方、砂、石、砖、瓦、石灰、水泥、钢材、木材、混凝土拌和物、金属构件、钢筋混凝土构件以及木制品等建筑材料、半成品和构件的运输量通常约占建筑工程总货运量的 75％～80％，因此，对选择运输方式起着决定性的影响。

此外，工艺设备、燃料和废料以及生活福利方面的运输也不可忽视。废料运输量按建筑安装工程每 100 万元造价有 1200t 计算；生活福利方面的运输量按施工期间工人生活区中每一居民每年 1.5t 计算；工艺设备根据厂方提供的资料计算，燃料运输量通过专门计算确定。未包括在上述范围内的其他物料，通常按上述总货量的 10％～15％ 计算。

根据买卖合同的约定有供货方送货或购货方提货两种情况，场外运输分别由供货方和施工方负责。场内运输则全部由施工单位自己承运。货运量可按式（5-5）计算

$$q = \frac{\Sigma Q_i L_i \cdot K}{T} \tag{5-5}$$

式中　q——每昼夜货运量，t·km；

ΣQ_i——各种货物的年度需要量，t；

L_i——各种货物从发货地点到储存地点的距离，km；

T——工程年度运输工作日数；

K——运输工作不均衡系数。铁路运输可取 1.5，汽车运输取 1.2，拖拉机运输取 1.1，设备搬运取 1.5～1.8。

根据上式分别计算出各种货物的货运量，然后分别组织货流，分别确定各种货物的收发地点，填入表 5-18。最合理的做法是先编制每一种物料的计算书，然后编制货流汇总表。

表 5-18　　　　　　　　　货物运输量分配表

序号	工程货物名称	货物等级	单位	货物运输量			装卸货地点		运输量分配									备注
									场外运输				场内运输				
				数量	单位重	总重	装货站	卸货站	汽车（t）	运距（km）	×××	×××	汽车（t）	运距（km）	×××	×××	
1	2	3	4	5	6	7	8	9	10	11	12	13	14	15	16	17	18

（二）选择运输方式

建筑工地运输方式有：水路运输、宽轨铁路运输、窄轨铁路运输、汽车运输、拖拉机运输及特种运输（如索道等）。

水路运输是最廉价的方式，在可能条件下，应尽量利用水路运输。水路运输通常应与工地内部运输相配合，要考虑是否需要在码头设置转运仓库及卸货设施，以便卸货及转运。同时还必须充分考虑到洪水、枯水及每年正常通航时间，妥善安排运输。

宽轨铁路运输的优点是运输量大，运距长，不受气候条件限制，但其投资大，筑路技术要求严格，修筑铁路时间长。只有当拟建工程需要敷设永久性专用线时或建筑工地必须从国家铁路上获得大量物资时（一年运输量在 20 万吨以上者）才考虑建造宽轨铁路。采用宽轨铁路运输还可使大量货物从发料站直接运至工地，不必经过转运，从而降低运输成本，减少货物损失。

窄轨铁路比宽轨铁路使用简便，驱动方便，投资较少，技术要求也低，因此在工地较常采用。但是它的运输量小，运输费用比宽轨要贵（但比汽车运输则便宜得多），一般常用于两个固定点之间的运输。

汽车运输是最灵活的运输方式。它的优点是：机动性大、操纵灵活、行驶速度快、转弯半径小，可在一定坡度上行驶，适于运送各种类型物料，且可将物料直接运到需要地点。尤其是采用自动翻斗车和自卸汽车，可以大大缩短卸货时间。但是，汽车运输量较小，成本高，需要修筑较好的道路，并须经常进行保养。汽车运输特别适用于货运量不大，货源分散，地形比较复杂以及城市及工业区内的运输。当选用汽车运输时应注意：在运量大及运距较远的情况下，最好采用载重量较大的汽车；距离在 1.5km 以上比较合理，在 7km 左右最为经济；在同一工地上，选用汽车的类型不宜过多，以便于管理和维修；良好的道路是汽车运输的必要条件。

拖拉机运输是汽车运输的一种补充方式，其费用较贵。其优点是克服障碍的能力很强，牵引力也大，对道路的要求不高，甚至不需要修筑道路。但是行驶速度慢，对路面的破坏很大。因此，仅适用于场内短距离（约1～1.5km）间运输笨重的构件。

特种运输包括皮带运输机、架空索道、缆车道、铲运、航运等。皮带运输机适用于运送大量的惰性材料，也可用来运送土方或混凝土，其优点是可以连续运输，生产率高，受地形的限制很小。架空索道用于山区、丘陵地带，其优点是运输不受地形限制，可按最短的路线敷设索道，工作不受气候的影响，能够斜向运输，但是造价较高，敷设索道的工作比较复杂，生产率较低。缆车道可在陡坡上拖运车辆，造价较低，但是运行速度不高，生产率较低。

分析了运输距离、货流量、所运货物的性质及运输距离内的地形条件之后，再通过不同运输方式其吨公里运输成本的比较，最后选定最合适的运输方式。

（三）运输工具需要量的计算

运输方式确定之后，即可计算运输工具的需要量。在一定时间内（即每个工作班）所需的运输工具数量可按下式求得

$$N = \frac{QK_1}{qTCK_2} \tag{5-6}$$

式中 N——运输工具所需辆数；

Q——最大年（季）度运输量；

K_1——货物运输不均衡系数；

q——运输工具的台班生产率；

T——全年（或全季）的工作天数；

C——每昼夜工作班数；

K_2——车辆供应系数（包括修理停歇等时间）。对于 1.5～2t 汽车运输取 0.6～0.65，3～5t 汽车运输取 0.7～0.8，拖拉机运输取 0.65。

四、行政、生活福利设施组织

（一）行政、生活福利设施类型

（1）行政管理用房。主要包括：工地办公室、传达室、警卫室、车库及各类行政管理用仓库和辅助修理车间等。

（2）居住生活用房。包括：家属宿舍、职工单身宿舍、食堂、招待所、商店、医务所、理发室、锅炉房、浴室和厕所等。

（3）文化生活用房。包括：俱乐部、学校、托儿所、图书馆、邮亭、广播室等。

（二）行政、生活福利设施规划

1. 确定行政、生活福利设施的使用人数

各种行政、生活福利设施的使用者包括：

（1）直接参加建筑施工生产的工人。包括建筑、安装工人、装卸与运输工人等；

（2）辅助施工生产的工人。包括机械维修工人、运输及仓库管理人员、动力设施管理工人、附属企业的工人、冬季施工的附加工人等；

（3）行政及技术管理人员；

（4）为建筑工地上居民生活服务的人员；

（5）以上各类人员的家属。

上述各类人员的比例，可按国家有关规定或工程实际情况计算，家属人数可按职工的一定比例计算，通常占职工人数的 10%～30%。

2. 确定行政、生活福利设施建筑面积

建筑施工工地人数确定后，就可根据每人建筑使用面积指标来确定各种行政、生活福利设施的建筑面积，即

$$A = NP \tag{5-7}$$

式中 A——建筑面积，m^2；

N——人数；

P——建筑面积指标，详见表 5-19。

五、工地供水组织

工地临时供水的设计主要内容有：确定需水量，选择水源，确定配水管网（必要时并设计取水、净水和储水构筑物）。建筑工地的临时用水包括施工生产用水、施工机械用水、施工现场生活用水、生活区生活用水和消防用水，并由此确定总用水量的大小。

表 5-19　　　　　　　行政、生活福利临时建筑面积参考指标　　　　　　　m²/人

序号	临时房屋名称	指标使用方法	参考指标	序号	临时房屋名称	指标使用方法	参考指标
一	办公室	按使用人数	3~4	3	理发室	按高峰年平均人数	0.01~0.03
二	宿舍			4	俱乐部	按高峰年平均人数	0.1
1	单层通铺	按高峰年（季）平均人数	2.5~3.0	5	小卖部	按高峰年平均人数	0.03
2	双层床	（扣除不在工地住人数）	2.0~2.5	6	招待所	按高峰年平均人数	0.06
3	单层床	（扣除不在工地住人数）	3.5~4.0	7	托儿所	按高峰年平均人数	0.03~0.06
三	家属宿舍		16~25m²/户	8	子弟校	按高峰年平均人数	0.06~0.08
四	食堂	按高峰年平均人数	0.5~0.8	9	其他公用	按高峰年平均人数	0.05~0.10
	食堂兼礼堂	按高峰年平均人数	0.6~0.9	六	小型		
五	其他合计	按高峰年平均人数	0.5~0.6	1	开水房	按高峰年平均人数	10~40
1	医务所	按高峰年平均人数	0.05~0.07	2	厕所	按工地平均人数	0.02~0.07
2	浴室	按高峰年平均人数	0.07~0.1	3	工人休息室	按工地平均人数	0.15

（一）用水量计算

1. 施工生产用水量

施工生产用水量可按式（5-8）计算

$$q_1 = K_1 \sum \frac{Q_1 N_1}{T_1 C} \cdot \frac{K_2}{8 \times 3600} \tag{5-8}$$

式中　q_1——施工用水量，L/s；

K_1——未预计的施工用水系数（1.05~1.15）；

K_2——用水不均衡系数，见表 5-20；

Q_1——年度（或季、月）工种最大工程量，可由总进度计划及主要工种工作量中求得；

N_1——施工用水定额，见表 5-21；

T_1——年（季）度有效作业日，d；

C——每天工作班数（班）。

表 5-20　　　　　　　　　　施工用水不均衡系数

编号	用水名称	系数
K_2	现场施工用水、附属生产企业用水	1.5、1.25
K_3	施工机械、运输机械、动力设备	2.00、1.05~1.10
K_4	施工现场生活用水	1.30~1.50
K_5	生活区生活用水	2.00~2.50

表 5-21 施工用水 (N_1) 参考定额

序号	用水对象	单位	耗水量 (N_1)	备 注
1	浇筑混凝土的全部用水	L/m³	1700～2400	
2	搅拌普通混凝土	L/m³	250	
3	搅拌轻质混凝土	L/m³	300～350	
4	搅拌泡沫混凝土	L/m³	300～400	
5	搅拌热混凝土	L/m³	300～350	
6	混凝土养护（自然养护）	L/m³	200～400	
7	混凝土养护（蒸汽养护）	L/m³	500～700	
8	冲洗模板	L/m²	5	
9	搅拌机清洗	L/台班	600	
10	人工冲洗石子	L/m³	1000	
11	机械冲洗石子	L/m³	600	
12	洗砂	L/m³	1000	
13	砌砖工程的全部用水	L/m³	150～250	
14	砌石工程的全部用水	L/m³	50～80	
15	抹灰工程全部用水	L/m²	30	
16	耐火砖砌体工程	L/m³	100～150	包括砂浆搅拌
17	浇砖	L/千块	200～250	
18	浇硅酸盐砌块	L/m³	300～350	
19	抹面	L/m²	4～6	未包括调制用水
20	楼地面	L/m²	190	
21	搅拌砂浆	L/m³	300	
22	石灰消化	L/t	3000	
23	上水管道工程	L/m	98	
24	下水管道工程	L/m	1130	
25	工业管道工程	L/m	35	

2. 施工机械用水量

施工机械用水量可按式（5-9）计算

$$q_2 = K_1 \sum Q_2 N_2 \times \frac{K_3}{8 \times 3600} \qquad (5\text{-}9)$$

式中 q_2——机械用水量，L/s；

    K_1——未预计的施工用水系数（1.05～1.15）；

    Q_2——同一种机械台数，台；

    N_2——施工机械台班用水定额，见表 5-22；

    K_3——施工机械用水不均衡系数，见表 5-20。

表 5-22 施工机械用水 (N_2) 参考定额

序号	用水名称	单位	耗水量	备 注
1	内燃挖土机	L/(台班·m³)	200～300	以斗容量立方米计
2	内燃起重机	L/(台班·t)	15～18	以起重吨数计
3	蒸汽起重机	L/(台班·t)	300～400	以起重吨数计
4	蒸汽打桩机	L/(台班·t)	1000～1200	以锤重吨数计

序号	用水名称	单位	耗水量	备　注
5	蒸汽压路机	L/(台班·t)	100～150	以压路机吨数计
6	内燃压路机	L/(台班·t)	12～15	以压路机吨数计
7	拖拉机	L/(昼夜·台)	200～300	
8	汽车	L/(昼夜·台)	400～700	
9	标准轨蒸汽机车	L/(昼夜·台)	10 000～20 000	
10	窄轨蒸汽机车	L/(昼夜·台)	4000～7000	
11	空气压缩机	L/台班·(m³/min)	40～80	以空压机排气量 m³/min 计
12	内燃机动力装置	L/(台班·马力)	120～300	直流水
13	内燃机动力装置	L/(台班·马力)	25～40	循环水
14	锅驼机	L/(台班·马力)	80～160	不利用凝结水
15	锅炉	L/(h·t)	1000	以小时蒸发量计
16	锅炉	L/(h·m²)	15～30	以受热面积计

3. 施工现场生活用水量

施工现场生活用水量可按下式计算

$$q_3 = \frac{P_1 N_3 K_4}{C \times 8 \times 3600} \tag{5-10}$$

式中　q_3——施工现场生活用水量，L/s；

　　　P_1——施工现场高峰期职工人数，人；

　　　N_3——施工现场生活用水定额，一般为 20～60L/(人·班)，主要视当地气候而定；

　　　K_4——施工现场用水不均衡系数，见表 5-20；

　　　C——每天工作班数，班。

4. 生活区生活用水量

生活区生活用水量可按下式计算

$$q_4 = \frac{P_2 N_4 K_5}{24 \times 3600} \tag{5-11}$$

式中　q_4——生活区生活用水量，L/s；

　　　P_2——生活区居民人数，人；

　　　N_4——生活区昼夜全部生活用水定额，每一居民每昼夜为 100～120L，随地区和有无室内卫生设备而变化，各分项用水参考定额见表 5-23；

　　　K_5——生活区用水不均衡系数，见表 5-20。

表 5-23　　　　　　　　　　　　生活用水量（N_3）参考定额

序号	用水对象	单位	耗水量 N_3	备　注
1	工地全部生活用水	L/(人·日)	100～120	
2	生活用水(盥洗生活饮用)	L/(人·日)	25～30	
3	食堂	L/(人·日)	15～20	
4	浴室(淋浴)	L/(人·次)	50	
5	淋浴带大池	L/(人·次)	30～50	

序号	用 水 对 象	单 位	耗水量 N_3	备 注
6	洗衣	L/人	30～35	
7	理发室	L/(人·次)	15	
8	小学校	L/(人·日)	12～15	
9	幼儿园托儿所	L/(人·日)	75～90	
10	医院	L/(病床·日)	100～150	

5. 消防用水量

建筑工地消防用水量应根据工地大小，各种房屋、构筑物的结构性质和层数以及防火等级等确定。生活区消防用水量则根据居民人数确定，详见表5-24。

表5-24   **消 防 用 水 量**

序号	用 水 名 称	火灾同时发生次数	单 位	用 水 量
1	居民区消防用水 5000 人以内 10 000 人以内 25 000 人以内	 1 2 3	 L/s L/s L/s	 10 10～15 15～20
2	施工现场消防用水 施工现场在 25 公顷以内 每增加 25 公顷递增	 1	 L/s	 10～15 5

6. 总用水量（q）

建筑工程总用水量并非生产、生活及消防三者用水之和，因为这三者的耗水在不同的时间发生，因此，在保证及时消灭火灾所应有的最小用水量的条件下，应分别按下列情况进行组合，取其较大值为计算依据。

（1）当 $(q_1+q_2+q_3+q_4) \leqslant q_5$ 时，

则取
$$q = 1/2(q_1+q_2+q_3+q_4)+q_5 \tag{5-12}$$

（2）当 $(q_1+q_2+q_3+q_4) > q_5$ 时，

则取
$$q = q_1+q_2+q_3+q_4 \tag{5-13}$$

（3）当工地面积小于 5 公顷，且 $(q_1+q_2+q_3+q_4) < q_5$ 时，

则取
$$q = q_5 \tag{5-14}$$

最后计算出的总供水量，应增加 10%，以考虑管网漏水的损失。

（二）选择水源

建筑工地临时给水水源，有市政给水管道和天然水源两种。应尽可能利用现场附近已有给水管道，如果在工地附近没有现成的给水管道或现成给水管道无法使用以及给水管道供水量难以满足使用要求时，才使用天然水源。天然水源有地面水（如江河水、湖水、水库水等）和地下水（如泉水、井水等）。选择水源的基本原则是：水量充足可靠，能满足最大用水量的要求；水质符合要求；取水、输水、净水设施安全可靠；投资省。

（三）确定给水系统

临时供水系统可由取水设施、储水构筑物（水塔及蓄水池）、输水管和配水管线综合而成。这个系统应优先考虑建成永久性给水系统，只有在工期紧迫、修建永久性给水系统难以应付急需时，才修建临时给水系统。

1. 确定取水设施

取水设施一般由进水装置、进水管和水泵组成。取水口距河底（或井底）一般 0.25～0.9m。给水工程所用水泵有离心泵、隔膜泵及活塞泵三种。所选用的水泵应具有足够的抽水能力和扬程。

2. 确定储水构筑物

一般有水池、水塔或水箱。在临时供水时，如水泵房不能连续抽水，则需设置储水构筑物。其容量以每小时消防用水决定，但不得少于 $10～20m^3$。储水构筑物（水塔）高度应按供水范围、供水对象位置及水塔本身的位置来确定。

3. 管材选择与管径确定

临时给水管道通常是根据压力的大小和管径的粗细来确定管材，一般干管为钢管、铸铁管、预应力混凝土压力管等，支管为钢管、热镀锌钢管等。管径的大小由式（5-15）计算确定

$$D = \sqrt{\frac{4Q}{\pi v \times 1000}}$$ （5-15）

式中　D——配水管直径，mm；

　　　Q——总需水量，L/s；

　　　v——管网中水流速度，可查表 5-25 获得，m/s。

表 5-25　　　　　　　　　　　临时水管经济流速 v

项　次	管径（mm）	流　速（m/s）	
		正常时间	消防时间
1	支管 $D<100$	2	
2	生产消防管道 $D=100～300$	1.3	>3.0
3	生产消防管道 $D>300$	1.5～1.7	2.5
4	生产用水管道 $D>300$	1.5～2.5	3.0

六、工地供电组织

随着建筑施工机械化程度的不断提高，建筑工地上用电量越来越多。为了保证正常施工，必须做好施工临时供电的设计。临时供电业务包括：①用电量计算；②电源的选择；③变压器的确定；④导线断面计算和配电线路布置。

（一）用电量的计算

建筑工地临时供电，包括动力用电与照明用电两种，在计算用电量时，从下列各点考虑：

（1）全工地所使用的电动机械设备、其他电气工具及照明用电的数量；

（2）施工总进度计划中施工高峰阶段同时用电的机械设备用电最高数量；

（3）各种电动机械设备在施工中的使用情况。

总用电量可按式（5-16）来计算

$$P = (1.05 \sim 1.10)\left(K_1 \frac{\sum P_1}{\cos\varphi} + K_2 \sum P_2 + K_3 \sum P_3 + K_4 \sum P_4\right) \quad (5-16)$$

式中　　　P——供电设备总需要容量，kV·A；

　　　　　P_1——施工机械电动机额定功率，kW；

　　　　　P_2——电焊机额定容量，kV·A；

　　　　　P_3——室内照明容量，kW；

　　　　　P_4——室外照明容量，kW；

　　　$\cos\varphi$——电动机的平均功率因数，在施工现场最高为 $0.75 \sim 0.78$，一般为 0.65
　　　　　　　~ 0.75；

K_1、K_2、K_3、K_4——需要系数，可查表 5-26 获得。

表 5-26 　　　　　　　　　　　　　需要系数 **K** 值

用 电 名 称	数量（台）	需要系数		备　　注
		K	数　值	
电动机	3～10 11～30 30 以上	K_1	0.7 0.6 0.5	如施工中需要用电热时，应将其用电量计算进去，为使计算接近实际，式中各项用电根据不同性质分别计算
加工厂动力设备			0.5	
电焊机	3～10 10 以上	K_2	0.6 0.5	
室内照明		K_3	0.8	
室外照明		K_4	1.0	

各种施工机械用电定额可查表 5-27；室内照明用电定额可查《建筑施工手册》，但由于照明用电量所占的比重较动力用电量要少得多，所以在估算总用电量时可以简化，只要在动力用电量之外再加 10% 作为照明用电量即可。

表 5-27 　　　　　　　　　　　　施工机械用电定额参考资料

机械名称	型　　号	功率（kW）	机械名称	型　　号	功率（kW）
蛙式夯土机	HW-32	1.5	振动打拔桩机	DZ55Y	55
	HW-60	3		DZ90A	90
振动夯土机	HZD250	4		DZ90B	90
振动打拔桩机	DZ45	45	螺旋钻孔机	ZKL400	40
	DZ45Y	45		ZKL600	55
	DZ30Y	30		ZKL800	90

续表

机械名称	型　　号	功率(kW)	机械名称	型　　号	功率(kW)
螺旋式钻扩孔机	BQZ-400	22	自落式混凝土搅拌机	JD150	5.5
冲击式钻机	YCK-20C	20		JD200	7.5
	YKC-22M	20		JD250	11
	YKC-30M	40		JD350	15
塔式起重机	红旗Ⅱ-16（整体托运）	19.5		JD500	18.5
	QT40（TQ2-6）	48	强制式混凝土搅拌机	JW250	11
	TQ60/80	55.5		JW500	30
	TQ90（自升式）	58	混凝土搅拌楼（站）	HKL80	41
	TQ100（自升式）	58	混凝土输送泵	HB-15	32.2
	QT100（自升式）	63	混凝土喷射机（回转）	HPH6	7
	法国 POTAIN 厂产 H₅-56B₅P（225t·m）	150	混凝土喷射机（罐式）	HPG4	3
	法国 POTAIN 厂产 H₅-56B（235t·m）	137	插入式振动器	ZX25	0.8
	法国 POTAIN 厂产 TOPKIT-FO/25（132t·m）	60		ZX35	0.8
	法国 B.P.R 厂产 GTA91-83（450t·m）	160		ZX50	1.1
	德国 PEINE 厂产 SK280-055（307，314t·m）	150		ZX50C	1.1
				ZX70	1.5
	德国 PEINE 厂产 SK560-05（675t·m）	170	平板式振动器	ZB5	0.5
				ZB11	1.1
	德国 PEINERcrane 厂产 IN112（155t·m）	90	附着式振动器	ZW4	0.8
卷扬机	JJK0.5	3		ZW5	1.1
	JJK-0.5B	2.8		ZW7	1.5
	JJK-1A	7		ZW10	1.1
	JJK-5	40		ZW30-5	
	JJZ-1	7.5	混凝土振动器	ZT-1×2	7.5
	JJ1K-1	7		ZT-1.5×6	30
	JJK-3	28		ZT-24×62	55
	JJK-5	40	真空吸水机	HZX-40	4
	JJM-0.5	3		HZX-60A	4
	JJM-3	7.5		改型泵Ⅰ号	5.5
	JJM-5	11		改型泵Ⅱ号	5.5
	JJM-10	22	预应力拉伸机油泵	ZB1/630	1.1
				ZB2×2/500	3

续表

机械名称	型 号	功率 (kW)	机械名称	型 号	功率 (kW)
预应力拉伸机油泵	ZB4/49	3	套丝切管机	TQ-3	1
	ZB10/49	11	电动液压弯管机	WYQ	1.1
钢筋调直切断机	GT4/14	4	电动弹涂机	DT120A	8
	GT6/14	11	液压升降台	YSF25-50	3
	GT6/8	5.5	泥浆泵	红星-30	30
	GT3/9	7.5	泥浆泵	红星-75	60
钢筋切断机	QJ40	7	液压控制台	YKT-36	7.5
	QJ40-1	5.5	自动控制自动调 平液压控制台	YZKT-56	11
	QJ32-1	3			
钢筋弯曲机	GW40	3	静电触探车	ZJYY-20A	10
	WJ40	3	混凝土沥青切割机	BC-D1	5.5
	GW32	262	小型砌块成型机	GC-1	6.7
交流电焊机	BX3-120-1	9*	卸货电梯	JT1	7.5
	BX3-300-2	23.4*	建筑施工外用电梯	SCD100/100A	11
	BX3-500-2	38.6*	木工电刨	MIB2-80/1	0.7
	BX2-1000（BC-1000）	76*	木工刨板机	MB1043	3
直流电焊机	AX1-165（AB-165）	6	木工圆锯	MJ104	3
	AX4-300-1（AG-300）	10		MJ106	5.5
	AX-320（AT-320）	14		MJ114	3
	AX5-500	26	脚踏截锯机	MJ217	7
	AX3-500（AG-500）	26			
指筋麻刀搅拌机	ZMB-10	3	单面杠压刨床	MB103	3
灰浆泵	UB3	4		MB103A	4
挤压式灰浆机	UBJ2	2.2		MB106	7.5
灰气联合泵	UB-76-1	5.5		MB104A	4
粉碎淋灰机	FL-16	4	双面杠刨床	MB106A	4
单盘水磨石机	SF-D	2.2	杠平刨床	MB503A	3
双盘水磨石机	SF-S	4		MB504A	3
侧式磨光机	CM2-1	1	普通杠车床	MCD616B	3
立面水磨石机	MQ-1	1.65	单头直榫开榫机	MX2112	9.8
墙围水磨机	YM200-1	0.55	灰浆搅拌机	UJ325	3
地面磨光机	DM-60	0.4		UJ100	2.2

单班施工时，最大用电负荷量以动力用电量为准，不考虑照明用电。

（二）电源选择

1. 选择电源须考虑的因素

（1）建筑工程及设备安装工程的工程量和施工进度；

（2）各个施工阶段的电力需要量；

（3）施工现场的大小；

（4）用电设备在建筑工地上的分布情况和距离电源的远近情况；

（5）现有电气设备的容量情况。

2. 临时供电电源的几种方案

（1）完全由工地附近的电力系统供电，包括在全面开工前把永久性供电外线工程做好，设置变电站（所）；

（2）工地附近的电力系统只能供给一部分，还须自行扩大原有电源或增设临时供电系统以补充其不足；

（3）利用附近高压电力网，申请临时配电变压器；

（4）工地位于边远地区，附近没有电力网时，电力完全由临时电站供给。

上述各种方案具体采用何种方案，需依据工程实际，经过分析比较后确定。

3. 临时电站

临时电站一般有内燃机发电站，火力发电站，列车发电站，水力发电站。

（三）变压器的确定

变压器的功率按式（5-17）计算

$$W = \frac{K \Sigma P}{\cos\varphi} \tag{5-17}$$

式中　W——变压器的容量，kV·A；

　　　K——功率损失系数。计算变电所容量时，$K=1.05$；计算临时发电站时，$K=1.10$；

　　　ΣP——变压器服务范围内的总用电量，kW；

　　　$\cos\varphi$——功率因数，一般采用 0.75。

根据计算所得容量，可从变压器产品目录中选用略大于该功率的变压器。

（四）确定配电导线截面积

配电导线要正常工作，必须具有足够的机械强度、耐受电流通过所产生的温升并且使得电压损失在允许范围内。因此，选择配电导线有以下三种方法。

1. 按机械强度确定

导线必须具有足够的机械强度以防止受拉或机械损伤而折断。在各种不同敷设方式下，导线按机械强度要求所必需的最小截面可参考表 5-28。

表 5-28　　　　　　　　　　导线按机械强度所允许的最小截面

导　线　用　途	导线最小截面（mm²）	
	铜　　线	铝　　线
照明装置用导线：户内用	0.5	2.5
户外用	1.0	2.5

导线用途	导线最小截面（mm²）	
	铜　线	铝　线
双芯软电线：用于吊灯	0.35	—
用于移动式生产用电设备	0.5	—
多芯软电线及软电缆：用于移动式生产用电设备	1.0	—
绝缘导线：固定架设在户内支持件上，其间距为		
2m 及以下	1.0	2.5
6m 及以下	2.5	4
25m 及以下	4	10
裸导线：户内用	2.5	4
户外用	6	16
绝缘导线：穿在管内	1.0	2.5
设在木槽板内	1.0	2.5
绝缘导线：户外沿墙敷设	2.5	4
户外其他方式敷设	4	10

2. 按允许电流选择

导线必须能承受负荷电流长时间通过所引起的温升。制造厂家根据导线的容许温升，制定了各类导线在不同的敷设条件下的持续容许电流值（参见《建筑施工手册》），选择导线时，导线中的电流不能超过此值。导线工作负荷电流可按下述两种情况计算。

（1）三相四线制线路上的电流可按式（5-18）计算

$$I = \frac{P}{\sqrt{3} \times V\cos\varphi} \tag{5-18}$$

（2）二线制线路可按式（5-19）计算

$$I = \frac{P}{V\cos\varphi} \tag{5-19}$$

式中　I——电流值，A；

　　　P——功率，W；

　　　V——电压，V；

　　$\cos\varphi$——功率因数，临时管网取 0.7～0.75。

3. 按容许电压降确定

导线上引起的电压降必须限制在一定限度内，否则距变压器较远的机械设备会因电压不足而难以启动，或经常停机而无法正常使用；即使能够使用，也由于电动机长期处在低压运转状态，会造成电动机电流过大、升温过高而过早地损坏或烧毁。按允许电压降选择导线截面计算公式如下

$$S = \frac{\sum P \cdot L}{C\varepsilon} \tag{5-20}$$

式中　S——导线断面积，mm²；

　　　P——负荷电功率或线路输送的电功率，kW；

　　　L——送电路的距离，m；

C——系数，视导线材料、送电电压及配电方式而定，参见表 5-29；

ε——容许的相对电压降（即线路的电压损失百分比），参见表 5-30。

表 5-29   按允许电压降计算时的 C 值

线路额定电压 (V)	线路系统及电流种类	系 数 C 值	
		铜 线	铝 线
380/220	三相四线	77	46.3
380/220	两相三线	34	20.5
220		12.8	7.75
110		3.2	1.9
36		0.34	0.21
24	单线直流	0.153	0.092
12		0.038	0.023

表 5-30   供电线路部分容许电压降低的百分数

序号	线 路 名 称	电压降百分数（%）
1	输电线路	5～10
2	动力线路（工厂内部线路不在内）	5～6
3	照明线路（工厂或住宅内部线路不在内）	3～5
4	动力照明合用线路（工厂或住宅内部线路不在内）	4～6
5	户内动力线路	4～6
6	户内照明线路	1～3

所选择的配电导线截面面积必须同时满足以上三项要求，即以求得的三个导线截面面积中最大者为准，选择配电导线截面面积。

实际上，配电导线截面面积计算与选择的通常方法是：当配电线路比较长、线路上的负荷比较大时，往往以允许电压降为主确定导线截面；当配电线路比较短时，往往以允许电流强度为主确定导线截面；当配电线路上的负荷比较小时，往往以导线机械强度要求为主选择导线截面。当然，无论以哪一种为主选择导线截面，都要同时复核其他两种要求，以求无误。

（五）变压器及供电线路的布置

（1）变压器的布置要求。

1）当施工现场只需设置一台变压器时，供电线路可按枝状布置，变压器应设置在引入电源的安全区域内。

2）当工地较大，需要设置多台变压器时，应先用一台主降压变压器，将工地附近的110kV 或 35kV 的高压电网上的电压降至 10kV 或 6kV，然后再通过若干个分变压器将电压降至 380/220V。主变压器与各分变压器之间采用环状连接布置；每个分变压器到该变压器负担的各用电点的线路可采用枝状布置，分变电器应设置在用电设备集中、用电量大的地方或该变压器所负担区域的中心地带，以尽量缩短供电线路的长度；低压变电器的有效供电半径为 400～500m。

（2）供电线路的布置要求。

工地变电所的网络电压应尽量与永久企业的电压相同，主要为 380/220V。对于 3、6、10kV 的高压线路，可用架空裸线，其电杆距离为 40～60m，或用地下电缆。户外 380/

220V 的低压线路亦采用裸线，与建筑物或脚手架等较近，不能保持必要安全距离的地方才宜采用绝缘导线，其电杆间距为 25～40m。分支线及引入线均应由电杆处接出，不得由两杆之间接出。

配电线路应尽量设在道路一侧，不得妨碍交通和施工机械的装、拆及运转，并要避开堆料、挖槽、修建临时工棚用地。

室内低压动力线路及照明线路皆用绝缘导线。

第七节 施 工 总 平 面 图

施工总平面图是对拟建项目施工现场的总体平面布置图，它是施工部署在空间上的反映，对指导现场进行有组织、有计划的文明施工，节约施工用地，减少场内运输，避免相互干扰，降低工程费用具有重大的意义。施工总平面图按照施工部署、施工方案和施工总进度计划的要求，对施工现场的交通道路、材料仓库、附属生产企业、临时房屋建筑和临时水、电管线等作出合理的规划和布置，并以图纸的形式表达出来，从而正确处理全工地施工期间所需各项设施和永久性建筑物与拟建工程之间的空间关系。

建筑施工是一个动态过程，不同的施工阶段对施工现场有着不同的要求。因此，施工总平面图可按施工的不同阶段分别进行布置和绘制。

一、施工总平面图的设计原则

施工总平面图的设计必须坚持下列原则：

（1）平面布置紧凑合理，尽量减少施工用地，不占或少占农田，不挤占道路。

（2）各种仓库、机械、加工厂尽量靠近使用地点，减少场内运输距离，尽可能避免二次搬运，减少运输费用，并保证运输方便、通畅。

（3）施工区域的划分和场地确定，应符合施工流程要求，尽量减少专业工种和各工程之间的干扰。

（4）充分利用已有的建筑物、构筑物和各种设施为施工服务，降低临时设施的费用。

（5）各种临时设施的布置应有利于生产和方便生活。

（6）应满足劳动保护、安全生产、防火、环保、市容等方面的要求。

二、施工总平面图的设计依据

（1）各种设计资料，主要包括：建筑总平面图、竖向设计图、地形地貌图、区域规划图、建设项目范围内有关的一切已有和拟建的各种设施及地下管网位置图等。

（2）建设项目施工部署、主要建筑物施工方案和施工总进度计划。

（3）建设地区的自然条件和技术经济条件。

（4）各种资源需要量和运输计划、施工设施计划。

（5）建设项目施工用地范围和水源、电源位置，以及项目安全施工和防火标准。

三、施工总平面图的内容

施工总平面图主要反映下面三方面的内容：

1. 原有的、拟建的建筑物，构筑物和设施等内容

反映的内容主要包括建设项目施工用地范围内地形和等高线，已有的和拟建的一切地

上、地下建筑物，构筑物及其他设施位置和尺寸。

2. 为施工服务的各种临时性设施的布置

(1) 工地上与各种运输业务有关的建筑物和运输道路；

(2) 各种加工厂、搅拌站、半成品制备站及机械化装置等；

(3) 各种建筑材料、半成品、构件的仓库和主要堆场；

(4) 取土及弃土的位置；

(5) 水源、电源、变压器、临时给排水管线和动力供电线路及设施；

(6) 行政管理用办公室、临时宿舍及文化生活福利建筑等；

(7) 机械站、车库、大型机械的位置；

(8) 建设项目施工必备的安全、防火和环境保护设施。

3. 与施工有关的其他事项

与施工有关的其他事项主要包括永久性及半永久性测量放线用水准点和标志点（坐标点、高程点、沉降点）、特殊图例、方向标志，比例尺等。

四、施工总平面图的设计步骤

施工总平面图的设计步骤为：引入场外交通道路，布置仓库，布置加工厂和混凝土搅拌站，布置内部运输道路，布置临时房屋，布置临时水、电管网和其他动力设施，绘制正式施工总平面图。

（一）场外交通的引入

设计全工地性施工总平面图时，首先应从研究大宗材料、成品、半成品、设备等进入工地的运输方式入手。主要材料进入工地的方式不外乎铁路、公路和水路。

1. 铁路运输

一般大型工业企业，厂区内都设有永久性铁路专用线，其线路布置决定于项目生产工艺流程，已在初步设计中确定，施工时可以考虑是否应用及如何运用。如大宗物资由铁路运入工地时，通常提前修建专用线路，以便为施工服务。但是，有时这种专用线路要铺入工地中部，严重影响场内施工的运输和安全，因此，在现场布置时，注意铁路线对施工区域的影响，尽量使铁路线路成为施工区域的划分线。当然，铁路线路也未必一次性建成，可以先建到铁路线进入施工现场的入口处，设立临时站台，再用汽车进行场内运输。这样铁路线不会对施工产生太大的影响。

如果修建施工用临时铁路，首先确定铁路起点和进场位置。铁路临时线宜由工地的一侧或两侧引入，以更好地为施工服务。如将铁路铺入工地中部，将严重影响工地的内部运输，对施工不利。只有在大型工地划分成若干个施工区域时，才宜考虑将铁路引入工地中部的方案。

引入铁路时，要注意铁路的转弯半径和竖向设计的要求。因为，标准宽轨铁路的特点是转弯半径大、坡度限制严。另外，如专用铁路线的修建时间较长，影响施工准备时，也可安排建设前期以公路运输为主，逐渐转向以铁路运输为主。

2. 水路运输

当大量物资由水路运进现场时，要充分利用原有码头的吞吐能力。原有码头能力不足时，可增设新码头或改造原码头，码头数量不少于两个，其宽应大于 2.5m，并可考虑在码头附近布置主要加工厂和转运仓库。

3. 公路运输

当大宗材料由公路运入时，因公路线路灵活性大，则应先将场内仓库或加工厂布置在最合理最经济的地方，并由此布置场内运输道路和安排与场外主干公路相接位置，进出工地应布置两个以上出入口。场内干线宜采用双车道环形布置，环行道路的各段尽量设计成直线段，以便提高车速，宽度不小于6m；次要道路可用单车道支线布置，宽度不小于3.5m，每隔一定距离设会车或调车的地方，道路末端应设置回车场地。道路的主要技术标准、转弯半径及路面种类参见表5-31～表5-33。

表 5-31　　　　　　　　　　　　临时道路主要技术标准

指标名称	单　位	技　术　标　准
设计车速	km/h	≤20
路基宽度	m	双车道6～6.5；单车道4～4.5；困难地段3.5
路面宽度	m	双车道5～5.5；单车道3～3.5
平面曲线最小半径	m	平原、丘陵地区20；山区15；回头弯道12
最大纵坡	%	平原地区6；丘陵地区8；山区11
纵坡最短长度	m	平原地区100；山区50
桥面宽度	m	木桥4～4.5
桥涵载重等级	t	木桥涵7.8～10.4（汽6t～汽8t）

表 5-32　　　　　　　　　　　　最小允许曲线半径表

车　辆　类　型	路面内侧最小曲线半径（m）		
	无　拖　车	有一辆拖车	有两辆拖车
三轮汽车	6	—	—
一般二轴载重汽车：单车道	9	12	15
双车道	7	—	—
三轴载重汽车、重型载重汽车	12	15	18
超重型载重汽车	15	18	21

表 5-33　　　　　　　　　　　　临时道路路面种类和厚度表

路面种类	特点及其使用条件	路基土	路面厚度（cm）	材料配合比
级配砾石路面	雨天照常通车，可通行较多车辆，但材料级配要求严	砂质土	10～15	体积比： 黏土：砂：石子＝1：0.7：3.5 重量比： 1. 面层：黏土13%～15%，砂石料85%～87% 2. 底层：黏土10%，砂石混合料90%
		黏质土或黄土	14～18	
碎（砾）石路面	雨天照常通车，碎（砾）石本身含土较多，不加砂	砂质土	10～18	碎（砾）石＞65%，当地土含量≤35%
		黏质土或黄土	15～20	
碎砖路面	可维持雨天通车，通行车辆较少	砂质土	13～15	垫层：砂或炉渣4～5cm 底层：7～10cm碎砖 面层：2～5cm碎砖
		砂质土或黄土	15～18	

续表

路面种类	特点及其使用条件	路基土	路面厚度 (cm)	材料配合比
炉渣或 矿渣路面	雨天可通车,通行车少, 附近有此材料	一般土	10~15	炉渣或矿渣 75%,当地土 25%
		土较松软时	15~30	
砂路面	雨天停车,通行车少,附 近不产石,只有砂	砂质土	15~20	粗砂 50%,细砂,粉砂和黏质土 50%
		黏质土	15~30	
风化石屑 路面	雨天不通车,通行车少, 附近有石料	一般土	10~15	石屑 90%,黏土 10%
石灰 土路面	雨天停车,通行车少,附 近产石灰	一般土	10~13	石灰 10%,当地土 90%

(二) 仓库与材料堆场的布置

仓库与材料堆场的布置通常考虑设置在运输方便、位置适中、运距较短并且平坦、宽敞、安全防火的地方,并应区别不同材料、设备和运输方式来设置。

(1) 当采用铁路运输时,大宗材料仓库和堆场通常沿铁路线靠近工地一侧布置,并且不宜设置在弯道外或坡道上。同时要留有足够的装卸前线,否则,必须在附近设置转运仓库。

(2) 当采用水路运输时,一般应在码头附近设置转运仓库,以缩短船只在码头上的停留时间。

(3) 当采用公路运输时,仓库的布置较灵活。此时,尽量利用永久性仓库,中心仓库一般布置在工地中央或靠近使用的地方,也可以布置在靠近于外部交通连接处;一般材料仓库应邻近公路和施工地区布置;钢筋、木材仓库应布置在其加工厂附近;水泥库、砂石堆场则布置在搅拌站附近;砖、瓦和预制构件等直接使用的材料应该直接布置在施工对象附近,并在垂直运输机械的工作范围内,以免二次搬运;油库、氧气库和电石库等危险品仓库宜布置在僻静、安全之处。工业项目还应考虑主要生产设备的仓库(或放置场地),笨重设备应尽量放在车间附近,其他设备仓库可布置在外围或其他空地上,一般应与建筑材料仓库分开设立。

(三) 搅拌站和加工厂的设置

搅拌站和各种加工厂的布置,应以方便使用、安全防火、运输费用最少、不影响建筑安装工程施工的正常进行为原则,并应与相应的仓库或材料堆场布置在同一地区。各种加工厂宜集中布置在同一个地区,一般多处于工地边缘。这样,既便于管理,又能集中敷设道路、动力管线及给排水管网,从而降低施工费用。

工地混凝土搅拌站的布置有集中、分散、集中与分散相结合三种方式。当运输条件较好时,以采用集中布置方式较好;当运输条件较差时,则以分散布置在使用地点或垂直运输设备等附近为宜。对于混凝土使用较分散或运输距离较远的情况,也可采用现场集中配料、混凝土搅拌运输车运输的方式。一般当砂、石等材料由铁路或水路运入,而且现场又有足够的混凝土输送设备时,宜采用集中布置方式;由汽车运输时,也可采用分散或集中和分散相结合的方式。

砂浆搅拌站多采用分散就近布置的方式。

预制件加工厂尽量利用建设地区永久性加工厂。只有其生产能力不能满足工程需要或使用费用太高时，才考虑现场设置临时预制件厂，其位置最好布置在建设场地中的空闲地带上。

钢筋加工厂可集中或分散布置，视工地具体情况而定。对于需冷加工、对焊、点焊钢筋骨架和大片钢筋网时，宜采用集中布置方式，并考虑与预制构件加工厂相邻；对于小型加工、小批量生产和利用简单机具就能成型的钢筋加工，利用就近的钢筋加工棚进行。

木材加工厂设置与否、是集中还是分散设置、设置规模应视具体情况而定。如建设地区无可利用的木材加工厂，而锯材、标准门窗、标准模板等加工量又很大时，则集中布置木材联合加工厂为好。对于非标准件的加工与模板修理工作等，可分散在工地附近设置临时加工棚进行加工。

金属结构、锻工、电焊和机修车间等，由于其在生产上联系密切，应布置在一起。

产生有害气体和污染环境的加工厂，如沥青、生石灰熟化、石棉加工厂等，应位于现场的下风向，且不危害当地居民。

（四）场内运输道路的布置

场内运输道路的布置应注意以下几点。

1. 合理规划道路，确定主次关系

工地内部运输道路的布置，要把仓库、加工厂及各施工点贯穿起来，要尽可能利用原有道路或充分利用拟建的永久性道路，并研究货物周转运行图，以明确各段道路上的运输负担，区别主要道路和次要道路。规划这些道路时，要保证运输车辆的安全行驶，保证场内运输畅通，尽量避免临时道路与铁路道轨和塔吊道轨交叉。

2. 合理规划道路与地下管线的施工程序

在道路修筑时，若地下管网的图纸尚未出全，必须采取先施工道路后施工管网的顺序时，道路应尽量布置在无管网地区或扩建工程范围地段上，以免开挖管道沟时破坏路面。

3. 选择合理的路面结构

临时道路的路面结构，应当根据运输情况和运输工具的不同而确定。一般场外与省、市公路相连的干线，因其以后会成为永久性道路，因此一开始就建成混凝土路面；场区内的干线和施工机械行驶路线，最好采用碎石级配路面，场内支线一般为土路或砂石路，以利修补。场内道路如利用拟建的永久性道路系统时，可提前修建路基及简单路面供施工使用。

（五）行政与生活福利临时建筑的布置

行政与生活福利临时建筑包括：行政管理和辅助生产用房（如办公室、警卫室、消防站、汽车库以及修理车间等）、居住用房（如职工宿舍、招待所等）、生活福利用房（如文化活动中心、学校、托儿所、图书馆、浴室、理发室、开水房、商店、食堂、邮亭、医务所等）。

对于各种生活与行政管理用房应尽量利用建设单位的生活基地或现场附近的其他永久性建筑，不足部分另行修建临时建筑物，对于工地附近社会可以提供相应服务的，如学校、托儿所、图书馆、招待所等，也可不设此类用房。临时建筑物的设计，应遵循经济、适用、装拆方便的原则，并根据当地的气候条件、工期长短确定其建筑结构形式。

　　全工地性行政管理用房一般设在全工地入口处，以便对外联系，也可设在工地中部，便于工地管理。现场办公室应靠近施工地点。工人用的福利设施应设置在工人较集中的地方或工人必经之路。生活基地应设在场外，距工地 500～1000m 为宜，并避免设在低洼潮湿、有烟尘和有害身心健康的地方。食堂宜设在生活区，也可布置在工地与生活区之间。

　　(六) 临时水、电管网的布置

　　1. 工地供水的布置

　　工地上临时供水包括三方面：生产用水、生活用水及消防用水。布置时应尽量利用或接上永久性给水系统。当有可以利用的水源时，可以将水从场外直接接入工地；当无可利用现有水源时，可以利用地上水或地下水，并设置抽水设备和加压设备等 (简易水塔、水池或加压泵)，以便储水和提高水压。临时水池、水塔应设在地势较高处。水源解决后，沿主要干道布置干管，然后与使用点接通。

　　施工现场供水管网有环状、枝状和混合式三种形式。

　　环状管网是管道干线围绕施工对象周圈布置的给水方式。这种管网供水可靠性强，当管网某处发生故障，仍能保障供水不断，但管线长，造价高。它适用于对供水的可靠性要求高的建设项目或重要的用水区域。

　　枝状管网是一条或若干条干线，从干线到各使用点使用支线联结的一种方式。这种管网的供水可靠性差，但管线短，造价低，适用于一般中小型工程。

　　混合式管网是主要用水区及供水干管采用环状管网，其他用水区和支管采用枝状管网的一种综合供水方式，它结合了上述两种布置方式的优点，一般适用于大型工程和对消防要求高的地区。

　　项目实施中，究竟用何种方式，主要由建筑物及使用点的情况及供水需要而定。

　　工地上给排水系统沿主要干道布置，有明铺与暗铺两种。由于暗铺是埋在地下，不会影响地面上的交通运输，因此采用较多，但要增加敷设费用。寒冷地区冬季施工时，暗铺的供水管应埋设在冰冻线以下。明铺是置于地面上，其供水管应视情况采取保暖防冻措施。暗管布置应与土方平整统一规划。

　　根据工程防火要求，应设立消防站，一般设置在交通畅通，距易燃建筑物 (木材、仓库等) 较近的地方，并须有通畅的出口和消防车道。沿道路设置消防栓，消防栓间距不应大于 120m，消防栓距路边缘不应大于 2m。另外，在各个拟建物附近也要设置消防栓，距拟建物不大于 25m，不小于 5m。工地室外消防栓必须设有明显标志，消防栓周围 3m 范围内不准堆放建筑材料、停放机具和搭设临时房屋等；消防栓供水干管的直径不得小于 100mm。

　　2. 工地供电的布置

　　工地临时供电包括动力用电和照明用电。当工地附近现有电源能满足需要时，可以将电从外面直接接入工地，沿主要干道布置主线。在高压电引入处需设置临时变电站和变压器，也可利用施工现场附近原有的高压线路或发电站及变电所。当工地附近没有电源或能力不足时，就需考虑临时供电设施，临时发电设备设置在工地中心或工地中心附近。

　　另外，由于变电所受供电半径的限制，所以在大型工地上，往往不只设一个变电所，而是分别设若干个。这样，当一处发生故障时，不致影响其他地区。

　　临时输电干线沿主要干道布置成环形线路。

（七）绘制正式施工总平面图

施工平面图的绘制虽然经过以上各设计步骤，但各步骤并不是截然分割各自孤立的、一次性的。施工现场平面布置是一个系统工程，必须结合具体工程的特点和各项条件，全面考虑、统筹安排，正确处理各项内容的相互联系和相互制约的关系，精心设计，反复修改或用施工平面设计的一些优化计算方法进行优化后，才能得到一个较好的布置方案；有时还要设计出多个不同的布置方案，并通过分析比较后方可确定出最佳布置方案。然后绘制正式施工总平面图，其具体步骤为：

1. 确定图幅的大小和绘图比例

图幅大小和绘图比例应根据工地大小及布置的内容多少来确定。图幅一般可选用 1 号图纸或 2 号图纸，比例一般采用 1：1000 或 1：2000。

2. 合理地规划和设计图面

施工总平面图除了要反映施工现场的平面布置外，还要反映现场周边的环境与现状（例如原有的道路、建筑物、构筑物等），并要留出一定的图面绘制指北针、图例和标注文字说明等。

3. 绘制建筑总平面图中的有关内容

将现场测量的方格网、现场内外原有的和拟建的建筑物、构筑物和运输道路等其他设施按比例准确地绘制在图面上。

4. 绘制为施工服务的各种临时设施

根据施工平面布置要求和面积计算的结果，将所确定的施工道路、仓库堆场、加工厂、施工机械、搅拌站等的位置、尺寸和水电管网的布置按比例准确地绘制在施工平面图上。

5. 绘制其他辅助性内容

按规范规定的线型、线条、图例等对草图进行加工，标上图例、比例、指北针等，并作必要的文字说明，则成为正式的施工总平面图。

绘制施工总平面图的要求是：比例准确，图例规范，线条粗细分明、标准，字迹端正，图面整洁、美观。

第八节　技术经济评价指标

一、技术经济评价的目的

技术经济分析的目的是：论证施工组织设计所选择的施工部署、施工方案、施工方法以及各种进度安排在技术上是否可行，在经济上是否合理，通过科学的计算和分析比较，选择技术经济效果最佳的方案，为不断改进和提高施工组织设计水平提供依据，为寻求增产节约途径和提高经济效益提供信息。因此，施工组织设计的编制不是套用固定的格式，"闭门造车"一次就可以完成的。它是通过项目部所有成员，在调查资料的基础上，对各种可行方案经过技术经济论证后确定的。

二、技术经济评价的基本要求

（1）全面系统分析。在对施工组织总设计进行技术经济评价时，不能仅局限于某一工程、某一施工方法或某一施工单位的经济评价，而应将整个项目为系统，要以整个建设项目的施工过程为评价对象，以整个建设项目如期交工为目标，对施工的技术方法、组织方法及经济效果进行分析，对需要与可能进行分析，对施工的具体环节及全过程进行分析。

（2）作技术经济分析时应抓住施工部署、施工总进度计划和施工总平面图三大重点，并据此建立技术经济分析指标体系。

（3）在作技术经济分析时，要将定性方法和定量方法相结合。定性方法可以充分发挥人的主观能动性，尤其是对于某些大型项目，没有相关的经验可参考，充分发挥人的积极性和创造性尤为重要。定量方法是应用数学模型，通过定量计算，为决策者提供决策的依据。在作定量分析时，应对主要指标、辅助指标和综合指标区别对待。

（4）技术经济分析应以设计方案的要求、有关的国家规定及工程的实际需要为依据。

三、施工组织总设计技术经济评价指标体系

为了考核施工组织设计的编制及执行效果，应计算下列指标：

1. 施工工期

施工工期是指建设项目从正式工程开工到全部投产使用为止的持续时间。应计算的相关指标有：

（1）施工准备期。指从施工准备开始到主要项目开工的全部时间。

（2）部分投产期。指从主要项目开工到第一批项目投产使用的全部时间。

（3）单位工程工期。指建筑群中各单位工程从开工到竣工的全部时间。

2. 劳动生产率

应计算的相关指标有：

（1）全员劳动生产率

$$全员劳动生产率[元/（人·年）] = \frac{报告期年度完成工作量}{报告期年度全体职工平均数} \tag{5-21}$$

（2）单位产品劳动消耗量

$$单位产品劳动消耗量 = \frac{完成该工程的全部劳动工日数}{工程总量} \tag{5-22}$$

（3）劳动力不均衡系数

$$劳动力不均衡系数 = \frac{施工期高峰人数}{施工期平均人数} \tag{5-23}$$

3. 工程质量

说明工程质量达到的等级，如合格、省优、鲁班奖等。

4. 成本降低

（1）成本降低额

$$成本降低额 = 承包成本 - 计划成本 \tag{5-24}$$

（2）成本降低率

$$成本降低率 = \frac{成本降低额}{承包成本额} \times 100\% \tag{5-25}$$

5. 安全指标

$$工伤事故频率 = \frac{工伤事故人次数}{全年职工平均人数} \times 100‰ \tag{5-26}$$

6. 机械指标

(1) 机械化程度

$$机械化程度 = \frac{机械化施工完成工程量}{总工程量} \qquad (5-27)$$

(2) 施工机械完好率

$$施工机械完好率 = \frac{计划期内机械设备完好台日数}{计划期内机械设备制度台日数} \times 100\% \qquad (5-28)$$

(3) 施工机械利用率

$$施工机械利用率 = \frac{计划期内机械设备工作台日数}{计划期内机械设备制度台日数} \times 100\% \qquad (5-29)$$

7. 预制化施工水平

$$预制化施工程度 = \frac{在工厂及现场预制的工作量}{总工作量} \qquad (5-30)$$

8. 临时工程费用比例

$$临时工程费用比例 = \frac{全部临时工程费用}{建筑安装工程总值} \qquad (5-31)$$

9. 三大材料节约百分比

$$某种材料计划节约率 = \frac{某种材料计划节约量}{某种材料的预算用量} \times 100\% \qquad (5-32)$$

10. 施工现场利用系数

$$施工现场利用系数 = \frac{临时设施及材料堆场占地面积}{施工现场占地总面积 - 所有拟建物占地面积} \qquad (5-33)$$

第九节 案 例

一、工程概况

(一) 工程建设概况

本工程为一住宅小区二期工程，由两栋高层住宅（11#、12#）、三栋多层住宅（8#、9#、10#）、一座地下停车库（2#）和一座地下锅炉房（2#）组成，建筑面积 78 000m²，占地面积 23 000m²。三栋多层住宅工程面南背北平行布置，11#、12# 两栋高层住宅面街呈 L 型布置，住宅楼群中央为 6500m² 的地下停车库。根据业主要求先行建成 11#、12# 两栋高层住宅，其他工程图纸未出，本单位与业主目前仅就 11#、12# 两栋高层住宅签订了建筑施工合同。因此，本施工组织总设计主要是针对 11#、12# 高层住宅，适当考虑多层住宅的施工编制的。

(二) 工程设计概况

1. 建筑设计概况

11#、12# 楼设计概况见表 5-34～表 5-36。

表 5-34 　 **11#、12#高层住宅建筑设计概况**

总建筑面积				51 150.38m² (其中 11#: 22 973.84m², 12#: 28 176.54m²)				
层　数	地　上	11#	高跨	22层	12#		高跨	20层
			低跨	14层			低跨	12层
	地　下	11#、12#			2层			
层　高	地　上	首层	11#	2.8m	二层及二层以上			2.8m
			12#	4.5m				
	地　下	二层	11#	3.8m	一层		11#	3.3m
			12#	3.6m			12#	4.2m
±0.00 标高		40.20m	檐高		11#	62.80m	12#	58.90m
保温做法	外　墙			60厚复合硅酸盐聚苯颗粒保温浆料外保温				
	屋　面			100厚聚苯板				
装饰做法	外　墙			涂料				
	楼地面			室内：豆石混凝土垫层；楼梯间：水泥砂浆压光；电梯厅：地砖				
	内墙面			室内：耐水腻子；楼梯间：刷涂料；电梯厅：刷涂料				
	顶　棚			室内：耐水腻子；楼梯间、电梯厅：刷涂料				
	橱卫间			墙面：水泥砂浆底灰；地面：防水保护层；顶棚：耐水腻子				
防水做法	地　下			防水混凝土＋SBS（Ⅲ型）2层卷材防水				
	屋　面			SBS（Ⅲ型）2层卷材防水				
	橱卫间			聚氨酯防水涂料				

2. 结构设计概况

表 5-35 　 **11#、12#高层住宅结构设计概况**

序号	项　目		内　　容		
1	结构形式	基础结构形式	箱型基础		
		主体结构形式	全现浇剪力墙		
		屋盖结构形式	现浇钢筋混凝土楼板		
2	土质概况		土层属第四纪沉积层，以黏性土和砂性土为主，地基土物理性能较差，地基承载力标准值较低，属Ⅱ类中软场地土		
3	地下水情况		地下水为潜水，无腐蚀性，水位埋深 16.20~17.00m		
4	地基承载力		180kPa，需进行 CFG 桩复合地基处理，处理后承载力大于 350kPa		
5	地下防水	混凝土自防水	S8		
		柔性防水	SBS（Ⅲ型）2层卷材防水		
6	混凝土强度等级	地下	基础底板、墙体、顶板	C40、S8	
		地上	墙柱	1~5层：C40；6~12层：C35；13~18层：C30；19~顶层：C25	梁板
					1~5层：C30；6~顶层：C25

续表

序号	项 目		内 容
7	抗震等级	工程设防烈度	8度
		剪力墙抗震等级	一级
8	钢筋类别	一级钢	Φ6、Φ8、Φ10
		二级钢	Φ12、Φ14、Φ16、Φ18、Φ20、Φ22、Φ25
9	钢筋连接	闪光对焊	加工制作时采用
		电渣压力焊	框架柱、暗柱纵向筋连接
		搭接绑扎	墙体钢筋连接

3. 专业设计概况

表 5-36   **11♯、12♯高层住宅专业设计概况**

	名 称	设计要求	系统做法	管 线 类 型
暖卫工程	上 水	多层为市政直供，高层塔楼分系统变频供水	下行上给式，立、支管明装	塑料管
	下 水	首层及二层以上各为一个系统，高层地下室压力排出	直排法，排入小区管网，立支管明装	选用 UPVC 管材
	雨 水	多层为外排水，高层为内排水	多层为外排水，高层为内排水	多层选 UPVC，高层选用钢管
	热 水	利用地热为热源，为洗浴服务	下行上给式，立、支管暗装	塑料管
	采 暖	区域集中供暖，分户计量，锅炉为天然气锅炉	主管道为下供下回，分户为水平串联，管道暗装	铝塑复合管扰片式普通散热器
	饮用水	厨房供纯净水（分质供水）	下行上给式，立、支管暗装	塑料管
	燃 气	由煤气公司设计所负责	—	—
消防工程	消 防	高层设消火栓系统及手动按钮报警系统	分区、成环状消防给水系统，屋顶设稳压水箱，立管明装	焊接钢管
	排 烟	高层电梯厅设排烟系统	屋顶设排烟风机，每层设排烟口	混凝土风道，钢板风口
电气工程	变配电	电源引自城市变电站 $10kV$ 双电路供电，小区内设 $10kV$ 变电室 3 个，并设高压分界小室		
	动 力	每栋楼地下一层设配电室，各单元供三相电源，首层设总配电箱		
	照 明	各层设户表箱，电源由总配电箱引来。住户内设分配电箱，距地 $2.0m$ 暗装。住户用电标准为一、二室户 $5kW$；三室户以上 $6kW$，每户选 10（40）A 的 IC 卡式电表，进户线选 $BV-500-10mm^2$ 导线		
	防雷接地	强电、弱电做可靠接地		
	电 视	在组团 1 高层住宅地下一层设有线电视系统主机房，由主机房引入户内分配器箱，各卧室、厅设电视插座一个		
	电 话	由地下室弱电间引入厅内分线盒，每户设两对线，各卧室、厅及卫生间均设电话插座一个		
	宽带网络	在组团 1 高层住宅地下一层设宽带网管理中心机房一个，由机房引入每栋弱电间，然后供到各户起居室网络插座		

续表

名　　称		设计要求	系统做法	管　线　类　型
电气工程	火灾自动报警	在组团1高层住宅地下一层设火灾自动报警控制中心,兼保安控制中心主机房一个		
	可视对讲	住宅楼每个单元门口外墙设可视对讲主机(多层住宅仅为对讲主机),户内设对讲分机,要求带联网报警功能,单元大门设电磁锁控制,每个单元通往地下室的出入口设独立门禁系统		
	电视监控	小区周界护栏设红外对射探测器,并设适当的电视监视摄像点,地下车库出入口设摄像监视点及自动道闸出入管理系统		

（三）施工目标设计

（1）总工期目标：712日历天。

（2）总质量目标：结构确保"北京市结构长城杯工程"；竣工争创"北京市建筑长城杯工程。"

（3）安全管理目标：重大伤亡事故为"零"，轻伤频率小于或等于12‰。

（4）文明施工目标：综合评分90分以上，确保北京市"文明安全工地"。

（四）工程重点控制项目

（1）结构"长城杯"的主要要求是"内坚外美"。内坚就是要保证结构施工的内在质量，需要在钢筋和混凝土施工工艺上下工夫；外美就是要求结构外观观感质量要好，需要在模板工艺设计方面多费心思。

（2）防水工程质量要求高。从地质勘察报告中可以看出，1959年、1971~1973年本地区地下水位均接近自然地面；从建筑设计中分析，地下防水均为抗渗混凝土＋SBS（Ⅲ型）2层卷材防水；从使用功能看，地下、屋面、厨卫间的防水质量直接影响用户的生活起居，因而将防水工程作为本工程重点控制项目中的特殊过程。

（3）户内几何尺寸是业主和用户非常关心的问题，因此测量和放线的偏差控制是本工程的重点项目之一。

（4）安装系统要求高，尤其是地热水、中水、采暖暗管敷设，可视对讲、电视监控、宽带网络等使用功能的高质量实现，是让用户满意的关键所在。

（5）工期要求紧，施工现场处于居民集中区，合理安排施工程序，充分解决扰民和民扰问题，是实现总工期目标的关键所在。

二、施工总体部署

（一）施工组织

项目施工组织机构见图5-3。

项目三级质量保证体系、各部门职能分工及职责（略）。

（二）施工部署原则

本工程同期开工工程量大，建筑高度变化大，质量目标高，施工过程要经历两个雨季和三个冬季，出于对工程质量的考虑，很多分项工程必须避开雨期施工或冬期施工，因此本期工程实际工期相当紧张。为确保总工期目标的实现，需充分考虑各方面的影响因素，进行合理部署。

1. 工艺部署

（1）分部（子分部）工程之间按照"先地下，后地上；先结构，后围护；先主体，后装

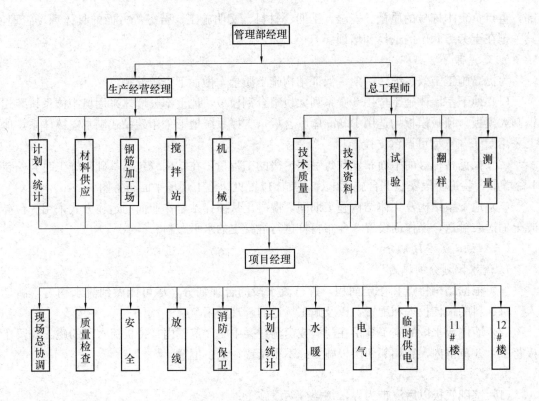

图 5-3 项目管理部组织机构图

修；先土建，后专业"；内装修（包括外门窗安装、水电安装）随结构阶段性验收时间自下而上；外装修待结构全部验收后自上而下的总施工顺序原则进行部署。

（2）基础施工前，认真做好 CFG 桩复合地基施工管理、协调和配合工作，并根据其进展情况作出相应部署。

2. 时间部署

考虑季节施工因素，根据业主的工期要求，合理安排受季节影响较大的分部（子分部）、分项工程的施工时间，具体部署如下：

（1）土方工程、防水工程施工尽量避开冬、雨季；主体结构施工、装修湿作业尽量避开冬季。

（2）考虑居民区扰民和民扰的因素，在夜间 22 时至次日早 6 时间尽量安排噪声较小（小于 60dB）的工序施工，在高考及法定节假日期间适当缩短工作时间。

3. 空间部署

（1）为确保总工期目标实现，要充分、合理利用立体空间组织交叉施工，尽量做到空间占满、时间连续。

（2）出于为交叉施工提供充分的作业空间的目的，结构验收分五次进行：地下室、1～5层、6～12层、13～18层、19～顶层。

4. 人力部署

为便于施工现场整体控制、管理，充分体现两层分开的优越性，本期工程将组建一个综合管理素质强的项目管理部，负责对内、对外的整体协调、管理工作，下设 2 个栋号经理部，重点负责本栋号的质量、安全、工期、材料、文明施工、劳务等方面的具体现场管理，其关键在于劳务队伍的选择和培训。

5. 资源部署

为提高施工工效、缩短工期、保证结构施工质量，做如下资源部署：

（1）地下室墙体施工选用 600 系列大块组合钢模板，地上部分墙体采用奥宇体系拼装式钢制大模板；顶板模板均选用 12mm 厚胶合板，支撑系统地下采用碗扣式满堂支撑体系，地上采用 CH−75 型可调钢支柱。

（2）根据各栋号的平面布置和每一层、段的工程量，在结构（包括基础）施工时共安装 4 台塔吊，装饰阶段安装 5 台施工电梯，具体位置见"施工现场平面布置图"。

（3）地下室结构及主体结构施工期间，混凝土从搅拌站至作业面的运输方式采用 3 台混凝土输送泵输送，操作面设置 3 台布料杆进行混凝土的水平布料。

（三）施工流水段划分

1. 流水段划分的原则

（1）根据结构特点和楼层面积，进行流水段的合理划分，尽可能做到流水均匀，满足人、机、料的最佳投入和配置，以及施工场地的合理利用。

（2）墙体流水段的施工缝留在门洞或窗洞过梁中 1/3 范围内；楼板流水段的施工缝留在板跨中 1/3 范围内，且相邻两层板施工缝不得留置在同一位置。

2. 流水段的具体划分

（1）基础底板以后浇带为界，每楼分两段施工；

（2）上部结构：11♯楼施工段划分见表 5-37 和图 5-4（见文后插页），12♯楼施工段划分见表 5-37 及图（略）。

表 5-37 施工流水段划分

		Ⅰ 段	Ⅱ 段	Ⅲ 段	Ⅳ 段
11♯A 座		A−1～A−12 轴	A−13～A−19 轴	A−19～A−25 轴	
11♯B 座		B−11～B−21 轴 /B−H～A−L 轴	B−9～B−17 轴 /B−A～B−H 轴	B−5～B−9 轴 /B−A～B−H 轴	B−1～B−11 轴 /B−H～A−L 轴
12♯	N	A～N 轴/8～28 轴	A～N 轴/1～8 轴	N～W 轴/10～25 轴	
	B	g～q 轴/11～25 轴	p～w 轴/4～26 轴	w～f 轴/10～27 轴	

（3）根据上述各施工部位流水段的划分，劳动力实行专业化配置，按不同工种、不同施工部位划分作业班组，使各专业化作业班组从事相对相同部位的施工作业，提高操作的熟练程度和劳动生产率。

（四）主要分部（子分部）工程施工顺序

1. 地下部分施工顺序

定位放线→土方开挖→护坡施工→CFG 桩施工→桩头清理→碎石褥垫层施工→垫层浇筑→砖台模砌筑→底板卷材防水施工→底板防水保护层浇筑→底板钢筋绑扎→底板混凝土浇筑→底板混凝土养护→测量放线→地下二层墙柱钢筋绑扎→地下二层墙柱模板支设→地下二层墙柱混凝土浇筑→地下二层墙柱混凝土养护→地下二层顶板模板支设→地下二层顶板钢筋绑扎→地下二层顶板混凝土浇筑→地下二层顶板混凝土养护→地下一层施工→地下室外墙修

整→外墙防水施工→外墙防水保护层→回填土。

2. 地上部分施工顺序

外挂架→测量放线→墙体钢筋绑扎→墙体模板支设→墙体混凝土浇筑→墙体混凝土养护→顶板模板支设→顶板钢筋绑扎→顶板混凝土浇筑→顶板混凝土养护→下一个循环。

（五）施工总进度控制计划

11♯从 2002 年 12 月 15 日开工，到 2004 年 4 月底交工，其进度计划见表 5-38（见文后插页）。

12♯从 2003 年 3 月 25 日开工，到 2004 年 5 月底交工，其进度计划略。

（六）施工组织协调

一个工程产品是参与工程的业主单位、设计单位、监理单位、施工单位及其他协作单位等多方共同合作的结晶，因此，在施工过程中协调、处理好各方的工作关系，是关系工程产品质量的关键环节。为此，我公司派驻的项目管理部将在征得各方认可的情况下，制定如下管理制度，作为各方遵循的共同工作方式。

1. 图纸会审、设计交底制度

在正式施工前，项目管理部组织相关管理人员认真审图，参加由业主组织的图纸会审、设计交底会议，会议确定的内容形成图纸会审记录，确保工程的顺利开工。

由项目管理部根据图纸会审记录精神，组织对栋号经理部、分包单位进行二次设计交底。

2. 周例会制度

（1）每周召开一次由业主（监理）组织的工程协调例会，会中项目管理部汇报一周的工程施工情况及下周工作安排，并提出施工中的疑难点，请业主（监理）予以协调解决；业主（监理）对一周来施工单位的工作情况进行点评，指出施工单位工作中的不足，并对下一步工作做出指示、要求。

（2）工程协调例会后，项目管理部组织有全体项目管理人员及各栋号经理部、分包单位管理人员参加的项目工作例会，从施工管理的各个方面点评一周来整体工作质量，协调解决工作中的疑难问题，同时传达业主工程协调例会精神，安排下周的工作计划，提出下周工程质量控制重点。

3. 工程质量、现场管理、文明施工检查制度

针对业主（监理）和公司要求，以各项管理目标为依据，每月由项目管理部组织各栋号经理部、分包单位对整个施工现场的质量、安全、进度、文明施工等全方位的检查活动，并根据公司有关规定做出奖罚处理和整改时间的书面报告。

4. 考察制度

为确保工程材料质量，在材料供应商的选择上，严格按照 ISO 9001 体系管理要求，做到货比三家，在项目管理部对材料供应商及其产品质量初步评审基础上，请业主（监理）参加对供应商（厂家）的考察工作，最终选定令各方满意的材料供应商。

三、施工准备

（一）技术准备

（1）组织有关人员熟悉和审核图纸，找出图纸存在的问题，明确各专业间的细部关系，做好内部图纸会审工作，为设计交底做好准备。

（2）登录各专业需用的图集、规范、规程、标准等，对照现行文件和自有目录，检查其

时效性和适用性，如有缺口，及时解决。

（3）配置好与工程规模相适应的测量、计量、检测、试验所需工具、仪器、仪表等，并根据 ISO 9001《程序文件》规定提前校检备用。

（4）制订各分项工程施工方案的编制计划、试验计划、样板计划，并根据计划收集所需资料，及时编制。

（5）制定新技术、新工艺、新材料应用推广计划，本工程拟采用电渣压力焊技术、外墙外保温技术、节能保温塑钢窗及密封技术、供暖分户计量技术、新型防水材料（SBS改性沥青卷材、石油沥青聚氨酯防水涂料）应用技术、硬聚氯乙烯管材应用技术、铝塑复合管应用技术、计算机应用和管理技术。

（6）本期工程地址原是一家化工厂，要提前通过各种渠道掌握施工现场周围环境、地貌特征及地下、地上障碍物情况的第一手资料，对照地质勘察报告编制土方工程的应急措施。

（二）物资准备

1. 建筑材料准备

根据施工预算的材料分析和施工进度计划的要求，项目管理部编制建筑材料需用量计划，为施工备料、确定仓库和堆场面积以及组织运输提供依据。

2. 建筑施工机具准备

项目管理部根据施工组织设计和进度计划的要求，编制施工机具需用量计划，为组织运输和确定机具停放场地、进场时间提供依据。如塔吊、混凝土输送泵、布料杆、小型翻斗车、外用电梯、自动搅拌站设备等。

3. 周转材料准备

项目管理部需编制周转材料准备计划，确定各周转材料的用量及进场时间。如定型大模板、小钢模、架管、碗扣架、胶合板、钢支撑等。

（三）劳动组织准备

（1）根据施工组织设计中施工进度计划、施工流水段的划分、各分项工程施工量的大小和难易程度确定施工队组形式及人员构成并以工种班组为单位建立领导体系，使班组工种、项目整体安排有机地结合起来，工种班组内部工人组成其技术等级要合理，满足劳动力优化组合的要求。

（2）以上述原则为依据，编制劳动力需用量计划，并按施工队组编制作好岗前培训准备，培训内容包括规章制度、安全施工、操作技术和精神文明教育等。

（四）现场准备

项目管理部根据施工组织设计要求绘制施工现场平面布置图，并做出施工现场各种临时设施计划。

四、主要施工方法

（一）测量放线

待测绘部门给出红线桩和水准点并校核后，将红线桩、水准点引入建筑物周围建立平面控制网和高程控制网。

1. 测量放线的要求

（1）测量方法要求：采用仪器测量的每个测回都必须做闭合检查，钢尺量距以中间作为主控点向两端量取距离，使其减少累积误差。

（2）测量器具使用要求：使用前各测量器具都必须由法定检测部门检测合格后方能正式使用，并定期进行校验，施工时各种仪器要设专人管理，经常清理保养，以保证仪器的灵敏度和准确性。

（3）建立控制网的要求：控制网各点位置合理，使用方便，并有保护措施，同时每施工两层进行一次控制网的复核工作。

（4）技术要求：熟悉图纸，按施工需要画出测量放线图样，认真进行交底，并形成书面文件，放线前清理作业面，弹出的墨线准确清晰。保证主轴线线路畅通，钢尺的使用需按照检定条件和方法进行量距。

2. 控制网的建立

（1）轴线：在距小区建筑物周围 6m 处建立轴线控制网，在东南西北四个方向各设两个永久轴线控制桩，形成纵横交叉的轴线控制网。

（2）高程：将标高控制点引至距建筑物较近的围墙上，该点的标高为建筑设计标高±0.00 的依据，并用红漆三角号标识，待首层墙体施工完毕后，再将控制点引至建筑物外墙上，该标高测设成建筑设计标高 500mm 线，并弹出墨线形成工程控制网，向上传递标高时均以 500mm 线为准。

（3）沉降观测：在首层外墙上预埋钢筋桩作为建筑物沉降观测控制网，每栋楼设 8 个观测点。

3. 主要测量放线的方法

（1）楼层轴线测设：采用内控法，即在建筑物首层内测设轴线控制点，采用激光铅直仪进行±0.00 以上的轴线传递。各建筑物控制基准点每一施工段至少 3 个。

施工层放线时，应先在结构平面上校核投测轴线，闭合后再测设细部轴线及其他细部位置线和控制线。

（2）高程测量：竖向高程传递，以控制网的控制点为起始标高点，沿建筑物外墙从楼层上垂下钢尺，量取该楼层高程作为楼层的 500mm 标高控制线的依据，并将该点导测至施工所需部位标高。地下室和土方施工时用塔尺向下传递标高。楼层平面标高的测量：砌体墙体砌至 800mm 及剪力墙、框架柱模板拆除后，将水准仪架在适当位置，把 500mm 标高控制线抄测在墙体（柱）侧面上，并弹出墨线，以此作为顶板模板支设、圈梁、过梁、预留洞口、内装修工程、水电专业安装的标高控制依据。

（二）土方工程

1. 工艺流程

定位放线→地表腐质土开挖→第二步开挖→第一步护坡→第三步挖土→第二步护坡→CFG 桩施工→第三步护坡→排水沟施工。

2. 特殊部位处理

（1）开工前具体找出各种地表水水源及管线分布情况，在挖槽前或堵、或排，将其控制住，确保无水向槽内渗漏。

（2）原厂房基础、设备基础等障碍物，挖土时配合破碎炮破碎。

（3）根据周围建筑物的分布情况，派专业人员进行周边建筑物的沉降观测和倾斜观测。

3. 主要技术措施

（1）开挖顺序：11♯、12♯楼同时开挖，挖土流向由西向东再折向北；挖掘机行走路线呈折线形；运土汽车位于挖掘机的后面，行走路线椭圆循环式，随挖随装入翻斗车，运出场外。在 12♯楼的东北角设斜坡道。

（2）基础开挖后，坡顶地面平整夯实，必要时用水泥砂浆硬化。坡顶以外 10m 范围不得有积水。

（3）对边坡处暴露出的人防、排水等废管道，用砖或混凝土封堵严密后，根据空洞大小注入一定量的水泥浆。预防雨水浸泡边坡而影响边坡稳定。

（4）本工程基坑必须采用信息法施工，加强边坡位移观测，每天用经纬仪观测 1～2 次坡顶水平位移，设专人观测基坑边坡及周围是否有裂纹等其他异常情况，每天巡回观测 2～3 次，及时完整的做好调整方案，并采取相应的加固处理措施，确保基坑及其周围人员和设施的安全。

（三）防水工程

防水工程的质量是该工程施工进行重点管理和控制的关键内容。根据设计要求，防水工程的主要内容为：地下室、屋面防水均为 SBS（Ⅲ型）2 层卷材防水；厨卫间为聚氨酯防水涂料。

1. 防水施工工艺流程

（1）SBS 防水卷材施工程序。基层检查→清理修补→涂刷基层胶粘剂（冷底子油）→铺贴卷材→打封口胶→清理、检查、修补→质量检查→报验验收→保护层施工。

（2）聚氨酯防水涂膜施工程序。基层检查→清理修补→配料→涂刷底胶→施工附加层→涂刷防水涂膜→清理、检查、修补→质量检查→报验验收→保护层施工。

涂刷顺序应先垂直面、后水平面；先阴阳角及细部、后大面。每层涂抹方向应相互垂直。

2. 质量要求

（1）参与施工的管理人员及施工操作人员均持证上岗，并具有多年的施工操作经验。

（2）必须对防水主材及其辅材进行优选，保证其完全满足使用功能和设计以及规范的要求。对确定的防水材料，除必须具有认证资料外，还必须对进场材料复试，满足要求后方可进行施工。对黏结材料同样要作黏结试验，对其黏结强度等进行试验合格后方可使用。

（3）防水工程施工时要严格按操作工艺进行施工，施工完成后必须及时进行蓄水和淋水试验，合格后及时做好防水保护层的施工，以防止卷材被人为的破坏，造成渗漏。

（4）对结构后浇带、施工缝、结构断面变化的地方以及阴阳角等特殊部位必须采取最为安全稳妥的防水做法。

（5）地下室、屋面防水重点要处理好屋面接缝处、阴阳角、机电管道和防雷接地等薄弱部位的防水节点和防水层施工的质量控制。

（6）必须严格按照设计和规范要求进行防水检验、试验、蓄水试验。粘贴前基层必须干燥，严格按规定控制基层的含水率。

（四）钢筋工程

1. 技术准备

（1）组织有关人员熟悉图纸及施工组织设计相关内容，按设计和规范要求，由专职钢筋翻样员提出翻样加工单，并结合预算部门计算出钢筋规格、用量及最佳进料长度，作为合理进料的依据。

（2）钢筋进场后，严格进行计量检测和质量检测。

（3）钢筋加工单经技术部门审核后，下发加工厂、绑扎班组及质检部门，以此作为成型加工和出场验收、限额领料的依据。

2. 加工制作

（1）钢筋的加工制作。在现场附近的加工棚进行，钢筋翻样时，根据设计要求及施工规范规定，结合本工程结构特点和实际经验，合理设置接头位置和断料长度，并翻出施工小样图。钢筋切断时，根据配料表的钢筋型号、直径、长度、数量进行长短搭配。先断长料后断短料，减少钢筋短头以节约钢材。

（2）钢筋接长。在加工厂下料制作时，采用预热闪光对焊。在施工现场墙体钢筋及Φ16以下纵向钢筋接长采用搭接绑扎的方法，每个接头不少于 3 个绑扣；节点柱Φ16 以上纵向钢筋接长采用电渣压力焊，梁通长钢筋接长采用气压焊。用气压焊和电渣压力焊连接的钢筋必须用无齿锯断料。

（3）钢筋的存放。在存放场区严格分厂家、分批、分牌号、分规格、分长度堆放整齐，并做好标识，不得混淆。加工成型的成品钢筋按部位、数量分规格码放整齐。钢筋出厂时，由质检员、钢筋翻样员、绑扎工长依据翻样加工单按部位、数量对成型钢筋进行外观及设计尺寸的检查，超出设计和规范规定的严禁出厂。

3. 绑扎（详见《钢筋工程施工方案》）

（五）模板工程

1. 基本原则

地下室墙体施工选用 600 系列大块组合钢模板；地上部分墙体均选用奥宇系列定型钢制大模板；楼梯侧帮、踏步模板采用奥宇系列钢制定型模板，顶板采用胶合板模板。所有胶合板模板及主次木楞均由木工棚根据模板配板图、支撑系统图统一锯切、加工、拼装、编号、发放。

2. 大模板存放

在现场平面布置图所示位置设置大模板场区，用 C15 以上混凝土硬化，地下室结构施工期间放置组合钢模板及其配件，地上结构施工期间放置大模板。大模板场区按两个楼号大模板数量的比例分两个区域，以免模板混用，并在各区域内用红（或白）油漆划出大模板存放位置线。

3. 模板支设

（1）基础底板模板采用砖台模，台模外回填土在混凝土浇筑前完成，其工艺流程如下：

垫层上弹台模里边线→台模砌筑→抹防水找平层→做卷材防水→砌筑压毡砖→甩抹防水保护层→钢筋绑扎→回填土→浇筑混凝土。

（2）墙体模板选用奥宇系列定型钢制大模板，其工艺流程如下：

墙根混凝土板面标高、平整度检查→检查、清理、刷脱模剂→放模板就位线→贴不干胶海绵条→安放角模、门窗洞口模板→安装单侧模板、电梯井筒模板→安装穿墙螺栓→安装另一侧模板并固定→调整、校正模板→检查验收→浇筑混凝土→拆模、清理。

（3）电梯井筒模板采用奥宇系列定型钢模板，随墙体模板同时施工，并附有跟进平台。

（4）顶板（包括阳台板、楼梯平台、楼梯段）模板系统的板面选用 12mm 厚胶合板，主楞采用 100mm×100mm 木方，次楞采用 50mm×100mm 木方，支撑系统地下部分选用碗扣式满堂支撑体系，地上部分选用 CH—75 型可调钢支柱，水平拉杆采用 φ48×3.5 脚手管。其施工工艺如下：

弹支柱位置线→立支柱→排放主楞并找平→排放次楞并找平铺放模板→校正标高→固定模板→加设支柱水平拉杆→预检。

4. 模板拆除

非承重模板，待混凝土强度达到 1.2MPa、保证拆模不损坏棱角时方可拆除，拆除必须由木工工长填写拆模申请，由项目技术负责人批准后方可进行。底模拆除必须以同条件试块抗压强度报告为依据，由项目生产负责人填写拆模申请、项目技术负责人签署意见，报请监理工程师批准后方可进行。

（六）混凝土工程

1. 技术准备

（1）组织有关人员熟悉图纸及施工组织设计相关内容，按设计和规范要求，依据施工组织设计中施工流水段划分位置，由预算部门计算出各层段、各部位、各构件不同强度等级的混凝土用量，并根据实际情况结合试验室对水泥品种、强度等级的选择，掺和料（如粉煤灰）品种、掺量的选择，外加剂品种、掺量的选择等情况进行技术、经济综合论证，确定合理的混凝土配合比，达到既满足强度要求，又便于施工，还经济的目的。

（2）混凝土原材料（水泥、砂、石）、掺和料、外加剂进场后要严格进行计量检测和质量检测。本工程水泥拟用散装水泥。

（3）混凝土配比单经技术部门、监理审核后，下发搅拌站、试验员、质检员，试验员根据砂、石实测含水率对实际配合比进行调整。

（4）认真做好试验员、电脑计量员、混凝土泵司机的岗前技术培训工作，并持证上岗，确保混凝土的搅拌、浇筑质量。

2. 材料存放

（1）本工程拟用散装水泥，水泥进场后泵入现场搅拌站的固定水泥罐，并分厂家、分品种、分日期及复试情况做好标识。水泥存放期超过三个月的重新复试，视复试结果酌情使用。

（2）砂、石料场用现浇钢筋混凝土墙做围护，墙高 2.5m，地面用 C15 以上混凝土硬化。根据产地、规格、进场时间、复试情况做好标识。

（3）粉煤灰、外加剂设专库存放，地面用 C15 以上混凝土硬化，上干铺油毡，卷起墙面 300mm，油毡上铺放 100mm×100mm 方木，粉煤灰、外加剂分行、分列码放在方木上，每一垛不超过 10 袋，并分厂家、分型号、分日期及复试情况做好标识。每一次混凝土开盘前，根据每盘用量，把粉煤灰、外加剂分成小袋备用。

3. 主要施工方法

（1）混凝土搅拌。现场设集中搅拌站，地面全部用 C15 以上混凝土硬化，设 4 台搅拌机，上料用 1m³ 的装载机，在所有材料合格、手续齐全的前提下，严格按调整好的实际配合比用电脑计量各种材料用量和控制整个搅拌过程。整个搅拌系统（包括计量系统）调试合格后，委托法定检测部门进行检测，尤其是水计量装置，要经常检查，及时调整。

（2）混凝土运输。主要考虑 3 台混凝土输送泵由集中搅拌站输送到作业部位，再通过布料杆输送到各浇筑点。在混凝土浇筑量不大时，可用翻斗车把混凝土从集中搅拌站运至塔吊回转半径范围内倾倒在混凝土吊斗中，由塔吊吊至浇筑点。

（3）混凝土浇筑、振捣。

1）基础底板混凝土，选择之字形的浇筑路线从一端向另一端浇筑，横向浇筑宽度每排不大于2m，必须连续浇筑不留施工缝。

2）墙体先浇筑50mm厚与混凝土同配合比的水泥砂浆，然后从墙角开始浇筑。总浇筑方向沿纵轴方向施工，先浇筑横墙后浇筑纵墙，逐渐向前推进。分层浇筑厚度不大于500mm，要多点浇筑（4～5点），不得只浇筑一点，由负责每层浇筑厚度的人员用标尺杆检查。标尺杆上标明浇筑厚度控制线。

3）梁、板应同时浇筑，浇筑方法应由一端开始用"赶浆法"，即先浇筑梁，当达到板底位置时再与板混凝土一起浇筑，梁板混凝土浇筑连续向前进行。

4）楼梯混凝土随顶板混凝土自下而上同时浇筑，先振实平台混凝土，达到踏步位置时再与踏步混凝土一起浇捣，不断连续向上推进，并随时用木抹子将踏步上表面抹平。

（4）试件留置。按规范要求和现场实际需要，留置足够的标养试块及同条件试块。

（5）混凝土养护。利用混凝土养护液作好混凝土的养护工作。

（七）脚手架工程

（1）地下结构施工采用钢管脚手架及上人马道。

（2）±0.00以上结构采用与大模板配套的外挂架，外侧用密目安全网封闭，且每栋楼配置2个钢制运料平台。

（3）外装修采用钢管拼装式吊篮。

（八）装饰、装修工程

1. 抹灰

（1）材料要求。水泥选用32.5矿渣硅酸盐水泥或普通硅酸盐水泥。砂选用中砂，平均粒径0.35～0.5mm，不得含有草根等杂物。抹灰用胶按厂家说明使用。石灰膏用块状生石灰熟化，熟化时间不少于30d；选用磨细石灰粉时，熟化时间不少于3d。

（2）准备工作。各种工具齐全，各种穿墙洞口封闭堵实，搭设简易脚手架，外脚手架操作层铺脚手板，预留洞数量、规格准确齐全，各专业的预埋件无遗漏。

（3）顶板及混凝土墙（修补抹灰）。

基层处理：将凸出墙、顶板混凝土剔平，然后清净表面灰尘，浇水湿润，将凹进墙、顶板面的部位用10%火碱水清洗，然后用清水将碱液冲净、晾干，对需要修补处提前拉毛并浇水养护3d。

修补抹灰：对于平整度偏差不大，整体观感较好的顶板和墙板可将模板接缝部位的毛边、错棱剔除，然后刮1：1（胶：水泥）胶灰压实刮平。

2. 楼地面（水泥麻面）

地面内给水、采暖管道安装完毕后，清理基层，提前一天洒水湿润，以50cm线为基准，在各房间四角及中间贴干硬性灰饼。第二天涂刷1：0.5水泥砂浆结合层一道。紧跟铺小豆石混凝土，用木杆按灰饼标高刮平，初凝后用木抹子搓压一遍，终凝前搓压第二遍，要求木抹子搓纹一致，提高观感质量，12h后开始浇水养护，最少养护7d。

3. 门窗安装

门窗安装的工艺流程包括：弹线找规矩、安装框、安装扇。

（1）弹线主要是弹出门窗向里或向外的控制线及竖向控制线，即保证上下门窗口在同一条线上。

（2）安装框：将锚固件安装在框上，然后按控制线位置把框塞入预留洞口，校正找直后锚件与洞口的预埋件连接。框与洞口的缝隙塞岩棉，缝隙处抹灰，用密封胶封里外框边的缝隙。

（3）安装扇：按设计要求制作各门窗扇并安装，随后安装五金和附件。

4. 外墙涂料

外墙涂料的工艺流程包括：基层处理、刷底胶、喷浮雕底漆、滚压、刷面漆、作色带。

（1）基层处理：清净外表灰尘污垢，用长绒辊刷素胶一道，再刷水泥腻子两道，要求越薄越好。

（2）喷浮雕底漆：喷枪运行时，喷嘴中心线与墙面垂直，喷枪嘴距墙面 50cm 左右，要求喷枪在墙面上有规则的平行移动运行速度保持一致。连续进行一次成活。

（3）滚压：浮雕表面硬化到一定程度（硬而不粘手），用橡胶辊向下向上滚压，一辊压另一辊约 3cm，滚压用力要适中，要求压点厚度在 1～2mm 间，压完后及时修整大小点。

（4）刷面漆：浮雕骨涂料完全干燥后，用长绒辊刷两遍面漆涂料。

（九）专业安装工程（另行编制）

五、季节性施工措施

（一）冬期施工措施

（1）冬施前认真组织有关人员分析冬施生产计划，根据冬施各专项施工项目内容编制详细切实可行的冬期施工专项措施，所需材料要在冬施前准备好。

（2）应做好施工人员的冬施培训，组织相关人员对施工现场的冬施准备工作进行一次全面检查，包括临时设施、机械设备及保温等项工作。

（3）大型机械要做好冬期施工所需油料的储备和工程机械润滑油的更换补充及检修保养工作，以便在冬施期间运转正常。

（4）冬施中要加强天气预报工作，防止寒流突然袭击，合理安排每日的工作，同时加强防寒、保温、防火、防煤气中毒等项工作。

（5）现场临时管道均要采取保温处理，以防冻裂。

（6）初装修时适当在砂浆中添加抗冻剂。

（二）雨期施工措施

1. 原则

（1）雨期施工前认真组织有关人员分析雨期施工生产计划，根据雨期施工项目编制雨期施工措施。雨期所需材料、设备和其他用品，如水泵、抽水软管、草袋、塑料布、苫布等由材料部门提前准备，水泵等设备应提前检修。

（2）应做好施工人员的雨期施工培训工作，成立防汛领导小组，制定防汛计划和紧急救援措施，其中包括现场和与施工有关的周边居民区。

（3）组织相关人员进行一次全面检查，包括临时设施、临电、机械设备防护等项工作。仔细检查配电箱、闸箱、电缆临时支架等，需加固的及时加固，缺盖、罩、门的及时补齐，确保用电安全。检查塔吊和外用电梯基础是否牢固，防护脚手架立杆底脚必须设置垫木或混凝土垫块，并加设扫地杆，同时保证排水良好，避免积水浸泡。所有马道、斜梯均应钉防滑条。检查施工现场及生产、生活基地的排水设施，疏通各种排水渠道，清理雨水排水口，保证雨天排水通畅。现场道路两旁设排水沟，保证不滑、不陷、不积水，清理现场障碍物，道路两旁一定范围内堆放物高度不宜超过 1.5m，保证视野开阔、道路畅通。

（4）脚手架、外用电梯、塔吊等做好避雷工作，也可利用建筑物自身的避雷设施，接地电阻一定要符合要求。

（5）地下室出入口，管沟口等加以封闭或设防水槛。

2. 原材料的储存和堆放

（1）水泥全部存入仓库，没有仓库的应搭设专门的棚子，保证不漏、不潮，下面应架空通风，四面设排水沟，避免积水。现场可充分利用结构首层堆放材料。

（2）砂、石料一定要有足够的储备，以保证工程的顺利进行。场地四周要有排水出路，防止淤泥渗入。

（3）模板堆放场地应硬化，防止因地面下沉造成倒塌事故。

3. 混凝土施工

（1）混凝土施工尽量避免在雨天进行，大雨和暴雨天不得浇筑混凝土，新混凝土应覆盖，以防雨水冲刷。

（2）雨期施工，在浇筑板、墙混凝土时，可根据实际情况适当调整坍落度。

4. 钢筋工程

（1）现场钢筋应上架码放，以防钢筋泡水锈蚀。

（2）雨后钢筋视情况进行除锈处理，不得把锈蚀严重的钢筋用于结构上。

（3）下雨天避免钢筋焊接施工，以免影响施工质量。

5. 模板工程

（1）模板拼装后尽快浇筑混凝土，防止模板遇雨变形。若模板拼装后不能及时浇筑混凝土，又被雨水淋过，则浇筑混凝土前应重新检查、加固模板和支撑。

（2）墙体模板落地时，地面应坚实，并支撑牢固。

6. 装修施工

（1）雨期装修施工应精心组织，合理安排雨期装修施工工序。雨天室内工作时，应避免操作人员将泥水带入室内造成污染，一旦污染楼地面应及时清理。

（2）室内油漆在雨季施工时，其室外门窗采取封闭，防止作业面被雨水淋湿浸泡。

（3）内装修应先安好门窗或采取遮挡措施。结构封顶前的电梯井、楼梯口、通风口及所有洞口在雨天用塑料布及多层板封堵，水落管一定要安装到底，并安装好弯头，以免污染外墙装修。

（4）各种惧雨防潮装修材料应按物资保管规定，入库和覆盖防潮布存放，防止变质失效，如白灰等易受潮的材料应放于室内，垫高并覆盖塑料布。

7. 机电安装

（1）设备预留孔洞做好防雨措施。

（2）现场中外露的管道或设备，应用塑料布或其他防雨材料盖好。

（3）室外电缆中间头、终端头制作应选择晴朗无风的天气，油浸纸绝缘电缆制作前须遥测电缆绝缘及校验潮气，如发现电缆有潮气侵入时，应逐段切除，直至没有潮气为止。

（4）敷设于潮湿场所的电线管路、管口、管子连接处应做密封处理。

六、主要施工管理措施

（一）保证工期措施

（1）建立强有力的项目管理部，选派施工组织能力强、技术水平高、协作配合好的管理人员。

（2）建立每周、日生产例会制度，及时解决存在的问题，使施工顺利进行。

（3）对总工期实行阶段管理，及时排除延误工期的各种因素，确保按合同工期竣工。

（4）加强生产调度，选派有同类工程施工经验的队伍进场施工，从数量上、素质上予以保证。

（5）加大工程材料和施工机具投入。现场设塔吊四台（解决模板、钢筋的垂直运输）发挥我公司集团优势，组织专业化施工。

（6）采用先进的施工技术。采用国内钢筋混凝土施工中最先进的技术和小流水段施工方法，提高工作效率，保证按期竣工。

（7）分批进行结构验收，提前穿插装修工程施工和设备安装。强化成品保护工作。

（8）保证工程质量一步到位，避免返工而延误工期。剪力墙结构混凝土达到清水混凝土的效果。

（二）保证质量措施

在工程质量管理上，严格遵循"过程精品，质量重于泰山"的质量观，施工过程中高标准、严要求，以过程精品保精品工程，创公司品牌的"精品住宅工程"，在业主、监理心中建立良好的信誉。在施工过程管理中主要采取以下六项管理制度，即挂牌制度、过程检验制度、会诊制度、奖罚制度、成品保护制度、室内环境污染控制制度。

1. 挂牌制度

将施工技术要点、难点控制措施打印成文，贴于木牌上，悬挂在施工操作面上，向施工班组进行现场技术交底，便于施工班组人员在施工过程中随时查阅，参照施工。

2. 过程检查制度

在施工过程中设立三级过程检查制度，给操作工人配备必要的检验工具，在施工中随时检查误差，及时校正误差。

3. 会诊、奖罚制度

定期组织现场质量会诊，及时评估施工质量状况，对出现质量问题的班组进行必要的处罚，对达到质量标准并且施工质量优良的施工班组进行奖励，施工质量处于受控状态。同时对现场发现的质量问题，召开现场质量问题分析会，找出质量问题出现的原因，举一反三对同种工人进行教育，以避免相同问题的再次发生。

4. 样板制

在每道分项工程施工前必须先做样板，由项目管理部牵头，组织有项目管理部及各栋号经理部生产、技术、质量管理人员及施工班组长参加的现场样板鉴定会，评定样板施工质量，填写样板验收记录表。当样板通过评定后，方可进行大面积施工。

5. 成品保护制度

工程施工是一个复杂的、综合性的工作，工序多、交叉作业多，容易出现二次污染、损坏和丢失，势必影响工程进展，增加额外费用，为此，根据不同施工成品的特点，采取不同的成品保护方法，并建立成品保护制度。

（1）分阶段分专业制订专项成品保护措施，并严格实施。

（2）设专人负责成品保护工作。

（3）制订正确的施工顺序：制订重要房间（或部位）的施工工序流程，将土建、水、电、空调，消防等各专业工序相互协调，排出一个房间（或部位）的工序流程表，各专业工序均按此流程进行施工，严禁违反施工程序的做法。

（4）做好工序标识工作：在施工过程中对易受污染、破坏的成品、半成品标识"正在施工，注意保护"的标牌。

（5）采取护、包、盖、封防护：采取保护措施对成品和半成品进行防护，并由专门负责人经常巡视检查，发现有保护措施损坏的，要及时恢复。

（6）工序交接全面采用书面形式由双方签字认可，由下道工序作业人员和成品保护负责人同时签字确认，并保存工序交接书面材料，下道工序作业人员对防止成品的污染、损坏或丢失负直接责任，成品保护专人对成品保护负监督、检查责任。

6. 室内环境污染控制制度

根据 GB 50325—2001 要求，编制《室内环境污染检测方案》，对所选用的建筑材料和装修材料污染物含量进行必要的检测，以及室内环境污染物浓度进行检测。

（三）保证安全措施

1. 安全管理方针

贯彻"安全第一，预防为主"的安全管理方针。

2. 安全组织保证体系

以项目管理部经理为首，由执行经理、生产经理、安全负责人、各栋号负责人、安全员等各方面的管理人员组成安全保证体系。

3. 安全管理

（1）严格执行国家及北京市有关现场安全管理条例及办法。

（2）建立严格的安全教育制度，坚持入场教育、坚持每周按班组召开安全教育研讨会，增强安全意识，使安全工作落实到广大职工上。

（3）编制安全措施，设计和购置安全设施，强化安全法制观念，坚持特殊工种持证上岗制度等。加强施工管理人员的安全考核，增强安全意识，避免违章指挥。

（4）对于各种外脚手架、大型机械安装实行验收制，验收不合格一律不允许使用。建立定期检查制度。管理部每周组织各部门、各栋号对现场进行一次安全隐患检查，发现问题立即整改；对于日常检查，发现危急情况应立即停工，及时采取措施排除险情。

4. 分析安全难点，确定安全管理重点

在每个施工阶段开始之前，分析该阶段的施工条件、施工特点、施工方法、预测施工安全难点和事故隐患，确定管理点和预防措施。安全重点集中在：高层施工防坠落，立体交叉施工防物体打击；塔吊、外用电梯使用中的违章操作，以及施工人员的防范意识不足；井筒、楼梯间、楼层洞口、管道井处防坠落；挑、外架的安全防护措施及操作前的检查、整改；各种电动工具的不安全使用，对临电设施的维护、检修等。

5. 临边与洞口的安全防护

（1）临边防护措施。所有临边部位均设置防护栏杆，防护栏杆由上下两道横杆及栏杆柱组成，上杆距地高度为 1.2m，下杆离地高度为 0.5m；如楼层进行砌筑时，护栏下口需设挡脚板,防护栏杆与框架柱连接紧固。楼、电梯洞边、外用电梯接料平台必须安装临时护栏,外用电梯地面通道上部,装设安全防护棚。屋顶施工完毕后,临边设 1.5m 高的防护栏杆,并加挂立网,间隔 2m 设栏杆柱。

(2) 洞口防护措施。进行洞口作业以及在因工程和工序需要而生产的,使人与物有坠落危险或危及人身安全的其他洞口进行高空作业时,必须设置防护设施。楼层、屋顶等外边长小于 50cm 的洞口,必须加设盖板,盖板要有能保持四周均衡,并有固定其位置的措施。边长 50~150cm 的洞口,必须设置以扣件接钢管而成的网格,并在上面满铺脚手板。边长大于 150cm 以上洞口,四周除设防护栏杆外,洞口下面设水平安全网。

(四) 消防保卫措施

(1) 严格遵守有关消防、保卫方面的法令、法规,配备专、兼职消防保卫人员,制订有关消防保卫管理制度,完善消防设施,消除事故隐患。

(2) 现场设有消防管道、消防栓,楼层内设有消防栓,并有专人负责,定期检查,保证完好备用。

(3) 坚持现场用火审批制度,电气焊工作要有灭火器材,操作岗位上禁止吸烟,对易燃、易爆物品的使用要按规定执行,指定专人、设库存放、分类管理。

(4) 新工人进场要和安全教育一起进行防火教育,施工现场值勤人员昼夜值班,搞好"四防"工作。

(五) 环保措施、文明施工

1. 组织保证

(1) 在项目管理部建立环境保护体系,明确体系中各岗位的职责和权限,建立并保持一套工作程序,对所有参与体系工作的人员进行相应的培训。

(2) 施工现场必须严格按照环保体系和现场管理规定进行管理,项目管理部成立场容清洁队,每天负责场内外的清理、保洁,洒水降尘等工作。

2. 工作制度

建立并执行施工现场环境保护管理检查制度。每周组织一次由各专业施工单位的文明施工和环境保护管理负责人参加的联合检查,对检查中所发现的问题,开出"隐患问题通知单",各栋号在收到"隐患问题通知单"后,应根据具体情况,定时间、定人、定措施予以解决,项目管理部有关部门应监督落实问题的解决情况。

3. 管理措施

(1) 防止对大气污染。

1) 施工阶段,定时对道路进行淋水降尘,控制粉尘污染。

2) 建筑结构内的施工垃圾清运,采用搭设封闭式临时专用垃圾道运输或采用容器调运或袋装,严禁随意抛洒,施工垃圾应及时清运,并适量洒水,减少粉尘对空气的污染。

3) 水泥和其他易飞扬物、细颗粒散体材料,安排在库内存放或严密遮盖,运输时要防止遗撒、飞扬,卸运时采取码放措施,减少污染。

4) 现场内所有交通路面和物料堆放场地全部铺设混凝土硬化路面,做到黄土不露天。

5) 在出场大门处设置车辆清洗冲刷台,车辆经清洗台苦盖后出场,严防车辆携带泥沙出场造成道路的污染。

6）现场内的采暖和烧水茶炉均采用电器产品。

（2）防止对水污染。

1）确保雨水管网与污水管网分开使用，严禁将非雨水类的其他水体排进市政雨水管网。

2）施工现场设沉淀池，将厕所污物经过沉淀后排入市政污水管线。

3）罐车冲洗池将罐车清洗所用的废弃水经初步沉淀后排入市政管线，定期将池内的沉淀物清除。

4）现场交通道路和材料堆放场地统一规划排水沟，控制污水流向，设置沉淀池，污水沉淀后再排入市政污水管线，严防施工污水直接排入市政污水管线或流出施工区域污染环境。

5）加强对现场存放油品和化学品的管理，对存放油品和化学品的库房进行防渗漏处理。在储存和使用中，采取有效措施，防止油料跑、冒、漏污染水体。

（3）防止施工噪声污染。

1）现场混凝土振捣采用低噪声混凝土振捣棒，振捣混凝土时，不得振钢筋和钢模板，做到快插慢拔。

2）除特殊情况外，在每天晚22时至次日早6时，严格控制强噪声作业，对混凝土输送泵、电锯等强噪声设备，以隔音棚遮挡，实现降噪。

3）模板、脚手架在支设、拆除和搬运时，必须轻拿轻放，上下左右有人传递。

4）使用电锯切割时应及时在锯片上刷油，且锯片转速不能过快。

5）使用电锤开洞、凿眼时，应使用合格的电锤及时在钻头上注油或水。

6）加强环保意识的宣传，采用有力措施控制人为的施工噪声，严格管理，最大限度地减少噪声扰民。

7）塔吊尽可能配套使用对讲机来降低信号工的哨音带来得噪声污染。木工棚及高音设备实行封闭式管理。

（4）限制光源措施。探照灯尽量选择既能满足照明要求又不刺眼的新型灯具或采取措施，使夜间照明只照射现场工作面而不影响周围居民区。

（5）废弃物管理。

1）施工现场设立专门的废弃物临时储存场地，废弃物应分类存放，对有可能造成二次污染的废弃物必须单独储存、设置安全防范措施且有醒目标识。

2）废弃物的运输确保不遗洒、不混放，送到政府批准的单位或场所进行处理、消纳。

3）对可回收的废弃物做到再回收利用。

（6）材料设备的管理。

1）对现场堆放场地进行统一规划，对不同的进场材料设备进行分类，合理堆放和储存，并挂牌标识，重要设备材料用专门的围栏和库房储存，并设专人管理。

2）在施工过程中，严格按照材料管理办法，进行限额领料。

3）对废料、旧料做到每日清理回收。

七、施工现场平面布置图

（一）垂直运输机械的选择和布置

1. 塔吊

基础底板施工前11#、12#楼共安装4台塔吊，保证基础底板施工前具备使用条件。

2. 外用电梯

在 11 层结构验收前开始每栋楼各安装一部外用电梯,为室内隔墙施工、装修、水电安装的提前插入创造条件,并随上部各阶段结构验收的时间接高。

(二)搅拌站、大模板及其他物料堆场的布置

1. 搅拌站

集中搅拌站设置在 2♯ 车库位置的西端。

2. 大模板场区

根据塔吊的位置和吊臂回转半径范围在 2♯ 车库位置搅拌站以外的场地分区存放大模板。

3. 钢筋加工场地

需由建设单位在本期工程所占场地以外就近另行提供。

4. 其他物料堆场

根据各栋号的使用情况在塔吊吊臂回转半径范围内就近存放。

(三)施工道路的布置

在施工场地的东、南方向各设一个施工道路入口,与城市道路接通,现场内根据施工需要和消防要求在搅拌站和大模板场区周围布置一条环行施工道路,宽度 4.0m,路面硬化,路边设排水沟。

(四)临时设施的布置

由于本期工程施工现场狭小,本期工程施工期间的办公、生活临时设施可在多层住宅工程西面适当设置,不足部分需由建设单位另行提供。

(五)施工临时用水布置

1. 水源

根据现场情况,为满足施工、生产、消防要求,经验算建设单位需提供 DN150mm 的水源,由待建 8♯ 楼西侧一期工程小区内水表井引入。

2. 取水设施

本期建筑物最高高度约 62.8m,在 11♯ 楼西南侧设一座加压泵房,内设两台扬程为 100m 的加压水泵、两台消防泵和一个容积为 20m³ 的消防水箱。

3. 管材选用

选用镀锌钢管,当 DN<100 时丝接、DN>100 时法兰连接,破坏镀锌层处做好防腐处理。

4. 敷设方式

埋地环行敷设,干管埋设深度为 1.0m。

5. 防腐保温

埋地管道刷沥青漆两道,明装部分采用 40mm 岩棉管壳外包玻璃布。

6. 楼梯及现场配水点布置

由管路沿线设 11 个施工用水配水点,高层建筑物施工时,需分别沿楼层设置 ϕ80mm 的消防立管和 ϕ50mm 的生产用水立管。

7. 消防栓设置

在 11♯ 楼南侧设 3 个地下消防栓,12♯ 楼东侧设 4 个地下消防栓。

（六）施工临时用电布置

（1）在 11♯ 楼西南侧，甲方提供了两台 500kVA 变压器和两面低压柜，为现场提供 TN-S 供电系统。

（2）在变压器两侧安装两台总配电柜 PZ，电源由两面低压配电柜供给，分别向施工现场各配电箱 PF1 配电，线路沿 11♯、12♯ 楼周围距楼 5m 处直埋敷设，再由 PF1 向各施工机械控制箱配电。在 11♯、12♯ 楼四周设五个配电箱 PF1 分别给塔吊配电箱、楼上用电设备配电箱、地面上机械外用电梯及 12♯ 楼木工棚配电箱供电；搅拌站设两台配电箱 PF1，供搅拌机混凝土输送泵供电，钢筋加工厂设一台配电箱 PF1 供钢筋加工机械及其场地照明用；在 11♯ 楼木工棚设一台 PF1 为木工棚和外用电梯配电。

（3）施工现场供电直径 150m，均采用 380/220V 三相五线制放射式供电，实行三级配电两级保护，总配电箱处做重复接地保护，干线均采用 VV₂₂ 型铠装聚氯乙烯绝缘护套电缆。

（4）消防用电设备设专用箱，两路电源共同供电，两台消防泵一用一备，消防泵、生活泵采用 Y－△ 起动。

（5）配电箱内的各种开关均采用空气开关和带漏电保护的空气开关。

（6）现场各单机设备采用三相五线制或二相三线制，单相动力设备采用单相三线制，现场照明综合采用三相五线制配电。

（7）现场照明灯采用漏电保护器控制。

（8）塔吊线路设专用配电箱 PF3。

（9）移动设备用 20 个 380/220V 活动插座箱控制。

具体布置详见施工总平面图（图 5-5，见文后插页）。

八、主要物资、劳动力、大型机具计划

（一）物资计划（略）

（二）劳动力计划（略）

（三）大型机具计划（详见表 5-39）

表 5-39　　　施 工 机 具 计 划 表

机具名称	单 位	数 量	功率(kW)	机具名称	单 位	数 量	功率(kW)
塔式起重机	台	4	103	钢筋切断机	台	4	3
外用电梯	台	5	42	钢筋弯曲机	台	4	3
混凝土输送泵	台	3	110	钢筋调直机	台	2	13
搅拌机	台	4	45	圆盘锯	台	2	3
电焊机	台	8	38	压刨	台	2	4
对焊机	台	1	150	平刨	台	2	4
电渣压力焊	台	5	50	消防泵	台	2	30
空气压缩机	台	1	11	镝灯	个	12	3.5
蛙夯	台	6	1.1	振捣棒	个	15	1.5
挖土机	台	1		自卸汽车	辆	10	
高压水泵	台	2	17	抽水泵	台	2	18.5
平板振捣器	台	4	0.5	手动电动工具	个	12	1.5

九、技术经济指标

略。

习　　题

1. 什么是施工组织总设计？它包括哪些内容？
2. 施工组织总设计的作用和编制依据有哪些？
3. 施工组织总设计的编制原则有哪些？
4. 施工部署的内容有哪些？
5. 简述施工总进度计划的编制步骤。
6. 简述全场性暂设工程有哪些。它们是如何确定的？
7. 简述施工总平面图设计应遵循的原则。
8. 简述施工总平面图包含的内容、设计方法和步骤。
9. 施工组织总设计的技术经济评价指标有哪些？
10. 收集一份施工组织总设计。

第六章　单位工程施工组织设计

单位工程施工组织设计是以单位工程为对象，用以指导拟建工程从施工准备到竣工验收全过程施工活动的技术、经济和组织的综合性文件。单位工程施工组织设计一般在施工图设计完成后，在施工项目开工之前，由项目经理组织，在技术负责人领导下编制，是施工前的一项重要准备工作。在施工组织设计中应根据工程的具体特点、建设要求、施工条件，从实际和可能的条件出发进行编制。

第一节　基　本　概　念

一、单位工程施工组织设计的作用

单位工程施工组织设计的作用主要表现在以下几方面：

（1）贯彻施工组织总设计精神，具体实施施工组织总设计对该单位工程的规划安排。

（2）选择确定合理的施工方案，提出具体质量、安全、进度、成本保证措施，落实建设意图。

（3）编制施工进度计划，确定科学合理的各分部分项工程间的搭接配合关系，以实现工期目标。

（4）计算各种资源需要量，落实资源供应，做好施工作业准备工作。

（5）设计符合施工现场情况的平面布置图，使施工现场平面布置科学、紧凑、合理。

二、单位工程施工组织设计的内容

根据工程的性质、规模、结构特点、繁简程度、技术要求和施工条件，单位工程施工组织设计的内容和深广度可以有所不同，不强求一致，但应简明扼要，真正起到指导现场施工的作用。单位工程施工组织设计应包括下述内容。

1. 工程概况

工程概况应包括工程主要情况、各专业设计简介和工程施工条件等。工程概况的内容应尽量采用图表进行说明。

（1）工程主要情况应包括下列内容：

1）工程名称、性质和地理位置。

2）工程的建设、勘察、设计、监理和总承包等相关单位的情况。

3）工程承包范围和分包工程范围。

4）施工合同、招标文件或总承包单位对工程施工的重点要求。

5）其他应说明的情况。

（2）各专业设计简介应包括下列内容：

1）建筑设计简介应依据建设单位提供的建筑设计文件进行描述，包括建筑规模，建筑功能，建筑特点，建筑耐火、防水及节能要求等，并应简单描述工程的主要装修做法。

2）结构设计简介应依据建设单位提供的结构设计文件进行描述，包括结构形式，地基基础形式，结构安全等级，抗震设防类别，主要结构构件类型及要求等。

3）机电及设备安装专业设计简介，应依据建设单位提供的各相关专业设计文件进行描述，包括给水、排水及采暖系统，通风与空调系统，电气系统，智能化系统，电梯等各个专业系统的做法要求。

（3）工程施工条件应包括下列内容：

1）项目建设地点气象状况。

2）项目施工区域地形和工程水文地质状况。

3）项目施工区域地上、地下管线及相邻的地上、地下建（构）筑物情况。

4）与项目施工有关的道路、河流等状况。

5）当地建筑材料、设备供应和交通运输等服务能力状况。

6）当地供电、供水、供热和通信能力状况。

7）其他与施工有关的主要因素。

2. 施工部署

（1）工程施工目标应根据施工合同、招标文件以及视单位对工程管理目标的要求确定，包括进度、质量、安全、环境和成本等目标。各项目标应满足施工组织总设计中确定的总体目标。

（2）施工部署中的进度安排和空间组织应符合下列规定：

1）工程主要施工内容及其进度安排应明确说明，施工顺序应符合工序逻辑关系。

2）施工流水段应结合工程具体情况分阶段进行划分。单位工程施工阶段的划分一般包括地基基础、主体结构、装修装饰和机电设备安装三个阶段。

（3）对于工程施工的重点和难点应进行分析，包括组织管理和施工技术两方面。

（4）工程管理的组织机构形式应按照《建筑施工组织设计规范》（GB/T 50502—2009）的规定执行，并确定项目经理部的工作岗位设置及其职责划分。

（5）对于工程施工中开发和使用的新技术、新工艺应做出部署，对新材料和新设备的使用应提出技术及管理要求。

（6）对主要分包工程施工单位的选择要求及管理方式应进行简要说明。

3. 施工进度计划

（1）单位工程施工进度计划，应按照施工部署的安排进行编制。

（2）施工进度计划可采用网络图或横道图表示，并附必要说明；对于工程规模较大或较复杂的工程，宜采用网络图表示。

4. 施工准备与资源配置计划

（1）施工准备应包括技术准备、现场准备和资金准备等。

1）技术准备应包括施工所需技术资料的准备、施工方案编制计划、试验检验及设备调试工作计划、样板制作计划等。

①主要分部（分项）工程和专项工程在施工前应单独编制施工方案，施工方案可根据工程进展情况，分阶段编制完成；对需要编制的主要施工方案应制订编制计划。

②试验检验及设备调试工作计划，应根据现行规范、标准中的有关要求及工程规模、进度等实际情况制订。

③样板制作计划应根据施工合同或招标文件的要求并结合工程特点制订。

2）现场准备应根据现场施工条件和工程实际需要，准备现场生产、生活等临时设施。

3）资金准备应根据施工进度计划编制资金使用计划。

（2）资源配置计划应包括劳动力配置计划和物资配置计划等。

1）劳动力配置计划应包括下列内容：

①确定各施工阶段用工量。

②根据施工进度计划确定各施工阶段劳动力配置计划。

2）物资配置计划应包括下列内容：

①主要工程材料和设备的配置计划，应根据施工进度计划确定，包括各施工阶段所需主要工程材料、设备的种类和数量。

②工程施工主要周转材料和施工机具的配置计划，应根据施工部署和施工进度计划确定，包括各施工阶段所需主要周转材料、施工机具的种类和数量。

5. 主要施工方案

（1）单位工程应按照《建筑工程施工质量验收统一标准》（GB 50300—2001）分部、分项工程的划分原则，对主要分部、分项工程制订施工方案。

（2）对脚手架工程、起重吊装工程、临时用水用电工程、季节性施工等专项工程所采用的施工方案，应进行必要的验算和说明。

6. 施工现场平面布置

施工现场平面布置图应包括下列内容：

（1）工程施工场地状况。

（2）拟建建（构）筑物的位置、轮廓尺寸、层数等。

（3）工程施工现场的加工设施、存储设施、办公和生活用房等的位置和面积。

（4）布置在工程施工现场的垂直运输设施、供电设施、供水供热设施、排水排污设施和临时施工道路等。

（5）施工现场必备的安全、消防、保卫和环境保护等设施。

（6）相邻的地上、地下既有建（构）筑物及相关环境。

三、单位工程施工组织设计的编制依据

单位工程施工组织设计的编制依据主要有以下几方面：

（1）主管部门的批示文件及建设单位的要求。如上级主管部门审批的工程立项的批准文件、建设用地规划许可证、建设工程规划许可证，建设用水、用电、通信、煤气、供水设施等的批准文件，以及施工许可证等；建设单位在施工合同中对工程的范围和内容、开竣工日期、质量标准、安全施工、合同价款与支付、索赔与争议、招标答疑文件等有关规定。

（2）经过会审的施工图纸。其中包括：单位工程的全部施工图纸、会审纪要和标准图等有关设计资料；对于较复杂的建筑工程还要有设备图纸和设备安装对土建施工的要求，及设计单位对新结构、新材料、新技术和新工艺的要求；如果是某个大型建设项目中的一个单位工程，还要有建设项目的总平面布置图等。

（3）施工组织总设计。本工程若为整个建设项目中的一个单位工程，应把施工组织总设计中的总体施工部署及对本工程施工的有关规定和要求，作为编制依据。

（4）建筑业企业年度施工计划。如企业年度生产计划对该工程的安排、进度要求、其他项目穿插施工要求和规定的有关指标。

（5）工程预算文件。其中提供了工程量、工料分析和预算成本，要求应有详细的分部分项工程量，必要时应有分层分段或分部位的工程量。

（6）现行有关的规范、规程等资料。如国家的《建筑工程施工质量验收统一标准》（GB 50300—2001）及配套各专业工程施工质量验收规范，《建筑施工安全检查标准》及配套安全技术规范，《工程网络计划技术规程》，《房屋建筑制图统一标准》等系列国家制图标准，施工手册，有关施工规程，有关定额等；地方的有关标准、实施细则；企业的有关管理手册、程序文件、管理办法、制度、标准、细部做法、企业定额等。

（7）各项资源情况。包括劳动力、施工机具和设备、材料、预制构件、加工品的供应能力和来源情况。

（8）施工现场的具体情况和勘察资料。包括高程、地形地貌、水文地质和工程地质、气象、交通运输、场地面积、地上地下障碍物等。

（9）建设单位可能提供的施工用地、临时房屋、水电等条件。如建设单位可能提供施工使用的临时房屋数量、水电供应量、水压电压等能否满足施工要求。

（10）类似工程施工组织设计。这是快速编制本工程施工组织设计的有效参考依据。

四、单位工程施工组织设计的编制程序

单位工程施工组织设计的编制程序如图 6-1 所示。从中可以知道单位工程施工组织设计各个组成部分之间的先后次序和制约关系。

五、工程概况内容要求

单位工程施工组织设计中的工程概况，是对拟建工程的工程特点、地点特征、施工条件、施工特点、组织机构等所作的一个简要、突出重点的文字介绍。对于建筑、结构不复杂及规模不大的拟建工程，其工程概况也可采用表格形式，见表 6-1。

表 6-1　　　　　工 程 概 况 表

单位工程名称		结构类型		建筑面积		出图日期	
建设单位		建设单位企业法人		建设单位项目负责人		监理单位原材料见证、取样、送样人	
监理单位		总监理工程师		监理工程师		施工单位原材料见证、取样、送样人	
施工单位		施工企业技术负责人		施工单位项目经理		施工单位企业资质	
设计单位		设计单位结构工程师		设计单位建筑工程师		设计单位企业资质	
建筑物长		建筑物宽		开工日期		竣工日期	
层　数		层　高		檐　高		±0.000 相当于绝对标高	
建筑结构	地基		屋架		装修要求	内粉	
	基础		吊车梁			外粉	
	墙体					门窗	
	柱					楼面	
	梁					地面	
	楼板					天棚	

续表

编制说明	上级文件和要求		地质资料	钻探单位					
				持力层土质					
	施工图纸情况			地耐力					
				地下水位	最高		最低		常年
	合同签订情况		技术经济指标	总造价（万元）					
				平方造价(元/m²)					
	土地征购情况			三材	钢材		kg/m²		
					水泥		kg/m²		
	三通一平情况				木材		m³/m²		
			雨量	日最大量					
	主要材料落实情况			一次最大					
				全 年					
	临设解决办法		气温	最高		气候	冬施起止日期		
				最低			雨施起止日期		
	其 他			其 他					

为了弥补文字叙述或表格介绍工程概况的不足，一般需附上拟建工程平、立、剖面简图，图中注明轴线尺寸、总长、总宽、总高、层高等主要建筑尺寸，细部构造尺寸不需注出，以求图形简洁明了。为了说明主要工程的任务量，一般还需附上主要工程量一览表，见表 6-2。

表 6-2　　　　　　　　　　　　　　主要工程量一览表

序号	分部分项工程名称	工程量		序号	分部分项工程名称	工程量	
		单位	数量			单位	数量
1				6			
2				7			
3				8			
4				9			
5				…			

工程概况的主要内容包括以下几方面。

（一）工程特点

1. 工程建设概况

主要说明：拟建工程的建设单位、工程名称、性质、用途、作用和建设目的；资金来源及工程投资额、工程造价；开竣工日期；设计单位、监理单位、施工单位名称；上级有关文件和要求；施工图纸情况（是否出齐、会审等）；施工合同等。

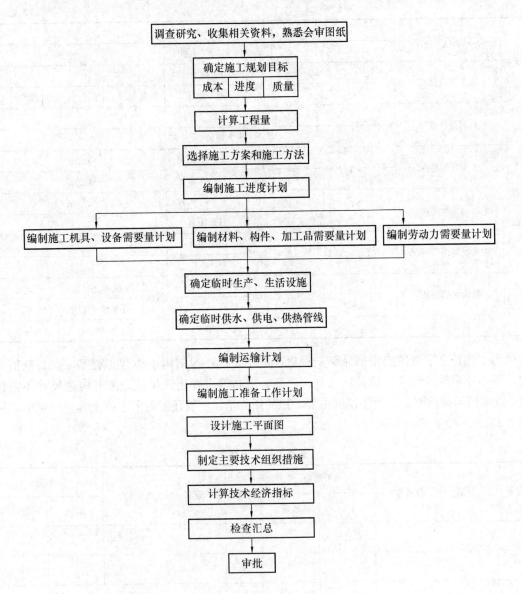

图 6-1　单位工程施工组织设计编制程序

2. 建筑设计特点

主要说明：拟建工程的建筑面积、平面形状、平面组合、层数、层高、总高、总宽、总长等；室内外装饰的材料、做法和要求；楼地面材料种类和做法；门窗种类、油漆要求；天棚构造；屋面保温隔热及防水层做法等。

3. 结构设计特点

主要说明：地基处理形式、桩基础的形式、根数、深度；基础类型、埋置深度、特点和要求，设备基础的形式；主体结构的类型，墙、柱、梁、板的材料及截面尺寸，楼梯的形式及做法；预制构件的类型及安装位置，单件最重、最高构件的安装高度及平面位置等。

4. 设备安装设计特点

主要说明：建筑给排水及采暖工程，煤气工程，建筑电气安装工程，通风与空调工程，电梯安装工程等的设计要求。

（二）建设地点特征

主要包括：拟建工程的位置、地形，工程地质和水文地质条件；不同深度的土壤分析；冻结期间与冻土深度；地下水位与水质，气温；冬雨期起止时间；主导风向与风力；地震烈度等特征。

（三）施工条件

主要包括：水、电、道路及场地平整的"三通一平"情况；施工现场及周围环境情况；当地的交通运输条件；材料、预制构件的生产及供应情况；施工机械设备的落实情况；劳动力，特别是主要施工项目的技术工种的落实情况；内部承包方式、劳动组织形式及施工管理水平；现场临时设施的解决等。

（四）工程施工特点

主要包括：拟建工程的施工特点和施工中的关键问题。通过分析施工特点，可以说明工程施工的重点所在，以便在选择施工方案、组织资源供应和技术力量配备、编制施工进度计划、设计施工现场平面布置、落实施工准备工作上采取有效措施，解决关键问题的措施落实于施工之前，使施工顺利进行，提高建筑业企业的经济效益和管理水平。

不同类型的建筑、不同条件下的工程施工，均有其不同的特点。如砖混结构住宅建筑的施工特点是砌筑和抹灰工程量大，水平与垂直运输量大，主体施工占整个工期35％左右，应尽量使砌筑与楼板混凝土工程流水施工，装修阶段占整个工期50％左右，工种交叉作业，应尽量组织立体交叉平行流水施工。又如，现浇钢筋混凝土高层建筑的施工特点是基坑、地下室支护结构安全要求高，结构和施工机具设备的稳定性要求高，钢材加工量大，混凝土浇筑难度大，脚手架、模板搭设需进行设计，安全问题突出，要有高效率的垂直运输设备等。

（五）项目组织机构

主要说明：建筑业企业对拟建工程实行项目管理所采取的组织形式、人员配备等情况。

选择项目组织形式时需考虑：项目性质、施工企业类型、企业人员素质、企业管理水平

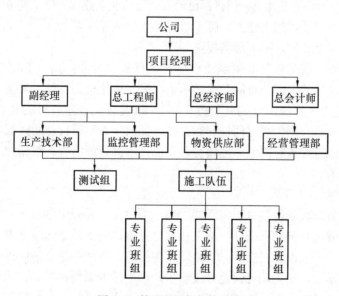

图 6-2　某工程组织机构示意图

等因素。一般常见的项目组织形式有：工作队式、部门控制式、矩阵式、事业部式。适用的项目组织机构有利于加强对拟建工程的工期、质量、安全、成本等管理，使管理渠道畅通、管理秩序井然，便于落实责任、严明考核和奖罚。

某单位工程建立的项目组织机构示意如图 6-2 所示。

第二节　施工部署与施工方法

施工部署与施工方法是单位工程施工组织设计的核心问题，是单位工程施工组织设计带决策性的重要环节。施工部署与施工方法合理与否，将直接影响到工程进度、施工平面布置、施工质量、安全生产和工程成本，因此，必须引起足够重视。

施工部署与施工方法的设计一般包括：确定施工程序、施工起点流向和施工顺序，选择主要分部分项工程的施工方法和施工机械，制定施工技术组织措施等。为了防止施工部署的片面性，一般需对主要工程项目的几种可能采用的施工部署和施工方法作技术经济比较，使选定的施工部署和施工方法符合施工现场实际，技术先进，施工可行，经济合理。

一、确定施工程序

施工程序是指单位工程中各施工阶段、分部工程、专业工程间的先后次序及其制约关系，主要解决时间搭接上的问题。建筑施工有其本身的客观规律，按照反映客观规律的施工程序进行施工，能够使工序衔接紧密，加快施工进度，避免相互干扰和返工，保证施工质量和安全。

单位工程的施工程序一般为：落实施工任务，签订施工合同阶段；开工前准备阶段；全面施工阶段；交工验收阶段。每个阶段都必须完成规定的工作内容，并为下一阶段工作创造条件。确定施工程序时应作如下考虑：

1. 落实施工任务，签订施工合同阶段

建筑业企业承接施工任务的方式主要有：业主直接委托得到的建设任务，在招标中中标得到的建设任务。在市场经济条件下，招投标已经成为建筑业企业取得施工任务的主要方式。

无论采取何种方式承接施工任务，施工单位都要检查施工项目是否有批准的正式文件，是否列入基本建设年度计划，是否落实投资等。

承接施工任务时，施工单位必须与建设单位签订施工合同，签订了施工合同的施工项目，才算落实了建设任务。施工合同是建设单位与施工单位根据现行《建筑法》、《合同法》、《招标投标法》、《建设工程施工合同（示范文本）》以及有关规定签订的具有法律效力的文件。双方必须严格履行合同中规定的权利和义务，任何一方不履行合同，都应当承担相应的法律责任。施工单位应注重合同的学习领会和贯彻，掌握合同内容，依据施工合同进行施工准备和管理施工行为。

2. 开工前施工准备阶段

开工前施工准备阶段是在签订施工合同之后，为单位工程开工创造必要技术和物质条件的阶段。开工前一般应具备如下条件：施工执照已办理；施工图纸经过会审，施工预算已编制；施工组织设计已经批准并已交底；场地障碍物拆除、场地平整和场内外交通道路已经基本完成；施工用给排水、供电均可满足开工后生产和生活的需要；材料、构件、半成品有适当的储备，并能陆续进场，保证连续施工；施工机械已进入现场，并能保证正常运转；劳动

力计划落实，并能陆续进场，保证连续施工，且已进行必要的技术、安全、防火教育；对冬雨期施工有必要的安排和准备。

开工前准备阶段应遵循先内业后外业的程序进行一系列工作，使单位工程具备开工条件，然后填报开工报告，经本企业主管部门和总监理工程师审查批准后方可正式施工。

3. 全面施工阶段

全面施工阶段是单位工程实体形成的阶段。

（1）在全面施工阶段，应按"先地下后地上"、"先主体后围护"、"先结构后装修"、"先土建后设备"的一般原则，结合工程的具体情况，确定各分部工程、专业工程之间的先后次序。

1）"先地下后地上"是指首先完成地基处理和基础工程、管道、管线等地下设施，再开始地上工程施工。地下工程应按先深后浅的次序施工，这样可以提供良好的施工场地，避免造成返工、影响质量，或对地上部分施工产生干扰。

2）"先主体后围护"是指首先施工框架建筑、排架建筑等的主体结构，再进行围护结构的施工。为了加快施工进度，在多层建筑、特别是高层建筑中，围护结构与主体结构搭接施工的情况也比较普遍，即主体施工数层后，围护结构也随后而上，既能扩大现场施工作业面，又能缩短工期。

3）"先结构后装修"是指首先施工主体结构，再进行装修工程的施工。有时为了缩短工期，也可部分搭接施工，如有些临街建筑往往是上部主体结构施工时，下部一层或数层即先进行装修并开门营业，可以加快进度，提高效益。

4）"先土建后设备"是指不论工业或民用建筑，一般首先进行土建工程的施工，再进行水暖煤电卫等建筑设备的施工。但它们之间更多的是穿插配合的关系，如要求设备安装的某一工序穿插在土建的某一工序之前，尤其在装修阶段，要从保质量、讲节约的角度，处理好各工种之间的协作配合关系。

（2）应做好土建施工与设备安装的程序安排。工业建筑除了土建施工及水暖煤电卫通信等建筑设备以外，还有工业管道和工艺设备等生产设备的安装，为了早日竣工投产，在考虑施工方案时应十分重视合理安排土建施工与设备安装之间的程序，一般有以下三种。

1）封闭式施工。即土建主体结构完成后，再进行设备安装的施工程序，适用于精密仪器的厂房。其优点是：有利于预制构件的现场预制、拼装和安装前的就位布置，适合选择各种类型的起重机械和便于布置开行路线，从而加快主体结构的施工进度；设备基础和设备安装能在室内施工，不受气候变化影响，可减少防雨、防寒等费用；可以利用厂房内桥式吊车为设备基础和设备安装服务。其缺点是：出现某些重复性工作，如部分柱基回填土的重复挖填和运输道路的重复铺设等；设备基础施工时，不便于采用机械挖土；当设备基础深于厂房基础，或地基土质不佳时，应有相应的措施保障厂房基础的安全；不能提前为设备安装提供工作面，总工期较长。

2）敞开式施工。即先安装工艺设备，后建厂房的施工程序，适用于重型工业厂房，如冶金车间、水泥厂的主车间等。其优缺点与封闭式施工相反。

3）土建施工与设备安装穿插进行。是指当土建施工为设备安装创造了必要的条件，且土建结构全封闭之后，设备无法就位，此时需土建与设备穿插进行施工。适用于多层的现浇结构厂房项目，如大型空调机房、火电厂输煤系统车间。

4)土建施工与设备安装同时进行。是指土建结构施工期间,同时进行设备安装,适用于钢结构和预制混凝土构件厂房,如大型火电厂的钢结构锅炉房。

4. 交工验收阶段

这是施工的最后阶段。单位工程的全面施工完成后,施工单位应合理安排好最后收尾工作,先进行内部预验收,严格检查工程质量,整理各项技术经济资料,在此基础上填报"工程竣工报验单",在监理单位预验收合格后,由建设单位组织监理单位、设计单位、施工单位和质量监督站等部门进行竣工验收,经验收合格后,双方办理交工验收手续及有关事宜,即可交付使用。

在编制施工组织设计时,应结合工程的具体情况,按以上施工程序,明确各阶段的主要工作内容及其先后次序、制约关系。

二、确定施工起点流向

施工起点流向是单位工程在平面或竖向上施工开始的部位和流动的方向。一般情况下,对于单层建筑物,如单层厂房,只需按其车间、工段或节间,分区分段地确定其平面上的施工起点流向;对于多层建筑物,除了确定其每层平面上的施工起点流向外,还需确定其层间或单元空间竖向上的施工起点流向,如多层房屋的内墙抹灰施工可采取自上而下、或自下而上进行。

施工起点流向的确定,影响到一系列施工过程的开展和进程,是组织施工的重要一环,一般应综合考虑以下几个因素。

1. 建设单位对生产和使用的需要

根据建设单位的要求,生产上和使用上要求急的工段或部位先施工。这往往是确定施工起点流向的决定因素,也是施工单位全面履行合同条款的应尽义务。如高层宾馆、饭店、商厦等,可以在主体结构施工到相当层后,即进行下部首层或数层的设备安装与室内外装修。

2. 车间的生产工艺流程

这是确定工业建筑施工起点流向的关键因素。如要先试生产的工段应先施工,在生产工艺上要影响其他工段试车投产的工段应先施工。

3. 工程现场条件和施工方法、施工机械

工程现场条件,如施工场地的大小、道路布置等,以及采用的施工方法和施工机械,是确定施工起点流向的主要因素。如当选定了挖土机械和垂直运输机械后,这些机械的开行路线或布置位置就决定了基础挖土及结构吊装的施工起点流向。

4. 技术复杂、工期长的部位应先施工

单位工程各部分的繁简程度不同,一般对技术复杂、新结构、新工艺、新材料、新技术、工程量大、工期较长的工段或部位应先施工。如高层框架结构建筑,主楼部分应先施工,裙房部分后施工。

5. 房屋的高低层或高低跨和基础的深浅

在高低跨并列的单层工业厂房结构安装中,柱的吊装从并列处开始;在高低跨并列的多层建筑物中,层数多的区段常先施工;屋面防水层施工应按先高后低的方向施工,同一屋面则由檐口到屋脊方向施工;基础有深浅时,应按先深后浅的顺序施工。

6. 施工组织的分层分段

划分施工层、施工段的部位也是决定施工起点流向时应考虑的因素。在确定施工流向的分段部位时，应尽量利用建筑物的伸缩缝、沉降缝、抗震缝、平面有变化处和留槎接缝不影响结构整体性的部位，且应使各段工程量大致相等，以便组织有节奏流水施工，并应使施工段数与施工过程数相协调，避免劳动力窝工；还应考虑分段的大小应与劳动组织（或机械设备）及其生产能力相适应，保证足够的工作面，便于操作，提高生产效率。

7. 分部分项工程的特点及其相互关系

各分部分项工程的施工起点流向有其自身的特点。如一般基础工程由施工机械和方法决定其平面的施工起点流向；主体结构从平面上看，一般从哪一边先开始都可以，但竖向一般应自下而上施工；装饰工程竖向的施工起点流向比较复杂，室外装饰一般采用自上而下的流向，室内装饰则可采用自上而下、自下而上、自中而下再自上而中三种流向。密切相关的分部分项工程，如果前面施工过程的起点流向确定了，则后续施工过程也就随之而定了。如单层工业厂房的土方工程的起点流向决定了柱基础、某些构件预制、吊装施工过程的起点流向。

下面以多层建筑物室内装饰工程为例加以说明。

（1）室内装饰工程采用自上而下的施工流向。这通常是指主体结构封顶、做好屋面防水层后，室内装饰从顶层开始逐层向下进行。其施工起点流向如图 6-3 所示，有水平向下和垂直向下两种情况，施工中一般采用图 6-3（a）所示水平向下的方式较多。这种施工流向的优点是：主体结构完成后，有一定的沉降时间，沉降变化趋于稳定，能保证装饰工程的质量；做好屋面防水层后，可防止雨水或施工用水渗漏而影响装饰工程质量；再者，自上而下的流水施工，各工序之间交叉少，便于组织施工，也便于从上而下清理垃圾。其缺点是不能与主体施工搭接，工期相应较长。

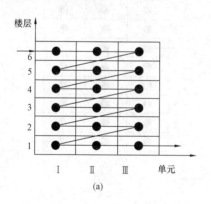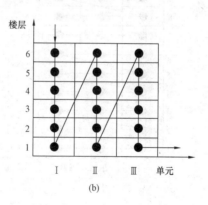

图 6-3　室内装饰工程自上而下的流向
（a）水平向下；（b）垂直向下

（2）室内装饰工程采用自下而上的施工流向。这通常是指当主体结构施工完第三或四层以上时，装饰工程从第一层开始，逐层向上进行。其施工流向如图 6-4 所示，有水平向上和垂直向上两种情况。这种施工流向的优点是：可以与主体结构平行搭接施工，故工期较短，当工期紧迫时可考虑采用这种流向。其缺点是：工序之间交叉多，材料机械供应密度增大，需要很好的组织施工、加强管理，采取有效安全措施；当采用预制楼板时，为防止雨水或施工用水从上层板缝渗漏而影响装饰工程质量，应先做好上层地面再做下层顶棚抹灰。

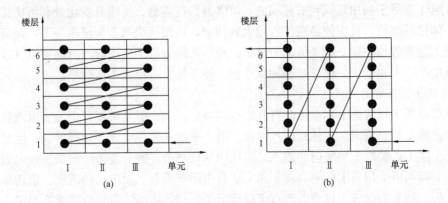

图 6-4　室内装饰工程自下而上的流向
(a) 水平向上；(b) 垂直向上

（3）室内装饰工程采用自中而下再自上而中的施工流向。它综合了前两者的优缺点，一般适用于高层建筑的室内装饰施工。其施工起点流向如图 6-5 所示。

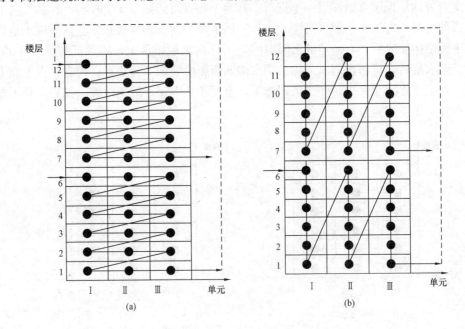

图 6-5　室内装饰工程自中而下再自上而中的流向
(a) 水平向下；(b) 垂直向下

三、确定施工顺序

施工顺序是指分项工程（或工序）之间施工的先后次序。组织单位工程施工时，应将其划分为若干个分部工程（或施工阶段），每一分部工程（或施工阶段）又可划分为若干个分项工程（或工序），并对各个分项工程（或工序）之间的先后顺序作出合理安排。它的确定既是为了按照客观施工规律组织施工，也是为了解决工种之间在时间上的搭接问题，在保证质量与安全施工的前提下，充分利用空间，争取实现缩短工期的目的。合理地确定施工顺序是编制施工进度计划的需要。

（一）确定施工顺序的基本原则

1. 符合施工程序、施工工艺

施工程序确定了施工阶段或分部工程之间的先后次序，确定施工顺序时必须遵循已确定的施工程序，如先结构后装修的程序。施工工艺是各施工过程之间客观存在的工艺顺序和相互制约关系。随工程结构和构造的不同而不同，一般是不能违背的。例如，浇筑混凝土必须在安装模板、绑钢筋完成，并经隐蔽工程验收后才能开始；钢筋混凝土预制构件必须达到一定强度后才能吊装。

2. 考虑施工方法和施工机械的要求

如单层工业厂房吊装工程，当采用分件吊装法时，则施工顺序为吊柱→吊梁→吊屋盖系统；当采用综合吊装法时，则施工顺序为第一节间吊柱、梁、屋盖→第二节间……以此类推直至最后节间。又如在安装装配式多层多跨工业厂房时，若采用塔式起重机，则可自下而上地逐层安装；若采用桅杆式起重机，则可把厂房在平面上划分为若干单元，自下而上地吊装完一个单元构件再吊下一个单元构件。

3. 按照施工组织的要求

如有地下室的高层建筑，其地下室的混凝土地坪工程可以安排在其上层楼板施工前进行，也可以在上层楼板施工后进行。从施工组织的角度看，前一种施工顺序较方便，上部空间宽敞，便于利用吊装机械直接向地下室运输浇筑地坪所需的混凝土；而后者，其材料运输和施工较困难。又如，安排室内外装饰工程施工顺序时，可按施工组织规定的先后顺序进行。

4. 考虑施工质量、安全的要求

如基坑回填土，特别是从一侧进行回填时，必须在砌体达到必要的强度才能开始；屋面防水层施工，需等找平层干燥后才能进行；楼梯抹面最好安排在上一层的装饰工程全部完成后进行。以上施工顺序安排可满足施工质量要求。又如，脚手架应在每层结构施工之前搭好；多层房屋施工，只有在已经有层间楼板或坚固的铺板把一个一个楼层分开的条件下，才容许同时在各个楼层展开施工。以上施工顺序安排可满足安全施工要求。

5. 考虑当地气候条件

在中南、华东地区施工时，应多考虑雨季施工的影响；在华北、东北、西北地区施工时，应多考虑冬季施工的影响。如，土方、砌体、混凝土、屋面等工程应尽量避开冬雨期，冬雨期到来之前，应先完成室外各项施工过程，为室内施工创造条件；冬季室内施工时，先安装玻璃，后做其他装饰工程，有利于保温和养护。

（二）多层砖混结构建筑的施工顺序

多层砖混结构建筑的施工，其施工阶段划分一般可以分为：基础工程、主体结构工程、屋面及装饰工程三个阶段。其施工顺序如图 6-6 所示。

1. 基础工程的施工顺序

基础工程施工阶段是指室内地坪（±0.000）以下的所有工程施工阶段。其施工顺序一般为：挖土方→做垫层→做钢筋混凝土基础→砌基础→铺设防潮层→回填土。如有地下障碍物、文物、坟穴、防空洞、溶洞、软弱地基等问题，需先进行处理；如有桩基础，应先进行桩基础施工；如有地下室，则应在基础砌完或完成一部分后，砌筑地下室墙，在做完防潮层

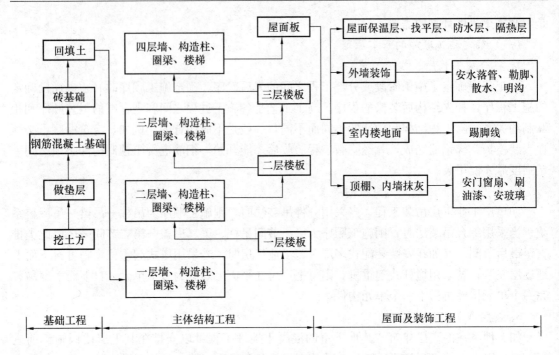

图 6-6　混合结构四层住宅施工顺序示意图

后施工地下室顶板，最后回填土。

　　需注意，这阶段挖土与垫层在施工安排上要紧凑，间隔时间不宜太长，以防基槽（坑）积水或受冻，影响地基承载力。还应注意，垫层施工后要留有技术间歇时间，使之具有一定强度后，再进行下道工序的施工。各种管沟的挖土、垫层、管沟墙、盖板、管道敷设等应尽可能与基础施工配合，平行搭接进行。回填土一般在基础完工后一次分层夯填完毕，以便为后续施工创造条件。对零标高以下的房心回填土，最好与基槽（坑）回填土同时进行，注意水暖电卫煤气管道的回填标高，如不能同时回填，也可于装饰工程之前，与主体结构的施工同时交叉进行。

　　2. 主体结构工程的施工顺序

　　主体结构工程施工阶段的工作，通常包括搭脚手架及垂直运输设施、砌筑墙体、安门窗框、安预制过梁、现浇构造柱、圈梁、雨篷、楼板，安预制楼板等分项工程。若楼板为现浇时，其钢筋混凝土工程施工顺序为立构造柱钢筋→砌墙→安构造柱模板→浇构造柱混凝土→安梁、板、梯模板→绑梁、板、梯钢筋→浇梁、板、梯混凝土。若楼板为预制时，墙体砌筑与安装楼板为主导工程，应尽量使墙体砌筑流水施工。可采用划分流水施工段的方法。根据每个施工段砌墙工程量、工人人数、垂直运输量及吊装机械效率等计算确定流水节拍的大小。至于安装楼板，如能设法做到连续吊装，可与砌墙工程组织流水施工；如不能连续吊装，则和各层现浇混凝土工程一样，只要与砌墙工程紧密配合，保证砌墙连续进行则可。现浇厨房、卫生间楼板的支模板、绑钢筋可安排在墙体砌筑的最后一步插入，在浇筑构造柱、圈梁混凝土的同时浇筑厨房、卫生间楼板混凝土。还应注意，脚手架的搭设也应配合砌体进度逐层逐段进行。

　　房屋设备安装工程与主体结构工程的交叉施工表现为，在主体结构施工时，应在砌墙或现浇钢筋混凝土楼板的同时，预留上下水管和暖气立管的管洞、电气孔槽、穿线管或预埋木块和其他预埋件。

3. 屋面及装饰工程施工顺序

这个阶段的特点是：施工内容多；有的工程量大，有的小而分散；劳动消耗量大，手工操作多，工期长。

屋面工程的施工顺序一般为，找平屋→隔汽层→保温层→找平层→防水层。刚性防水层面的现浇钢筋混凝土防水层分格缝施工应在主体结构完成后开始并尽快完成，以便为室内装饰施工创造条件。一般情况下，它可以和装饰工程搭接或平行施工。

装饰工程可分为室内装饰（顶棚、墙面、楼地面、楼梯等抹灰，门窗扇安装、油漆、安玻璃、油墙裙、做踢脚线等）和室外装饰（外墙抹灰、勒脚、散水、台阶、明沟、水落管等）。室内外装饰工程的施工顺序通常有先外后内，先内后外，内外同时进行等三种，具体采用哪种顺序应视施工条件和气候而定。通常室外装饰应避开雨季或冬季。当室内为水磨石楼地面时，为防止其施工时水的渗漏对外墙面的影响，应先进行水磨石的施工；如果为了加快脚手架的周转或要赶在冬季之前完成外装饰，而应采用先外后内的装饰，如果抹灰工太少，则不宜采用内外同时施工。室内外装饰各施工层与施工段之间的施工顺序由施工起点流向定出。当该层装饰、落水管等分项工程都完成后，即开始拆除该层的脚手架。散水及台阶等外架拆除后进行施工。

室内抹灰工程在同一层的顺序一般是：地面→天棚→墙面，此顺序便于清理地面基层，地面质量易于保证，且便于收集天棚、墙面落地灰，节约材料。但地面需要养护时间及采取保护措施，影响后续工程，会使工期拉长。有时为了缩短工期，也可以采用天棚→墙面→地面的施工顺序，但要注意应在做地面面层时将落地灰清扫干净，否则会影响面层与楼板的黏结质量。

底层地面一般多是在各层装修做好以后进行。楼梯间踏步，因为在施工期间容易受到损坏，通常在各层装修基本完成后，自上而下统一施工。门窗扇的安装安排在抹灰之前或之后进行，主要视气候和施工条件而定。若室内抹灰在冬季施工，可先安门窗扇及玻璃，以保护抹灰质量。门窗油漆后再安装玻璃。

房屋设备安装工程的施工与装饰工程的交叉配合施工表现为，应先安装各种管道和附墙暗管、接线盒等，再进行装饰工程施工；水暖煤电卫等设备安装一般在楼地面和墙面抹灰前或后穿插施工；若电线为明线，则应在室内粉刷后进行。

室外管网工程的施工可以安排在土建工程前或与其同时施工。

（三）高层框架结构建筑的施工顺序

高层框架结构建筑的施工，按其施工阶段划分，一般可以分为地基与基础工程、主体结构工程、屋面及装饰装修工程三个阶段，其施工顺序如图 6-7 所示。

1. 基础工程的施工顺序

高层现浇框架－剪力墙结构基础，若有地下室一层，且需地基处理时，基础工程的施工顺序一般为：土方开挖→地基处理→垫层→地下室底板防水及底板→地下室墙、柱、顶板→地下室外墙防水→回填土。

土方开挖时需注意防护和支护。如有桩基础时，还需确定桩基打设的施工顺序。对于大体积混凝土，还需确定分层浇筑施工顺序，并安排测温工作。施工时，应根据气候条件，加强对垫层和基础混凝土的养护，在基础混凝土达到拆模要求时及时拆模，并尽早回填土，为

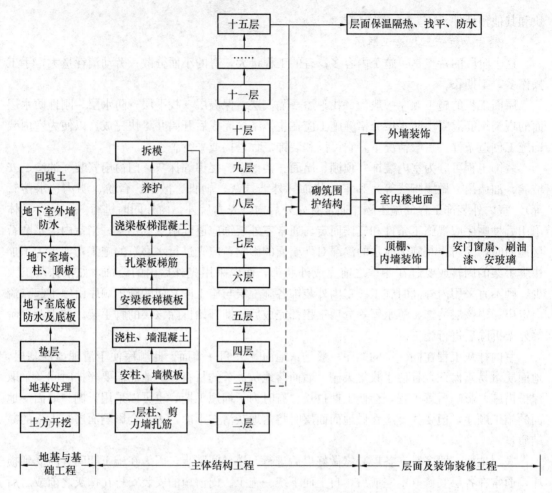

图 6-7　十五层现浇钢筋混凝土框架、剪力墙结构建筑施工顺序示意图

注：主体 2～15 层的施工顺序同第一层。

上部结构施工创造条件。

2. 主体结构工程的施工顺序

主体结构工程施工阶段的工作包括：安装垂直运输设施及搭脚手架，每一层分段施工框架—剪力墙混凝土结构，砌筑围护结构墙体等。其中，每层每段的施工顺序为：测量放线→柱、剪力墙钢筋绑扎→墙柱设备管线预埋→验收→墙柱模板支设→验收→浇墙柱混凝土→养护拆模→梁板梯模板支设→测量放线→板底层筋绑扎→设备管线预埋敷设→验收→梁梯钢筋、板上层筋绑扎→验收→浇梁梯板混凝土→养护→拆模。柱、墙、梁、板、梯的支模、绑筋等施工过程的工程量大，耗用的劳动力、材料多，对工程质量、工期起着决定性作用。故需将高层框架—剪力墙结构在平面上分段、在竖向上分层，组织流水施工。

砌筑围护结构墙体的施工包括：砌筑墙体、安门窗框、安预制过梁，现浇构造柱等工作。高层建筑砌筑围护结构墙体一般可安排在框架—剪力墙结构施工到 3～4 层（或拟建层数一半）后即插入施工，以缩短工期，为后续室内外装饰工程施工创造条件。

3. 屋面及装饰工程的施工顺序

屋面工程的施工顺序及其与室内外装饰工程的关系和砖混结构建筑施工顺序基本相同。

高层框架—剪力墙结构建筑的装饰工程是综合性的系统工程，其施工顺序与砖混结构建筑的施工顺序基本相同，但要注意目前装饰工程新工艺、新材料层出不穷，安排施工顺序时应综合考虑工艺、材料要求及施工条件等因素。施工前应预先完成与之交叉配合的水暖煤电卫等安装，尤其注意天棚内的安装未完成之前，不得进行天棚施工。施工时，先作样板或样板间，经与甲方和监理共同检查认可后方可大面积施工，以保证施工质量。安排立体交叉施工或先后施工顺序时应特别注意成品保护。

（四）单层装配式厂房的施工顺序

单层装配式钢筋混凝土工业厂房的施工，按其施工阶段划分，一般可以分为：基础工程、预制及养护工程、安装工程、围护工程、屋面及装饰工程五个施工阶段。其施工顺序如图 6-8 所示。

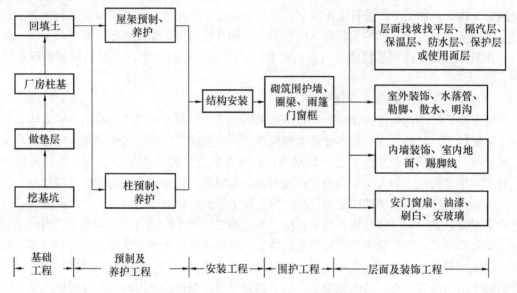

图 6-8　单层装配式厂房施工顺序示意图

单层工业厂房由于生产工艺问题，无论在厂房类型、建筑面积、造型或结构构造上都与民用建筑有较大差别，且具有设备基础和各种管网，所以其施工要比民用建筑复杂。有的单层工业厂房，面积、规模较大，生产工艺要求复杂，厂房按生产工艺分区、分工段，这种工业厂房的施工顺序的确定，不仅要考虑土建施工和组织的要求，而且要研究生产工艺的要求，一般是先生产的工段先施工，从而尽早交付使用，发挥投资效益。因此，对于规模大，工艺复杂的工业厂房的施工，要分期分批施工，分期分批交付生产使用。下面叙述中小型工业厂房的施工顺序。

1. 基础工程的施工顺序

单层工业厂房的柱基础一般为现浇钢筋混凝土杯形基础，宜采用平面流水施工。其施工顺序通常为：挖基坑→做垫层→绑筋→支模→浇混凝土基础→养护→拆模→回填土。当中、重型工业厂房建设在土质较差地区时，需采用桩基础，为缩短工期，常将打桩工程安排在准备阶段进行。

厂房柱基础与设备基础施工顺序的不同，常常会影响到主体结构的安装方法和设备安装投入的时间。因此，需结合具体情况决定其施工顺序。通常有两种方案。

（1）当厂房柱基础的埋置深度大于设备基础埋置深度时，采用"封闭式"施工，即先施工厂房柱基础，再施工设备基础。

一般来说，设备基础不大，在厂房结构安装后再施工对厂房结构稳定性无影响时，或对于较大较深的设备基础采取了特殊的施工方案（如沉井）时，可采用"封闭式"施工。

（2）当厂房柱基础的埋置深度小于设备基础深度时，采用"开敞式"施工，即厂房柱基础与设备基础同时施工。

若厂房基础与设备基础埋置深度接近时，则两种施工顺序可任选。只有当设备基础较大较深，其基坑的挖土范围已与柱基础的基坑挖土范围连成一片或深于厂房柱基础，以及厂房所在地点土质不佳时，方采用"开敞式"施工。

单层工业厂房在基础施工前，和民用建筑一样，也要处理好基础下部的松软土、洞穴、防空洞、文物等，然后分段进行流水施工，且其流水施工要与现场预制工程、结构吊装工程相结合，在考虑各分项工程的搭接时，应根据当时的气温条件，加强对垫层和基础混凝土的养护，在基础混凝土达到拆模强度后即可拆模，并及早进行回填土，为现场预制工程创造条件。

2. 预制及养护工程的施工顺序

单层工业厂房结构构件的预制方式，一般采用加工厂预制和现场预制相结合的方法，通常对于重量较大、尺寸大或运输不便的大型构件，可在拟建厂房现场就地预制，如柱、吊车梁、屋架等。对于种类及规模繁多的异形构件，可在拟建厂房外部集中预制，如门窗过梁等。对于中小型构件，如大型屋面板等标准构件、木制品、钢结构构件等宜在专门的加工厂预制。加工厂生产的预制构件应随着厂房结构安装工程的进展陆续运往现场，以便安装。在具体确定预制方案时，应结合构件技术特征、当地加工厂的生产能力、工期要求、现场施工及运输条件等因素，进行技术经济分析之后确定。现场内部就地预制的构件，一般只要基础回填土完成一部分以后就可以开始制作。但构件在平面上的布置、制作的流程和先后次序，主要取决于结构吊装方案，总的原则是先吊装的先预制。制作的流向应与基础的施工流向一致，这样既能使构件早日开始制作，又能及早让出工作面，为结构安装工程的施工创造条件。

当采用分件吊装法时，预制构件的施工有三种方案。

（1）当场地狭小而工期允许时，构件预制可分别进行。首先制作柱和吊车梁，待柱和吊车梁安装完毕再制作屋架。

（2）当场地宽敞时，可依次安排柱、吊车梁、屋架的连续制作。

（3）当场地狭小但工期紧迫时，可先将柱和梁等在拟建厂房内就地制作，接着或同时在拟建厂房外进行屋架预制。

当采用综合吊装法时，柱、梁、屋架等构件可按节间依次制作。此时视场地具体情况确定构件是全部在拟建厂房内就地预制，还是一部分在拟建车间外预制，现场后张法预应力屋架的施工顺序是：场地平整夯实→支模→扎筋（有时先扎筋后支模）→预留孔道（预埋钢管或加压橡皮管）→浇捣混凝土→养护→拆模→预应力钢筋张拉→锚固→灌浆→养护。

单层工业厂房结构构件预制后需养护并达到一定强度要求。其养护技术间歇时间长短取决于当地气温、混凝土拌制时的技术措施（加减水剂或早强剂等）、养护工艺、养护条件等因素。预应力屋架，托架梁等构件在混凝土的强度达到设计强度等级时方可进行张拉预应力筋；预制结构构件的混凝土强度、预应力混凝土构件孔道灌浆的水泥砂浆强度必须符合设计要求时方可进行吊装；设计无规定时，混凝土的强度不应低于设计强度的70%，预应力混凝土构件孔道灌浆的强度不应低于15MPa。

3. 结构安装工程的施工顺序

结构安装工程是单层工业厂房施工的主导工程，应单独编制施工作业设计，其施工内容有：柱、抗风柱、吊车梁、屋架、天窗架、大型屋面板等构件的吊装、校正和固定。

吊装前需作以下准备工作：检查混凝土构件强度，杯底抄平、杯口弹线，吊装验算和加固，起重机械安装等。

结构安装工程的吊装顺序取决于安装方法。当采用分件吊装法时，其顺序是：第一次开行吊装柱，边校正边固定；待柱与柱基杯口接头混凝土达到设计强度的70%后，第二次开行吊装吊车梁；第三次开行吊装屋盖构件。当采用综合吊装法时，其顺序是：先吊装第一节间四根柱，迅速校正并临时固定，再吊装吊车梁及屋盖等构件，如此依次逐个节间安装，直至整个厂房安装完毕。抗风柱的吊装顺序一般有两种选择，一是在吊装柱的同时先安装该跨一端的抗风柱，另一端则在屋盖吊装完毕后进行；二是待屋盖安装完毕后进行全部抗风柱的安装。

结构安装工程的施工流向通常应与预制构件制作的流向一致。若车间为多跨又有高低跨时，安装流向应从高低跨柱列开始，以适应吊装工艺的要求。

4. 围护工程的施工顺序

围护工程施工阶段的工作通常包括：搭脚手架、搭设垂直运输机具，内外墙体砌筑，现浇门框、雨篷、圈梁，安木门窗框等。在厂房结构安装工程结束后，或安装完一部分区段后即可开始内外墙砌筑的分段施工，此时，不同的分项工程之间可组织立体交叉平行流水施工。

脚手架应配合砌筑工程搭设，内隔墙的砌筑应根据其基础形式而定，有的可以在地面工程之前与外墙同时进行，有的则需在地面工程完成后进行。

5. 屋面及装饰工程的施工顺序

屋面工程施工在砌筑完成后即可进行，其施工顺序与多层砖混结构建筑的屋面工程相同。

装饰工程的施工分为室内装饰（地面的平整、垫层、面层，安装门窗扇，刷白、油漆、安玻璃等）和室外装饰（勾缝、抹灰、水落管、勒脚、散水、明沟等），两者可平行施工，并可与其他施工过程穿插进行。室内地面应在设备基础、墙体工程完成了一部分和地下管沟、管道、电缆完成后进行；刷白应在墙面干燥和大型屋面板灌缝后进行，并在油漆开始前结束；门窗油漆可在内墙刷白后进行，也可与设备安装同时进行。室外装饰一般自上而下，并随之拆除脚手架，在散水施工前将脚手架拆除完毕。

水暖煤电卫安装工程与砖混结构建筑的施工顺序基本相同，但应注意空调设备安装的安排。而生产设备的安装，由于专业性强、技术要求高，应遵照有关专业顺序进行，一般由专业公司承担。

以上所述的施工过程和顺序，仅适用于一般情况。建筑结构、现场条件、施工环境不同，均会对施工过程和顺序的安排产生影响。因此，对每一个单位工程必须根据其施工特点和具体情况，合理地确定其施工顺序，组织立体交叉平行流水作业，以期最大限度地利用空间、争取时间。

四、主要分部分项工程的施工方法和施工机械

施工方法是指单位工程中主要分部分项工程的施工手段和工艺，属于施工方案的技术方面，是施工方案的重要组成部分。施工方法和施工机械的选择是紧密联系的，应当协调统一。也就是说，相应的施工方法要求选择相应的施工机械，不同的施工机械适用于不同的施工方法。

选择施工方法和施工机械直接影响施工进度、质量、安全、成本。因此，要根据建筑物（构筑物）的平面形状、尺寸、高度，结构特征、抗震要求，工程量大小，工期长短、资源供应条件，施工现场和周围环境，施工单位技术管理水平和施工习惯等因素，综合分析考虑，制订可行方案，进行技术经济指标分析，优化后再决策。

（一）选择施工方法和施工机械时应注意的问题

1. 符合施工组织总设计的要求

对于施工组织总设计已审定的施工方法、施工机械，单位工程在选择施工方法、机械时应遵照执行。

2. 施工方法选择时，着重于影响整个工程施工的分部分项工程的施工方法

影响整个工程施工的分部分项工程是指：工程量大而在单位工程中占着重要地位的分部分项工程，施工技术复杂或采用新技术、新工艺及对工程质量起关键作用的分部分项工程，不熟悉的特殊结构工程或由专业施工单位施工的特殊专业工程。对于以上分部分项工程，要求施工方法详细而具体，必要时可编制单独的分部分项工程的施工作业设计。而对于工人熟悉或按照常规做法施工的分部分项工程，则不必详细拟订，只提出应注重的特殊问题即可。

3. 施工机械的选择应遵循切合需要、实际可能、经济合理的原则

（1）技术条件。包括技术性能、工作效率、工作质量、能源耗费、劳动力的使用，安全性和灵活性、通用性和专用性，维修难易和耐用性等。如选择预应力张拉机械、吊装机械时应考虑其技术条件要符合施工技术要求。

（2）经济条件。包括原始价值、经济寿命、使用寿命、使用费用、维修费用等，若是租赁机械则考虑租赁费用。根据机械的经济条件进行选择，可以使选择的施工机械经济节约。

（3）进行定量技术经济比较，使机械选择最优。

4. 首先选择主导工程的机械，辅助机械与其配套，机械类型型号尽量少一些

（1）选择施工机械时，首先根据工程特点决定其最适宜的主导工程的施工机械。例如，在选择装配式单层工业厂房结构安装用的起重机类型时，当工程量大而集中时，可采用塔式起重机或桅杆式起重机，当工程量小或工程量虽大但又相当分散时，则采用无轨自行式起重机。

（2）为充分发挥主导机械的效率，各种辅助机械或运输工具应与其生产能力协调配套。例如，在土方工程中采用汽车运土时，汽车的斗容量应为挖土机斗容量的整数倍，汽车的数量应保证挖土机连续作业。

（3）在同一工地上，力求一机多用及综合利用。应尽量减少施工机械的种类和型号，有利机械管理。当工程量大而且集中时，应选用专业化施工机械；当工程量小而分散时，要选择多用途施工机械，如挖土机可用于挖土、装卸、起重、打桩，起重机可用于吊装和短距离水平运输。

5. 充分发挥企业现有机械的能力

选择机械应考虑提高企业现有机械的利用率。当本单位的机械能力不能满足工程需要时，则应购置或租赁所需新型或多用途机械。

6. 符合提高工业化、机械化的要求

选择施工方法和施工机械时要结合实际尽量提高工业化程度，各种混凝土构件、钢构件、木构件、钢筋加工等应最大限度地实现工厂化预制，还要结合实际尽量提高机械化施工的程度，减少繁重的人工劳动操作。

7. 满足工期、质量、安全、成本的要求

选择施工方法和施工机械时应先进合理、可行经济，以满足工期短、质量高、安全好、成本低的要求。

（二）主要分部分项工程的施工方法和施工机械

主要分部分项工程的施工方法和施工机械在建筑施工技术中已有详细叙述，这里仅将需重点拟订的内容和要求归纳如下：

1. 土石方与地基处理工程

（1）挖土方法。根据土方量大小，确定采用人工挖土还是机械挖土，当采用人工挖土时，应按进度要求确定劳动力人数，分区分段施工。当采用机械挖土时，应选择机械挖土的方式，再确定挖土机的型号、数量，机械开挖方向与路线，人工如何配合修整基底、边坡。

（2）地面水、地下水和排除方法。确定排水沟渠、集水井、井点的布置及所需设备的型号、数量。

（3）挖深基坑方法。应根据土壤类别及场地周围情况确定边坡的放坡坡度或土壁的支撑形式和打设方法，确保安全。

（4）石方施工。确定石方的爆破方法，所需机具材料。

（5）地形较复杂的场地平整，进行土方平衡计算，绘制平衡调配表。

（6）确定运输方式、运输机械型号及数量。

（7）土方回填的方法，填土压实的要求及机具选择。

（8）地基处理的方法（换填地基、夯实地基、挤密桩地基、注浆地基等）及相应的材料、机具设备。

2. 基础工程

（1）浅基础。其中垫层、混凝土基础和钢筋混凝土基础施工的技术要求。

（2）地下防水工程。应根据其防水方法（混凝土结构自防水、水泥砂浆抹面防水、卷材防水、涂料防水），确定用料要求和相关技术措施等。

（3）桩基。明确施工机械型号，入土方法和入土深度控制、检测、质量要求等。

（4）基础有深浅不同时。应确定基础施工的先后顺序，标高控制，质量安全措施等。

（5）各种变形缝。确定留设方法及注意事项。

（6）混凝土基础施工缝。确定留置位置、技术要求。

3. 混凝土和钢筋混凝土工程

（1）模板的类型和支模方法的确定。根据不同的结构类型，现场施工条件和企业实际施工装备，确定模板种类（组合式模板、工具式模板、永久性模板、胶合板模板）、支撑方法

(钢桁架、钢管支桩、四管支桩等)和施工方法,并分别列出采用的项目、部位、数量,明确加工制作的分工,选用隔离剂,对于复杂的还需进行模板设计及绘制模板放样图。模板工程应向工具化方向努力,推广"快速脱模",提高周转利用率。采取分段流水工艺,减少模板一次投入量。同时,确定模板供应渠道(租用或内部调拨)。

(2)钢筋的加工、运输和安装方法的确定。明确构件厂或现场加工的范围(如,成型程度是加工成单根、网片或骨架);明确除锈、调直、切断、弯曲成型方法;明确钢筋冷拉、加预应力方法;明确焊接方法(如电弧焊、对焊、点焊、气压焊等)或机械连接方法(如锥螺纹、直螺纹等);钢筋运输和安装方法。明确相应机具设备型号、数量。

(3)混凝土搅拌和运输方法的确定。若当地有商品混凝土供应时,首先应采用商品混凝土,否则,应根据混凝土工程量大小,合理选用搅拌方式,是集中搅拌还是分散搅拌;选用搅拌机型号、数量;进行配合比设计;确定掺和料、外加剂的品种数量;确定砂石筛选,计量和后台上料方法;确定混凝土运输方法。

(4)混凝土的浇筑。确定浇筑顺序、施工缝位置、分层高度、工作班制、浇捣方法、养护制度及相应机械工具的型号、数量。

(5)冬期或高温条件下浇筑混凝土。应制定相应的防冻或降温措施,落实测温工作,明确外加剂品种、数量和控制方法。

(6)浇筑厚大体积混凝土。应制定防止温度裂缝的措施,落实测量孔的设置和测温记录等工作。

(7)有防水要求的特殊混凝土工程。应事先做好防渗等试验工作,明确用料和施工操作等要求,加强检测控制措施,保证质量。

(8)装配式单层工业厂房的牛腿柱和屋架等大型的在现场预制的钢筋混凝土构件。应事前确定柱与屋架现场预制平面布置图。

4. 砌体工程

(1)砌体的组砌方法和质量要求,皮数杆的控制要求,流水段和劳动力组合形式等。

(2)砌体与钢筋混凝土构造柱、梁、圈梁、楼板、阳台、楼梯等构件的连接要求。

(3)配筋砌体工程的施工要求。

(4)砌筑砂浆的配合比计算及原材料要求,拌制和使用时的要求。

5. 结构安装工程

(1)选择吊装机械的类型和数量。需根据建筑物外形尺寸,所吊装构件外形尺寸、位置、重量、起重高度,工程量和工期,现场条件,吊装工地拥挤的程度与吊装机械通向建筑工地的可能性,工地上可能获得吊装机械的类型等条件来确定。

(2)确定吊装方法,安排吊装顺序、机械位置和行驶路线以及构件拼装办法及场地。

(3)有些跨度较大的建筑物的屋面吊装,应认真制定吊装工艺,设定构件吊点位置,确定吊索的长短及夹角大小,起吊和扶正时的临时稳固措施,垂直度测量方法等。

(4)构件运输、装卸、堆放办法,以及所需的机具设备(如平板拖车、载重汽车、卷扬机及架子车等)型号、数量和对运输道路的要求。

(5)吊装工程准备工作内容,起重机行走路线压实加固;各种吊具,临时加固,电焊机等要求以及吊装有关技术措施。

6. 屋面工程

（1）屋面各个分项工程（如卷材防水屋面一般有找坡找平层、隔汽层、保温层、防水层、保护层或使用面层等分项工程，刚性防水屋面一般有隔离层、刚性防水层等分项工程）的各层材料特别是防水材料的质量要求、施工操作要求。

（2）屋盖系统的各种节点部位及各种接缝的密封防水施工。

（3）屋面材料的运输方式。

7. 装饰装修工程

（1）明确装修工程进入现场施工的时间、施工顺序和成品保护等具体要求，尽可能做到结构、装修、安装穿插施工，缩短工期。

（2）较高级的室内装修应先做样板间，通过设计、业主、监理等单位联合认定后，再全面开展工作。

（3）对于民用建筑需提出室内装饰环境污染控制办法。

（4）室外装修工程应明确脚手架设置，饰面材料应有防止渗水、防止坠落，金属材料防止锈蚀的措施。

（5）确定分项工程的施工方法和要求，提出所需的机具设备（如机械抹灰需灰浆制备、喷灰机械，地面抹光及磨光机械等）的型号、数量。

（6）提出各种装饰装修材料的品种、规格、外观、尺寸、质量等要求。

（7）确定装修材料逐层配套堆放的数量和平面位置，提出材料储存要求。

（8）保证装饰工程施工防火安全的方法。如对材料的防火处理，施工现场防火、电气防火，消防设施的保护。

8. 脚手架工程

（1）明确内外脚手架的用料，搭设、使用、拆除方法及安全措施，外墙脚手架大多从地面开始搭设，根据土质情况，应有防止脚手架不均匀下沉的措施。

高层建筑的外脚手架，应每隔几层与主体结构作固定拉接，以便脚手架整体稳固；且一般不从地面开始一直向上，应分段搭设，一般每段5～8层，大多采用工字钢或槽钢作外挑或组成钢三脚架外挑的做法。

（2）应明确特殊部位脚手架的搭设方案。如，施工现场的主要出入口处，脚手架应留有较大的空位，便于行人甚至车辆进出，空位两边和上边均应用双杆处理，并局部设置剪刀撑，加强与主体结构的拉接固定。

（3）室内施工脚手架宜采用轻型的工具式脚手架，装拆方便省工、成本低。高度较高、跨度较大的厂房屋顶天花板喷刷工程宜采用移动式脚手架，省工又不影响其他工程。

（4）脚手架工程还需确定安全网挂设方法、四口五临边防护方案。

9. 现场水平垂直运输设施

（1）确定垂直运输量，有标准层的需确定标准层运输量。

（2）选择垂直运输方式及其机械型号、数量、布置、安全装置、服务范围、穿插班次，明确垂直运输设施使用中的注意事项。

（3）选择水平运输方式及其设备型号、数量，配套使用的专用工具设备（如混凝土布料杆、砖车、混凝土车、灰浆车、料斗等）。

（4）确定地面和楼面上水平运输的行驶路线。

10. 特殊项目

（1）采用四新（新结构、新工艺、新材料、新技术）的项目及高耸、大跨、重型构件，水下、深基、软弱地基，冬季施工等项目，均应单独编制如下内容：选择施工方法，阐述工艺流程，需要的平立剖示意图，技术要求，质量安全注意事项，施工进度，劳动组织，材料构件及机械设备需要量。

（2）对于大型土石方、打桩、构件吊装等项目，一般均需单独提出施工方法和技术组织措施。

五、施工技术组织措施

技术组织措施是指为保证质量、安全、进度、成本、环保、季节性施工、文明施工等，在技术和组织方面所采用的方法。应在严格执行施工验收规范，检验标准、操作规程等前提下，针对工程施工特点，制定既行之有效又切实可行的措施。

（一）保证进度目标的措施

1. 组织措施

（1）建立进度控制目标体系和进度控制组织系统，落实各层次进度控制人员、具体任务和工作责任。

（2）建立进度控制工作制度，如检查时间、方法、协调会议时间，参加人员等。定期召开工程例会，分析研究解决各种问题。

（3）建立图纸审查、工程变更与设计变更管理制度。

（4）建立对影响进度的因素分析和预测的管理制度，对影响工期的风险因素有识别管理手法和防范对策。

（5）组织劳动竞赛，有节奏的掀起几次生产高潮，调动职工积极性，保证进度目标实现。

（6）组织流水作业。

（7）季节性施工项目的合理排序。

2. 技术措施

（1）采取加快施工进度的施工技术方法。

（2）规范操作程序，使施工操作能紧张而有序的进行，避免返工和浪费，以加快施工进度。

（3）采取网络计划技术及其他科学适用的计划方法，并结合电子计算机的应用，对进度实施动态控制。在发生进度延误问题时，能适时调整工作间的逻辑关系，保证进度目标实现。

3. 经济措施

（1）及时办理工程预付款及工程进度款收取手续，落实实现进度目标的保证资金。

（2）签订关于工期和进度的经济承包责任书，建立相应奖惩制度并实施。

（3）对应急赶工要求赶工费用。

（4）对工期提前要求奖励，并进行内部奖励。

（5）对工程延误支付赔偿金，并进行内部惩罚。

（6）加强索赔管理，处理索赔事件。

4. 合同措施

（1）加强合同管理，加强有关进度条款的学习贯彻。

（2）保持总承包合同与分包合同工期协调一致，以合同形式保证工期进度的实现。

5. 信息措施

（1）建立对施工进度能有效控制的监测、分析、调整、反馈信息系统和信息管理工作制度。

（2）运用系统原理、封闭循环原理、信息反馈原理、信息时效性原理等，随时监控施工过程的信息流，进行全过程进度控制。

（二）保证质量目标的措施

保证工程质量的关键是明确质量目标，建立质量保证体系，对工程对象经常发生的质量通病制定防治措施。

1. 组织措施

（1）建立各级技术责任制、完善内部质保体系，明确质量目标及各级技术人员的职责范围，做到职责明确、各负其责。

（2）推行全面质量管理活动，开展质量红旗竞赛，制定奖优罚劣措施。

（3）定期进行质量检查活动，召开质量分析会议。

（4）加强人员培训工作，贯彻《建筑工程施工质量验收统一标准》（GB 50300—2001）及相关专业工程施工质量验收系列规范。对使用"四新"或是质量通病，应进行分析讲解，以提高施工操作人员的质量意识和工作质量，从而确保工程质量。

（5）对影响质量的风险因素（如工程质量不合格导致的损失，包括质量事故引起的直接经济损失，以及修复和补救等措施发生的费用，以及第三者责任损失等）有识别管理办法和防范对策。

2. 技术措施

（1）确保工程定位放线、标高测量等准确无误的措施。

（2）确保地基承载力及各种基础、地下结构、地下防水、土方回填施工质量的措施。

（3）确保主体承重结构各主要施工过程质量的措施。

（4）确保屋面、装修工程施工质量的措施。

（5）依据《建筑工程冬期施工规程》（JGJ 104—1997）、《冬期施工手册》等制定季节性施工的质量保证措施。

（6）解决质量通病的措施。

（三）保证安全目标的措施

1. 组织措施

（1）明确安全目标，建立安全保证体系。

（2）执行国家、行业、地区安全法规、标准、规范，如：《职业健康安全管理体系规范》（GB/T 28001—2001）、《建筑施工安全检查标准》（JGJ 59—1999）等。并以此制定本工程安全管理制度，各专业工作安全技术操作规程。

（3）建立各级安全生产责任制，明确各级施工人员的安全职责。

（4）提出安全施工宣传、教育的具体措施，进行安全思想、纪律、知识、技能、法制的教育，加强安全交底工作；施工班组要坚持每天开好班前会，针对施工中安全问题及时提示；在工人进场上岗前，必须进行安全教育和安全操作培训。

（5）定期进行安全检查活动和召开安全生产分析会议，对不安全因素及时进行整改。

（6）需要持证上岗的工种必须持证上岗。

（7）对影响安全的风险因素（如，在施工活动中，由于操作者失误、操作对象的缺陷以及环境因素等导致的人身伤亡、财产损失和第三者责任等损失）有识别管理办法和防范对策。

2．技术措施

（1）施工准备阶段的安全技术措施。

1）技术准备中要了解工程设计对安全施工的要求，调查工程的自然环境对施工安全及施工对周围环境安全的影响等。

2）物资准备时要及时供应质量合格的安全防护用品，以满足施工需要等。

3）施工现场准备中，各种临时设施、库房、易燃易爆品存放都必须符合安全规定。

4）施工队伍准备中，总包、分包单位都应持有《建筑业企业安全资格证》。

（2）施工阶段的安全技术措施。

1）针对拟建工程地形、地貌、环境、自然气候、气象等情况，提出可能突然发生自然灾害时有关施工安全方面的措施，以减少损失，避免伤亡。

2）提出易燃、易爆品严格管理、安全使用的措施。

3）防火、消防措施，有毒、有尘、有害气体环境下的安全措施。

4）土方、深基施工、高空作业、结构吊装、上下垂直平行施工时的安全措施。

5）各种机械机具安全操作要求，外用电梯、井架及塔吊等垂直运输机具安拆要求、安全装置和防倒塌措施，交通车辆的安全管理。

6）各种电器设备防短路、防触电的安全措施。

7）狂风、暴雨、雷电等各种特殊天气发生前后的安全检查措施及安全维护制度。

8）季节性施工的安全措施。夏季作业有防暑降温措施，雨季作业有防雷电、防触电、防沉陷坍塌、防台风、防洪排水措施，冬季作业有防风、防火、防冻、防滑、防煤气中毒措施。

9）脚手架、吊篮、安全网的设置，各类洞口、临边防止作业人员坠落的措施。现场周围通行道路及居民保护隔离措施。

10）各施工部位要有明显的安全警示牌。

11）操作者严格遵照安全操作规程，实行标准化作业。

12）基坑支护、临时用电、模板搭拆、脚手架搭拆要编写专项施工方案。

13）针对新工艺、新技术、新材料、新结构，制定专门的施工安全技术措施。

（四）降低成本的措施

制定降低成本的措施要依据以下三个原则，即全面控制原则、动态控制原则、创收与节约相结合的原则。具体可采用如下措施。

（1）建立成本控制体系及成本目标责任制，实行全员、全过程成本控制，搞好变更、索赔工作，加快工程款回收。

（2）临时设施尽量利用已有的各项设施，或利用已建工程作临时设施，或采用工具式活动工棚等，以减少临设费用。

（3）劳动组织合理，提高劳动效率，减少总用工数。

（4）增强物资管理的计划性，从采购、运输、现场管理、材料回收等方面，最大限度地降低材料成本。

（5）综合利用吊装机械，提高机械利用率，减少吊次，以节约台班费。缩短大型机械进出场时间，避免多次重复进场使用。

(6) 增收节支，减少施工管理费的支出。

(7) 保证工程质量，减少返工损失。

(8) 保证安全生产，减少事故频率，避免意外工伤事故带来的损失。

(9) 合理进行土石方平衡，以节约土方运输及人工费用。

(10) 提高模板精度，采用工具模板、工具式脚手架，加速模板等材料的周转，以节约模板和脚手架费用。

(11) 采用先进的钢筋连接技术，以节约钢筋。

(12) 砂浆、混凝土中掺外加剂或掺和料（粉煤灰等），节约水泥用量。

(13) 编制工程预算时，应"以支定收"，保证预算收入；在施工过程中，要"以收定支"，控制资源消耗和费用支出。

(14) 加强经常性的分部分项工程成本核算分析及月度成本核算分析，及时反馈，以纠正成本的不利偏差。

(15) 对费用超支风险因素（如，价格、汇率和利率的变化，或资金使用安排不当等风险事件引起的实际费用超出计划费用）有识别管理办法和防范对策。

（五）文明施工措施

(1) 建立现场文明施工责任制等管理制度，做到随做随清、谁做谁清。

(2) 定期进行检查活动，针对薄弱环节，不断总结提高。

(3) 施工现场围栏与标牌设置规范，出入口交通安全，通路畅通，场地平整，安全与消防设施齐全。

(4) 临时设施规划整洁，办公室、宿舍、更衣室、食堂、厕所清洁卫生。

(5) 各种材料、半成品、构件进场有序，避免盲目进场或后用先进等情况，现场材料应堆放整齐，分类管理。

(6) 采取有效措施防止各种环境污染，如搅拌机冲洗废水、油漆废液等施工废水污染，运输土方与垃圾、白灰堆放等粉尘污染，熬制沥青等废气污染，打桩、振捣混凝土等噪声污染。

(7) 做好成品保护及施工机械修养工作。

六、施工方案的技术经济评价指标

对施工方案进行技术经济评价是选择最优施工方案的重要环节之一。任何一个分部分项工程，都有若干可行的施工方案，其中应优选出一个工期短、质量高、安全好、劳动安排合理、成本低的最优方案，这就是施工方案技术经济评价的目的。

施工方案的技术经济评价涉及的因素多而复杂，一般来说只需对一些主要分部（分项）工程的施工方案进行技术经济比较，有时也需对一些重大工程项目的总体施工方案进行全面技术经济评价。

施工方案的技术经济评价一般有以下两种方法：

1. 定性分析评价

施工方案的定性经济分析评价是结合施工实际经验，对若干个施工方案的优缺点进行分析比较。一般有以下定性评价指标。

(1) 施工操作难易程度和施工可靠性，技术上是否可行。

（2）利用现有或取得机械的可能性，是否充分发挥现有机械的作用。

（3）劳动力尤其是特殊专业工种能否满足需要。

（4）施工方案对冬雨期施工的适应性。

（5）为现场文明施工创造有利条件的可能性。

（6）为后续工程创造有利条件的可能性。

（7）保证质量措施的可靠性。

2. 定量分析评价

施工方案的定量技术经济分析评价是计算各方案的几个主要技术经济指标，进行综合分析比较。

（1）定量评价指标通常有：工期指标、劳动量指标、主要材料消耗指标、成本指标、质量指标。

（2）定量评价的方法通常有：

1）多指标分析方法。它是用工期指标、劳动量指标、质量指标、成本指标等一系列单个的技术经济指标，对各个方案进行分析对比，从中优选的方法。

2）综合指标分析方法。它是以多指标分析方法为基础，将各指标按照其在评价中重要性的相对程度，分别定出数值，再将各指标依据其在各方案中的优劣程度定出相应的分值，然后计算得到综合指标值，施工方案综合指标值最大者为优。

第三节　施工进度计划与资源需求计划

单位工程施工进度计划是在既定施工方案的基础上，根据规定工期和各种资源供应条件等，用图表的形式表明单位工程中各分部分项工程在时间上的安排和相互间的搭接配合关系。

一、单位工程施工进度计划的作用与分类

（一）单位工程施工进度计划的作用

单位工程施工进度计划是施工组织设计的重要组成部分，它的主要作用有：

（1）实现对单位工程进度的控制，保证在规定工期内完成符合质量要求的工程任务。

（2）确定分部分项工程的施工顺序、施工持续时间及相互间的衔接配合关系。

（3）是确定各项资源需要量计划和施工准备工作计划的依据。

（4）是编制季度、月度生产作业计划的依据。

（二）单位工程施工进度计划的分类

1. 按对施工项目划分的粗细程度进行分类

（1）控制性施工进度计划。它是按分部工程来划分施工项目，控制各分部工程的施工时间及其相互配合、搭接关系的一种进度计划。

它主要适用于工程结构较复杂、规模较大、工期较长而需跨年度施工的工程，如大型公共建筑、大型工业厂房等；还适用于规模不大或结构不复杂，但各种资源（劳动力、材料、机械等）不落实的情况；也适用于工程建设规模、建筑结构可能发生变化的情况。

编制控制性施工进度计划的单位工程，当各分部工程的施工条件基本落实之后，在施工之前还需编制各分部工程的指导性施工进度计划。

（2）指导性施工进度计划。它是按分项工程来划分施工项目，具体指导各分项工程的施工时间及其相互配合、搭接关系的一种进度计划。

它适用于施工任务具体明确、施工条件落实、各项资源供应正常，施工工期不太长的工程。

2. 按编制时间阶段进行分类

（1）中标前施工进度计划。它是建筑业企业在投标中所编制的施工进度计划。

（2）中标后施工进度计划。它是建筑业企业在中标后，技术准备时进一步编制的施工进度计划。

二、单位工程施工进度计划的编制依据

（1）单位工程开工、竣工时间，即要求工期。

（2）施工组织总设计中总进度计划对本单位工程的规定和要求。

（3）建筑总平面图及单位工程全套施工图纸、地质地形图、工艺设计图、设备及其基础图，有关标准图等技术资料。

（4）已确定的单位工程施工部署与施工方法，包括施工程序、顺序、起点流向、施工方法与机械、各种技术组织措施等。

（5）预算文件中的工程量、工料分析等资料。

（6）劳动定额、机械台班定额等定额资料。

（7）施工合同等资料。

（8）已建成的类似工程的施工进度计划。

（9）施工现场条件、气候条件、环境条件。

（10）施工人员的技术素质及劳动效率。

（11）主要材料、设备的供应能力。

三、单位工程施工进度计划的编制步骤

（一）单位工程施工进度计划的编制程序（图 6-9）

（二）单位工程施工进度计划的表示方法

单位工程施工进度计划一般用图表来表示，通常有横道图和网络图两种形式的图表。其内容详见本教材第二、三章所述。

1. 横道图表示单位工程施工进度计划

横道图的形式见表 6-3。

表 6-3　　　　　　　　　　　　横道图施工进度计划

序号	施工项目	工程量		定额	劳动量		施工机械		每天工作班次	每班工人数	工作天数	施工进度			
		单位	数量		工种	工日数	机械名称	台班数				年　　月		年　　月	
1															
2															
3															
…															
资源动态图	施工进度计划的技术经济指标分析														

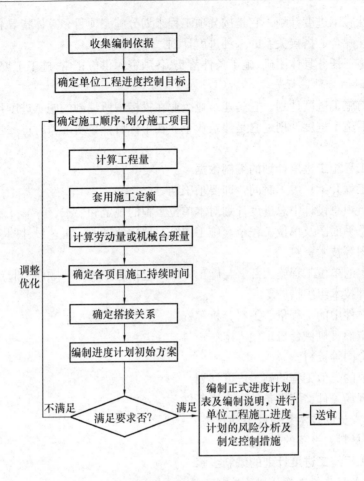

图 6-9 单位工程施工进度计划的编制程序

从上表中可以看出，表格上下由两部分组成。上半部分是施工进度计划的主要内容，又由左右两部分组成，左边反映单位工程的施工项目、工程量、劳动量或机械台班量、施工人数及工作持续时间等，右边是从规定的开工日期起到竣工日期为止的时间表，可分为日历时间和工程日历两行，其中每格可根据需要表示一天或若干天，下面是以左边的数据设计的进度指示图表，用线条形象表现各施工项目的施工进度，综合反映班组流水施工情况及相互之间先后顺序和搭接配合关系。

有时，根据需要可绘制下半部分，左边是施工进度计划的技术经济指标分析，右边是资源动态图，可分类汇总单位时间各种资源计划的动态需要情况，汇总方式可为直方图，亦可为 S 形曲线图等形式。

2. 网络图表示单位工程施工进度计划

网络图的形式见表 6-4。

编制工程网络计划应符合现行国家标准《网络计划技术》（GB/T 13400.1～3—2009）及行业标准《工程网络计划技术规程》（JGJ/T 121—1999）的规定。从上表中可以看出，表格由左右两部分组成，左半部分的上边是施工进度计划的主要内容，上下均有时间表，网络计划居中绘制。左半部分的下边是资源动态图。右半部分是编制说明。

表 6-4 网络图施工进度计划

日　历	年　　　月								年　　　月								编制说明
工程日历																	
网络计划																	
工程日历																	
资源动态图																	

（三）单位工程施工进度计划编制的主要步骤和方法

根据施工进度计划的编制程序，现将其主要步骤和方法叙述如下。

1. 施工项目的划分

施工项目是包含一定工作内容的施工过程，是进度计划的基本组成单元。编制施工进度计划时，首先按照施工图纸和施工顺序将拟建单位工程的各个施工过程列出，并结合施工方法、施工条件、劳动组织等因素，加以适当调整，使之成为编制施工进度计划所需要的施工项目。

在划分施工项目时，应注意以下问题：

（1）施工项目划分的粗细程度。这主要取决于施工进度的类型，对于控制性施工进度计划，施工项目可粗一些，一般只列出施工阶段或分部工程名称，如划分为基础工程、主体工程、屋面及装饰装修工程。对于实施性施工进度计划，其施工过程可细一些，一般应明确到分项工程或更具体，特别是其中的主导施工过程均应详细列出，如屋面工程还要划分为找平层、隔汽层、保温层、防水屋、保护层等分项工程。

（2）施工项目的划分应与施工方案的要求保持一致。如结构安装工程，若采用综合吊装法，则施工项目按施工单元（节间、区段）来确定；而采取分件吊装法，则施工项目应按构件来确定，列出柱吊装、梁吊装、屋架扶直就位、屋盖吊装等施工项目。

（3）施工项目的划分需考虑区分直接施工与间接施工。如预制加工厂构件的制作和运输工作等一般不列入施工项目。

（4）将施工项目适当合并，使进度计划简明清晰，突出重点。这是主要考虑将某些穿插性或次要的、工程量不大的分项工程合并到主要分项工程中去，如安装门窗框可以并入砌墙工程；对同一时间由同一施工队施工的过程可以合并，如工业厂房各种油漆施工，包括门窗、钢梯、钢支撑等油漆可并为一项；对于零星、次要的施工项目，可统一列入"其他工程"一项。

（5）水暖电卫工程和设备安装工程的列项。这些工程通常由各专业队负责施工，在施工进度计划中，只需列出项目名称，反映出这些工程与土建工程的配合关系即可，不必细分。

（6）施工项目排列顺序的要求。所有的施工项目，应按施工顺序排列，即先施工的排前面，后施工的排后面，所采用施工项目的名称可参考现行定额手册上的项目名称。

2. 计算工程量

工程量计算一般可直接采用施工图预算的数据,若某些项目有出入,要结合工程项目的实际情况作必要的变更、调整和补充。工程量计算应注意以下问题。

(1) 注意工程量的计量单位。各分部分项工程的工程量计量单位应与现行定额手册中所规定的单位相一致,以便计算劳动量、材料需要量和机械数量时可直接套用,避免因换算而发生错误。

(2) 注意计算工程量时与选定的施工方法和安全技术要求一致。如计算桩基土方工程量时,应根据其开挖方法是单独基坑开挖还是大开挖,其边坡安全防护是放坡还是加支撑等。

(3) 注意结合施工组织的要求,分段、分层计算工程量。当直接采用预算文件中的工程量时,应按施工项目的划分情况将预算文件中有关项目的工程量汇总。如,砌筑砖墙项目,预算中是按内墙、外墙,墙厚、砂浆强度等级分别计算工程量,施工进度计划的砌筑砖墙项目则需在此基础上分段、分层汇总计算工程量。

3. 套用施工定额

根据前述确定的施工项目、工程量和施工方法,即可套用施工定额,套用时需注意以下问题:

(1) 确定合理的定额水平。当套用本企业制定的施工定额,一般可直接套用;当套用国家或地方颁发的定额,则必须结合本单位工人的实际操作水平、施工机械情况和施工现场条件等因素,确定实际定额水平。

(2) 对于采用新技术、新工艺、新材料、新结构或特殊施工方法项目,施工定额中尚未编入,需参考类似项目的定额、经验资料,或按实际情况确定其定额水平。

(3) 当施工进度计划所列项目工作内容与定额所列项目不一致时,如施工项目是由同一工种,但材料、做法和构造都不同的施工过程合并而成时,可采用其加权平均定额,计算公式如下

$$\overline{S} = \frac{\sum_{i=1}^{n} Q_i}{\sum_{i=1}^{n} P_i} \tag{6-1}$$

$$\sum_{i=1}^{n} P_i = P_1 + P_2 + P_3 + \cdots + P_n = \frac{Q_1}{S_1} + \frac{Q_2}{S_2} + \frac{Q_3}{S_3} + \cdots + \frac{Q_n}{S_n}$$

$$\sum_{i=1}^{n} Q_i = Q_1 + Q_2 + Q_3 + \cdots + Q_n$$

式中　　　　　　　　　$\overline{S}$——某施工项目加权平均产量定额,m^3,m^2,m,t,$\cdots$/工日;

$\sum_{i=1}^{n} Q_i$——该施工项目总工程量,m^3,m^2,m,t,$\cdots$;

$\sum_{i=1}^{n} P_i$——该施工项目总劳动量,工日;

Q_1,Q_2,Q_3,$\cdots$,Q_n——同一工种但施工材料、做法、构造不同的各施工过程的工程量,m^3,m^2,m,t,$\cdots$;

P_1,P_2,P_3,$\cdots$,P_n——与上述施工过程相对应的劳动量,工日;

S_1,S_2,S_3,$\cdots$,S_n——与上述施工过程对应的产量定额,m^3,m^2,m,t,$\cdots$/工日。

【例6-1】 某工程室内楼地面分别采用水磨石、贴瓷砖、贴花岗岩等三种施工做法，其工程量分别是 $1850m^2$、$682m^2$、$1235m^2$，所采用的产量定额分别是 $2.25m^2/$工日，$3.85m^2/$工日，$6.13m^2/$工日，试计算其加权平均产量定额。

解 按式（6-1）有

$$\bar{S} = \frac{\sum\limits_{i=1}^{n} Q_i}{\sum\limits_{i=1}^{n} P_i} = \frac{Q_1 + Q_2 + Q_3}{P_1 + P_2 + P_3} = \frac{1850 + 682 + 1235}{\dfrac{1850}{2.25} + \dfrac{682}{3.85} + \dfrac{1235}{6.13}} = 3.14(m^2/工日)$$

4. 确定劳动量和机械台班数量

根据各分部分项工程的工程量及其施工定额水平，计算各施工项目所需要的劳动量和机械台班数量。

（1）劳动量的确定。一般按下列公式计算确定劳动工日数

$$P = \frac{Q}{S} \tag{6-2}$$

或

$$P = QH \tag{6-3}$$

式中 P——某施工项目所需的劳动量，工日；

Q——该施工项目的工程量，m^3，m^2，m，t，…；

S——该施工项目采用的产量定额，m^3，m^2，m，t，…/工日；

H——该施工项目采用的时间定额，工日/m^3，m^2，m，t，…。

【例6-2】 某基槽土方工程量为 $365m^3$，采用人工挖土，确定采用的施工定额水平为 $4.5m^3/$工日，试计算完成该挖土任务所需的劳动量。

解 按式（6-2）有

$$P = \frac{Q}{S} = \frac{365}{4.5} = 81(工日)$$

若上例中，已知时间定额为 0.222 工日/m^3，则按式（6-3）有

$$P = QH = 365 \times 0.222 = 81(工日)$$

（2）机械台班量的确定。当施工项目以机械施工为主，应按下列公式计算确定机械台班数量

$$D = \frac{Q'}{S'} \tag{6-4}$$

或

$$D = Q'H' \tag{6-5}$$

式中 D——某施工项目所需的机械台班数量，台班；

Q'——该施工项目机械施工完成的工程量，m^3，t，件；

S'——该施工项目采用的机械产量定额，m^3，t，件，…/台班；

H'——该施工项目采用的机械时间定额，台班/m^3，t，件，…。

【例6-3】 某基坑土方工程量为 $3820m^3$，采用机械挖土，其机械挖土量是整个开挖量的 90%，确定采用挖土机挖土自卸汽车随挖随运，挖土机的产量定额为 $310m^3/$台班，自卸汽车的产量定额为 $85m^3/$台班，试计算确定挖土机及自卸汽车的台班需要量。

解 按式（6-3）有

$$D_{挖土机} = \frac{Q'_{挖}}{S'_{挖}} = \frac{3820 \times 0.9}{310} = 11(台班)$$

$$D_{汽车} = \frac{Q'_运}{S'_运} = \frac{3820 \times 0.9}{85} = 40(台班)$$

（3）对于"其他工程"项目所需劳动量，可根据其内容和数量并结合施工现场具体情况，以总劳动量的百分比（一般为 10%～20%）计算确定。

（4）对于水暖电卫、设备安装等工程项目，一般不计算其劳动量和机械台班数量，仅安排与土建工程配合的施工进度。

5. 确定各施工项目的工作持续时间

一般有三种方法：定额计算法、倒排计划法和经验估算法。

（1）定额计算法。这种方法是根据施工项目需要的劳动量或机械台班量，再配以劳动人数或机械台数，来计算确定其工作持续时间。其计算公式如下

$$T = \frac{P}{RN} \tag{6-6}$$

式中　T——完成施工项目的工作持续时间，天；

　　　　P——该施工项目所需的劳动量或机械台班量，工日或台班；

　　　　R——该施工项目上每班安排的施工班组人数或机械台数，人或台；

　　　　N——工作班制。

【例 6-4】　某工程的砌筑工程，总劳动量为 675 工日，一班制工作，瓦工班组人数为 25 人，试计算完成砌筑工程需要的工作持续时间。

解　按式（6-6）有

$$T = \frac{P}{RN} = \frac{675}{25 \times 1} = 27(d)$$

在应用上述公式时，首先需确定施工班组人数或机械台数以及工作班制。

1）确定施工班组人数时，主要是考虑最小劳动组合人数、最小工作面和可能安排的班组人数等因素。

最小劳动组合，即某一施工项目进行正常施工时所必需的最低限度的班组人数及其合理的组合，人数过少或比例不当均会引起劳动生产率的下降。

最小工作面，即施工班组为保证安全生产和有效操作所必须的工作面。最小工作面决定了最高限度的班组人数，人数过多会影响安全或造成窝工。

可能安排的班组人数，即施工单位计划配备在该施工项目的人数。一般要在上述最低和最高限度之内，根据具体情况确定即可。

2）确定机械台数时，主要是考虑机械生产效率、施工工作面、可能安排的机械台数及维修保养等因素，与确定施工班组人数的情况相似。

3）确定工作班制时，有一班制施工、多班制施工两种情况。当工期允许、劳动力和机械周转使用不紧迫、施工工艺上无连续施工要求时，可采用一班制施工，否则，可考虑两班甚至三班制施工。

（2）倒排计划法。这种方法是先根据规定的总工期、施工项目所需的劳动量或机械台班量以及施工经验，确定各施工项目的工作持续时间和工作班制，再反算施工班组人数或机械台数。其计算公式如下

$$R = \frac{P}{TN} \tag{6-7}$$

【例 6-5】 某单位工程的基坑土方工程采用机械开挖，需要 97 个台班，要求 12 天挖完，试计算完成该土方工程需要的机械台数。

解 按式（6-7）有

$$R = \frac{P}{TN} = \frac{97}{12} \approx 8(台)$$

一般计算时均先按一班制考虑，如果每天所需的机械台数或班组人数超过企业或项目部现有人力、物力或工作面限制，则应根据具体情况和条件从施工技术与组织上采取有效措施，如增加工作班次等。

（3）经验估算法。这种方法是根据施工经验进行估计，一般适用于采用新工艺、新方法、新材料、新技术等无定额可循的工程。为了提高其估算准确程度，可采用"三时估计法"，即估计出该施工项目的最长、最短和最可能的三种工作持续时间，然后计算确定该施工项目的工作持续时间。

其计算公式如下

$$T = \frac{A + 4C + B}{6} \tag{6-8}$$

式中　T——完成某施工项目的工作持续时间，d；

　　　A——完成该施工项目最长持续时间，d；

　　　B——完成该施工项目最短持续时间，d；

　　　C——完成该施工项目可能持续时间，d。

6. 初排施工进度

上述各项计算内容确定以后，开始编制施工进度计划的初始方案。此时，必须考虑各分部分项工程的合理施工顺序，尽可能组织流水施工，力求主要工种连续工作。步骤如下：

（1）首先划分主要施工阶段或分部工程，分析每个主要施工阶段或分部工程的主导施工过程，优先安排主导施工过程的施工进度，使其尽可能连续施工，其他施工过程尽可能与主导施工过程配合穿插、搭接或平行作业，形成主要施工阶段或分部工程的流水作业图。

（2）对于其他施工阶段或分部工程，也要分析其阶段内的主导工程，先安排主导施工过程，再安排其他过程的施工进度，形成其他施工阶段或分部工程的流水作业图。

（3）按照施工工程序，将各施工阶段或分部工程的流水作业图最大限度地合理搭接起来，一般需考虑相邻施工阶段或分部工程的前者最后一个分项工程与后者的第一个分项工程的施工顺序关系。最后汇总为单位工程的初始进度计划。

7. 施工进度计划的检查与调整

为了使初排的施工进度满足规定的目标，应根据上级要求、合同规定、施工条件及经济效益等，进行如下检查与调整。

（1）施工进度计划的检查工作。

1）先检查各施工项目间的施工顺序是否合理。施工顺序的安排应符合建筑施工技术上、工艺上、组织上的基本规律，平行搭接和技术间歇应科学合理。

2）检查工期是否合理。施工进度计划安排的施工工期首先应满足上级规定或施工合同的要求；其次应满足连续均衡施工，具有较好的经济效果。即安排工期要合理，并不是越短越好。

3）检查资源是否均衡。施工进度计划的劳动力、材料、机械设备等供应与使用，应避免集中，尽量连续均衡。

（2）施工进度计划的调整工作。经过检查，对于不当之处可作如下调整。

1）增加或缩短某些施工项目的工作持续时间，以改变工期和资源状态。

2）在施工顺序允许的情况下，将某些施工项目的施工时间向前或向后移动，优化资源。

3）必要时可考虑改变施工技术方法或施工组织，以期满足施工顺序、工期、资源等方面的目标。

8. 施工进度计划的审核

上级对施工进度计划审核的主要内容有：

（1）单位工程施工进度目标应符合总进度目标及施工合同工期的要求，符合其开竣工日期的规定，分期施工应满足分批交工的需要和配套交工的要求。

（2）施工进度计划的内容全面无遗漏，能保证施工质量和安全的需要。

（3）合理安排施工程序和作业顺序。

（4）资源供应能保证施工进度计划的实现，且较均衡。

（5）能清楚分析进度计划实施中的风险，并制订防范对策和应变预案。

（6）各项进度保证计划措施周到可行、切实有效。

应当指出，上述施工进度计划的编制步骤之间不是孤立的，而是存在相互联系、相互依赖的关系，有的可以同时进行。建筑施工本身是一个复杂的生产过程，受到周围许多客观因素的影响，在施工过程中，由于资源供应条件及自然条件等变化，都会影响施工进度。因此，在工程进展中，应随时掌握施工动态，并经常检查和调整施工进度计划。

四、单位工程施工进度计划的实施

施工进度计划的实施过程就是单位工程建造的逐步完成过程。其主要内容如下：

（1）编制月（旬或周）施工进度计划。

（2）签发施工任务书，如施工任务单、限额领料单、考勤表等。

（3）在实施中做好施工进度记录，填施工进度统计表，任务完成后作为原始记录和业务考核资料保存。

（4）做好施工调度工作。

五、单位工程施工进度计划执行中的检查与调整

1. 施工进度计划的检查

施工进度计划的检查工作是为了检查实际施工进度，收集整理有关资料并与计划对比，为进度分析和计划调整提供信息。检查时主要依据施工进度计划、作业计划及施工进度实施记录。检查时间及间隔时间要根据单位工程的类型、规模、施工条件和对进度执行要求的程度等确定。检查中主要工作有：

（1）跟踪检查实际施工进度。进度控制及检查人员对实际施工进度检查时常采用内部施工进度报表制度；定期召开进度工作会议，汇总实际进度情况；经常到现场实地察看等检查方法。检查的内容有以下几方面。

1）对日施工作业效率、周旬作业进度及月作业进度分别进行检查，对完成情况做出记录。

2）检查期内实际完成工程量。

3）实际参加施工的人力、机械数量和生产效率。

4）窝工人数、窝工机械台班及其原因分析。

5）进度偏差及进度管理情况。

6）影响进度的特殊原因及分析。

（2）整理统计检查数据及比较分析。

1）将实际收集到的进度数据和资料进行加工整理，使之与相应的进度计划具有可比性。

2）一般采用实物工程量、劳动量、施工产值，累计百分比等整理统计实际检查的数据。

3）将整理后的实际进度数据资料与计划进度比较，常用的方法有：横道图比较法、列表比较法、S形曲线比较法，"香蕉"形曲线比较法、前锋线比较法等。

4）通过比较得出实际进度与计划进度是否存在偏差的结论有：相一致、超前、拖后三种情况。

（3）实际施工进度检查报告。实际施工进度检查的结果，由计划负责人或进度管理人员与其他管理人员协作即时编写进度控制报告，也可按月、旬、周的间隔时间编写上报。进度控制报告的基本内容有：

1）对施工进度执行情况做综合描述。包括检查期的起止时间，当地气象及晴雨天数统计，计划目标及实际进度，检查期内施工现场主要大事记等。

2）项目实施、管理、进度概况的总说明：包括施工进度、形象进度及简要说明；施工图纸提供进度；材料、物资、构配件供应进度；劳务记录及预测；日历计划；建设单位对施工者的工程变更令、价格调整、索赔及工程款收支情况；停水、停电、事故发生及处理情况；实际进度与计划目标相比较的偏差状况及其原因分析，解决问题的措施，计划调整意见等。

2. 施工进度计划的调整

（1）分析进度偏差的影响。当判断出现进度偏差时，应当分析偏差对后续工作和对总工期的影响。

1）分析产生偏差的工作是否为关键工作。

2）分析产生的偏差是否大于总时差。

3）分析产生的偏差是否大于自由时差。

经过如此分析，可以确认产生进度偏差的工作及偏差值的大小。

（2）施工进度计划的调整。在对实际进度分析的基础上，要做出是否调整原计划的决定，需调整的要及时调整，力争使偏差在最短时间内，在所发生的施工阶段内自行消化、平衡，以免造成太大影响。对施工进度计划的调整一般主要有以下几种方法：

1）压缩后续工作持续时间。一般是根据工期—成本优化的原理进行调整。

2）改变工作间的逻辑关系。一般是考虑逻辑关系可否由依次流水施工变为搭接平行流水施工。

3）资源供应的调整。一般是根据工期—资源优化的原理进行调整。

4）增减施工内容。要注意增减施工内容不打乱原计划逻辑关系，只对局部逻辑关系进行调整。

5）增减工程量。主要是指改变施工方案、施工方法，从而使工程量增减。

6）起止时间的改变。主要是指对非关键工作利用其时差。

3. 施工进度控制的总结

在施工进度计划完成后，应及时进行施工进度控制总结，为进度控制提供反馈信息。总结时依据的资料有：施工进度计划，施工进度执行的实际记录，施工进度计划检查结果及调整资料。

施工进度控制总结的主要内容有：合同工期目标和计划工期目标完成情况，施工进度控制经验及存在的问题，科学施工进度计划方法的应用情况，施工进度控制的改进意见。

六、单位工程资源需求计划

在单位工程施工进度计划正式编制完成后，就可以编制各项资源需要量计划。单位工程资源需要量计划的内容一般有：劳动力需要量计划，主要材料需要量计划，预制加工品需要量计划，施工机械需要量计划，生产工艺设备需要量计划和运输计划。

（一）劳动力需要量计划

编制劳动力需要量计划，需依据施工方案、施工进度计划和施工预算。其编制方法是按进度表将每天所需人数分工种统计，得出每天所需的工种及人数，按时间进度要求汇总编出。它主要是作为现场劳动力调配、衡量劳动力耗用指标、安排生活福利设施的依据。其表格形式见表6-5。

表6-5　　　　　　　　　　　　　　　　**劳动力需要量计划**

序号	专业工种		劳动量（工日）	需要人数及时间						备　注
	名称	级别		年　　月			年　　月			
				上旬	中旬	下旬	上旬	中旬	下旬	

（二）主要材料需要量计划

编制主要材料需要量计划，要依据施工预算工料分析和施工进度。其编制方法是将施工进度计划表中各施工过程，分析其材料组成，依次确定其材料品种、规格、数量和使用时间，并汇总成表格形式。它主要是备料、确定仓库和堆场面积，以及组织运输的依据。其表格形式见表6-6。

表6-6　　　　　　　　　　　　　　　　**主要材料需要量计划**

序　号	材料名称	规　格	需要量		需用时间	备　注
			单位	数量		

（三）预制加工品需要量计划

预制加工品主要包括混凝土制品、混凝土构件、木构件、钢构件等，编制预制加工品需要量计划，需依据施工预算和施工进度计划。其编制方法是将施工进度计划表中需要预制加工品的施工过程，依次确定其预制加工品的品种、型号、规格、尺寸、数量和使用时间，并汇总成表格形式。它主要用于加工订货，确定堆场面积和组织运输。其表格形式见表 6-7。

（四）施工机械需要量计划

编制施工机械需要量计划需依据施工方案和施工进度计划。其编制方法是将单位工程施工进度表中的每一个施工过程，按其施工方案确定其每天所需的机械类型、数量，按进度汇总编写。它主要用于落实施工机具来源，组织进场。其表格形式见表 6-8。

表 6-7   预制加工品需要量计划

序号	预制加工品名称	图号、型号	规格尺寸	需要量		使用部位	加工单位	要求供应起止日期	备注
				单位	数量				

表 6-8   施工机械需要量计划

序 号	机械名称	型 号	规 格	电功率（kV·A）	需要量		机械来源	使 用起止时间	备 注
					单位	数量			

（五）生产工艺设备需要量计划

编制生产工艺设备需要量计划需依据生产工艺布置图和设备安装进度。它主要是作为生产设备订货、组织运输和进场后存放依据。其表格形式见表 6-9。

表 6-9   生产工艺设备需要量计划

序 号	生产工艺设备名称	型 号	规 格	电功率（kV·A）	需要量		货源	进场时间	备 注
					单 位	数 量			

七、施工准备工作计划

单位工程施工准备工作计划是施工组织设计的一个组成部分，一般在施工进度计划确定后即可着手进行编制。它主要反映开工前、施工中必须做的有关准备工作，是施工单位落实安排施工准备各项工作的主要依据。施工准备工作的内容主要有以下方面：建立单位工程施工准备工作的管理组织，进行时间安排；施工技术准备及编制质量计划；劳动组织准备；施工物资准备；施工现场准备；冬雨期准备；资金准备等。

为落实各项施工准备工作，加强对施工准备工作的检查监督，通常施工准备工作可列表表示，其表格形式见表 6-10。

表 6-10   施工准备工作计划

序号	施工准备工作名称	准备工作内容（及量化指标）	主办单位（及主要负责人）	协办单位（及主要协办人）	完成时间	备注

八、施工进度计划的技术经济评价

（一）评价单位工程施工进度计划

评价单位工程施工进度计划编制的优劣主要有下列指标。

1. 工期指标

（1）提前时间

$$提前时间＝上级要求或合同要求工期－计划工期 \tag{6-9}$$

（2）节约时间

$$节约时间＝定额工期－计划工期 \tag{6-10}$$

2. 劳动量消耗的均衡性指标

用劳动量不均衡系数（k）加以评价

$$k = \frac{最高峰施工时期工人人数}{施工期间每天平均工人人数} \tag{6-11}$$

对于单位工程或各个工种来说，每天出勤的工人人数应力求不发生过大的变动，即劳动量消耗应力求均衡，为了反映劳动量消耗的均衡情况，应画出劳动量消耗的动态图。在劳动量消耗动态图上，不允许出现短时期的高峰或长时期的低陷情况，允许出现短时期的甚至是很大的低陷。最理想的情况是 k 接近于 1，在 2 以内为好，超过 2 则不正常。当一个施工单位在一个工地上有许多单位工程时，则一个单位工程的劳动量消耗是否均衡就不是主要的问题，此时，应控制全工地的劳动量动态图，力求在全工地范围内的劳动量消耗均衡。

3. 主要施工机械的利用程度

主要施工机械一般是指挖土机、塔式起重机、混凝土泵等台班费高、进出场费用大的机械，提高其利用程度有利于降低施工费用，加快施工进度。主要施工机械利用率的计算公式为

$$主要施工机械利用率 = \frac{报告期内施工机械工作台日数}{报告期内施工机械制度台日数} \times 100\% \tag{6-12}$$

（二）进行施工进度计划的技术经济评价

进行施工进度计划的技术经济评价还可考虑以下参考指标。

1. 单方用工数

$$总单方用工数 = \frac{单位工程用工数（工日）}{建筑面积（m^2）} \tag{6-13}$$

$$分部工程单方用工数 = \frac{分部工程用工数（工日）}{建筑面积（m^2）} \tag{6-14}$$

2. 工日节约率

$$总工日节约率 = \frac{施工预算用工数（工日）－计划用工数（工日）}{施工预算用工数（工日）} \times 100\% \tag{6-15}$$

$$分部工程工日节约率=\frac{施工预算分部工程用工数（工日）-计划分部工程用工数（工日）}{施工预算分部工程用工数（工日）}\times100\%$$ （6-16）

3. 大型机械单方台班用量（以吊装机械为主）

$$大型机械单方台班用量=\frac{大型机械台班量（台班）}{建筑面积（m^2）}$$ （6-17）

4. 建安工人产值

$$建安工人日产值=\frac{计划施工工程工作量（元）}{进度计划日期\times每日平均人数（工日）}$$ （6-18）

第四节　施 工 平 面 图

单位工程施工平面图是对拟建单位工程施工现场所作的平面规划和空间布置图。它是根据拟建工程的规模、施工方案、施工进度计划及施工现场的条件等，按照一定的设计原则，来正确地解决施工期间所需的各种暂设工程同永久性工程和拟建工程之间的合理位置关系。单位工程施工平面图是进行施工现场布置的依据和实现施工现场有计划有组织进行文明施工的先决条件，因此它是单位工程施工组织设计的重要组成部分。贯彻和执行科学合理的施工平面布置图，会使施工现场秩序井然，施工顺利进行，保证进度，提高效率和经济效果。否则，会导致施工现场的混乱，造成不良后果。

一、单位工程施工平面图的设计内容

（1）已建和拟建的地上地下的一切房屋、构筑物以及其他设施（道路和管线等）的位置和尺寸。

（2）测量放线标桩位置，地形等高线和土方取弃场地。

（3）移动式起重机开行路线、轨道布置和固定式垂直运输设备位置。

（4）各种搅拌站，加工厂，材料、构件、加工半成品、机具的仓库和堆场。

（5）生产和生活福利设施的布置。

（6）场外交通引入位置和场内道路的布置。

（7）临时给排水管线、临时用电（电力、通信）线路、蒸汽及压缩空气管道等布置。

（8）临时围墙及一切保安和消防设施等。

（9）必要的图例、比例尺、方向及风向标记。

二、单位工程施工平面图的设计依据

在进行单位工程施工平面图设计前，设计人员首先应认真研究施工方案和施工进度计划，在踏勘现场，取得施工环境第一手资料的基础上，认真研究以下资料，才能使设计与施工现场的实际情况相符，从而使其确实起到指导施工现场空间布置的作用。施工平面图设计所依据的主要资料有：

（一）设计和施工组织设计时所依据的有关拟建工程的当地原始资料

（1）自然条件调查资料。如气象、地形地貌、水文及工程地质资料，周围环境和障碍物，主要用于布置地表水和地下水的排水沟，确定易燃、易爆及有碍人体健康的设施的布置，安排冬雨期施工期间所需设备的地点。

（2）技术经济调查。如交通运输、水源、电源、气源、物资资源等情况，主要用于布置水、电、管线和道路。

(3) 社会调查资料。如社会劳动力和生活设施,参加施工各单位的情况,建设单位可为施工提供的房屋和其他生活设施。它可以确定可利用的房屋和设施情况,对布置临时设施有重要作用。

(二) 有关的设计资料、图纸等

(1) 建筑总平面图。图上包括一切地下、地上原有和拟建的房屋和构筑物的位置和尺寸。它是正确确定临时房屋和其他设施位置,以及修建工地运输道路和排水设施等所需的资料。

(2) 一切原有和拟建的地下、地上管道位置资料。在设计施工平面图时,可考虑利用这些管道或需考虑提前拆除或迁移,并需注意不得在拟建的管道位置上面建临时建筑物。

(3) 建筑区域的竖向设计资料和土方平衡图。它在布置水、电管线、道路以及安排土方的挖填、取土或弃土地点时有用。

(4) 本工程如属群体工程之一,应符合施工组织总设计和施工总平面图的要求。

(三) 单位工程施工组织设计的施工方案、进度计划、资源需要量计划等施工资料

(1) 单位工程施工方案。据此可以确定垂直运输机械和其他施工机具的位置、数量和规划场地。

(2) 施工进度计划。从中可了解各施工阶段的情况,以便分阶段布置施工现场。

(3) 资源需要计划。即各种劳动力、材料、构件、半成品等需要量计划,可以确定宿舍、食堂的面积、位置,仓库和堆场的面积、形式、位置。

(四) 有关建设法律法规对施工现场管理提出的要求

主要文件有《建设工程施工现场管理规定》(建设部令第 15 号)、《文物保护法》、《环境保护法》、《环境噪声污染防治法》、《消防法》、《消防条例》、《环境管理体系标准汇编》(GB/T 24000—ISO 14000)、《建设工程施工现场综合考评试行办法》、《建筑施工安全检查标准》等。另外,施工平面图布置时还应遵守有关企业的施工现场管理标准和规定。遵守以上法律法规和规定,可以使施工平面图的布置安全有序,整洁卫生,不扰民,不损害公众利益,做到文明施工。

三、单位工程施工平面图的设计原则

(1) 现场布置尽量紧凑,节约用地,不占或少占农田。在保证施工顺利进行的前提下,布置紧凑、节约用地可以便于管理,并减少施工用的管线,降低成本。

(2) 短运输、少搬运。在合理的组织运输,保证现场运输道路畅通的前提下,最大限度地减少场内运输,特别是场内二次搬运,各种材料尽可能按计划分期分批进场,充分利用场地。各种材料堆放位置,应根据使用时间的要求,尽量靠近使用地点,运距最短,既节约劳动力,也减少材料多次转运中的消耗,可降低成本。

(3) 控制临时设施规模,降低临时设施费用。在满足施工的条件下,尽可能利用施工现场附近的原有建筑物作为施工临时设施,多用装配式的临设,精心计算和设计,从而少用资金。

(4) 临时设施的布置,应便利于施工管理及工人的生产和生活,使工人至施工区的距离最近,往返时间最少,办公用房应靠近施工现场,福利设施应在生活区范围之内。

(5) 遵循建设法律法规对施工现场管理提出的要求,利于生产、生活、安全、消防、

环保、市容、卫生防疫、劳动保护等。

四、单位工程施工平面图的设计步骤

单位工程施工平面图的一般设计步骤如图 6-10 所示。

以上步骤在实际设计中，往往互相牵连，互相影响，因此，要多次重复进行。除研究在平面上的布置是否合理外，还必须考虑它们的空间条件是否可能和科学合理，特别是要注意安全问题。在单位工程施工平面图设计中有以下要点。

（一）垂直运输机械的布置

垂直运输机械在建筑施工中主要担负垂直运送材料设备和人员上下的任务。其布置位置直接影响仓库、搅

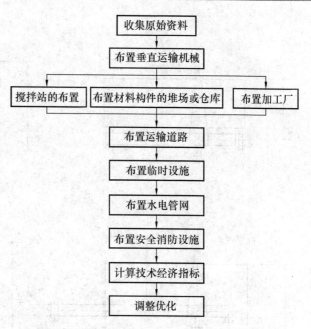

图 6-10　单位工程施工平面图的设计步骤

拌站、各种材料和构件等位置及道路和水、电线路的布置等，因此，它的布置是施工现场全局的中心环节，必须首先予以确定。

由于各种垂直运输机械性能不同，其布置的位置也不相同。

1. 塔式起重机的布置

塔式起重机具有提升、回转、水平输送等功能，用其垂直和水平吊运长、大、重的物料为其他垂直运输机械所不及。按其固定方式可分为固定式、轨道式、附墙式和内爬式四类。其中，对轨道式塔式起重机一般沿建筑物长向布置，其位置尺寸取决于建筑物的平面形状、尺寸、构件重量、起重机的性能及四周的施工场地条件等，其布置要求如下：

（1）塔吊的平面布置。通常有以下四种布置方案，如图 6-11 所示。

1）单侧布置。当建筑物宽度较小，可在场地较宽的一面沿建筑物的长向布置，其优点是轨道长度较短，并有较宽的场地堆放材料和构件。其起重半径 R 应满足式（6-19）要求

$$R \geqslant B + A \tag{6-19}$$

式中　R——塔式起重机的最大回转半径，m。

B——建筑物平面的最大宽度，m。

A——塔轨中心线至外墙外边线的距离，m。一般当无阳台时，A＝安全网宽度＋安全网外侧至轨道中心线距离；当有阳台时，A＝阳台宽度＋安全网宽度＋安全网外侧至轨道中心线距离。

2）双侧布置（或环形布置）。当建筑物较宽，构件重量较重时，可采用双侧布置（或环形布置）。起重半径 R 应满足式（6-20）的要求

$$R \geqslant \frac{B}{2} + A \tag{6-20}$$

3）跨内单行布置。当建筑物周围场地狭窄，或建筑物较宽，构件较重时，采用跨内单行布置。其起重半径应满足式（6-21）的要求

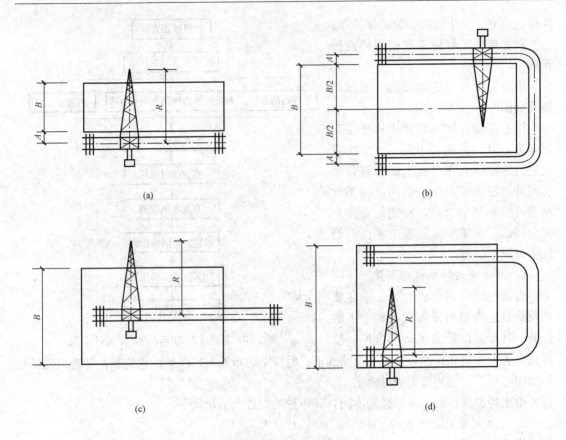

图 6-11　轨道式塔吊平面布置方案

(a) 单侧布置；(b) 双侧布置；(c) 跨内单行布置；(d) 跨内环形布置

$$R \geqslant \frac{B}{2} \tag{6-21}$$

4）跨内环形布置。当建筑物较宽，采用跨内单行布置不能满足构件吊装要求，且不可能跨外布置时，应选择跨内环形布置。

（2）复核塔吊的工作参数。塔式起重机的平面布置确定后，应当复核其主要工作参数，使其满足施工需要。主要参数包括工作幅度、起重高度、起重量和起重力矩。

1）工作幅度为塔式起重机回转中心至吊钩中心的水平距离，最大工作幅度 R_{max} 为最远吊点至回转中心的距离。

2）起重高度应不小于建筑物总高度加上构件（或吊斗、料笼）、吊索（吊物顶面至吊钩）和安全操作高度（一般为 2～3m）。当塔吊需要超越建筑物顶面的脚手架、井架或其他障碍物时，其超越高度一般不应小于1m。

3）起重量包括吊物（包括笼斗和其他容器）、吊具（铁扁担、吊架）和索具等作用于塔机起重吊钩上的全部重量，起重力矩为起重量乘以工作幅度。因此，塔机的技术参数中一般都给出最小工作幅度时的最大起重量和最大工作幅度时的最大起重量。应当注意，塔吊一般宜控制在其额定起重力矩的 75％以下，以保证塔吊本身的安全，延长使用寿命。

（3）绘出塔吊服务范围。以塔吊轨道两端有效行驶端点为圆心，以最大工作幅度为半径画出两个半圆，再连接两个半圆，即为塔吊服务范围。

塔吊布置的最佳状况应使建筑物平面尺寸均在塔吊服务范围之内，以保证各种材料与构件直接运到建筑物的设计部位上，尽可能不出现死角。建筑物处于塔吊服务范围以外的阴影部分称为死角。塔吊服务范围及死角如图 6-12 所示。如果难以避免，则要求死角越小越好，且使最重、最大、最高的构件不出现在死角，有时配合龙门架以解决死角问题。并且在确定吊装方案时，提出具体的技术和安全措施，以保证处于死角的构件顺利安装。此外，在塔吊服务范围内应考虑有较宽的施工场地，以便安排构件堆放、搅拌设备出料斗能直接起吊，主要施工道路也应处于塔吊服务范围内。

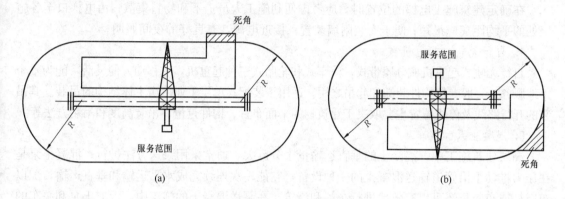

图 6-12　塔吊服务范围及死角示意图
(a) 南边布置方案；(b) 北边布置方案

（4）塔吊的装设位置应具有相应的装设条件。如具有可靠的基础并设有良好的排水措施，具有可靠结构拉结和水平运输通道条件等。

2. 井字架、龙门架的布置

井字架和龙门架是固定式垂直运输机械，它的稳定性好、运输量大，是施工中最常用的，也是最为简便的垂直运输机械，采用附着式可搭设超过 100m 的高度。井架内设吊盘（也可在吊盘下加设混凝土料斗），井架上可视需要设置拨杆，其起重量一般为 0.5～1.5t，回转半径可达 10m。

井字架和龙门架的布置，主要是根据机械性能，工程的平面形状和尺寸，流水段划分情况，材料来向和已有运输道路情况而定。布置的原则是，充分发挥起重机械的能力，并使地面和楼面的水平运输最短。布置时应考虑以下几个方面的因素。

（1）当建筑物呈长条形，层数、高度相同时，一般布置在流水段分界处或长度方向居中位置。

（2）当建筑物各部位高度不同时，应布置在高低分界线较高部位一侧。

（3）其布置位置以窗口处为宜，以避免砌墙留槎和减少井架拆除后的修补工作。

（4）一般考虑布置在现场较宽的一面，因为这一面便于堆放材料和构件，以达到缩短运距的要求。

（5）井字架、龙门架的数量要根据施工进度，提升的材料和构件数量，台班工作效率等因素计算确定，其服务范围一般为 50～60m。

（6）卷扬机应设置安全作业棚，其位置不应距起重机械太近，以便操作人员的视线能看到整个升降过程，一般要求此距离大于建筑物高度，水平距外脚手架 3m 以上。

(7) 井架应立在外脚手架之外并有一定距离为宜，一般为 5～6m。

(8) 缆风设置，高度在 15m 以下时设一道，15m 以上时每增高 10m 增设一道，宜用钢丝绳，并与地面夹角成 45°，当附着于建筑物时可不设缆风。

3. 建筑施工电梯的布置

建筑施工电梯（亦称施工升降机、外用电梯）是高层建筑施工中运输施工人员及建筑器材的主要垂直运输设施，它附着在建筑物外墙或其他结构部位上，随建筑物升高，架设高度可达 200m 以上（有最高纪录为 645m）。

在确定建筑施工电梯的位置时，应考虑便利施工人员上下和物料集散；由电梯口至各施工处的平均距离应最短；便于安装附墙装置；接近电源，有良好的夜间照明。

4. 自行无轨式起重机械

自行无轨式起重机械分履带式，汽车式和轮胎式三种起重机，它移动方便灵活，能为整个工地服务，一般专作构件装卸和起吊之用。适用于装配式单层工业厂房主体结构的吊装。其吊装的开行路线及停机位置主要取决于建筑物的平面布置、构件重量、吊装高度和吊装方法等。

5. 混凝土泵和泵车

高层建筑施工中，混凝土的垂直运输量十分巨大，通常采用泵送方法进行。混凝土泵是在压力推动下沿管道输送混凝土的一种设备，它能一次连续完成水平运输和垂直运输，配以布料杆或布料机还可以有效地进行布料和浇筑。在泵送混凝土的施工中，混凝土泵和泵车的停放布置是一个关键，不仅影响混凝土输送管的配置，同时也影响到泵送混凝土的施工能否按质按量完成，其布置要求如下。

(1) 混凝土泵设置处的场地应平整坚实，具有重车行走条件，且有足够的场地、道路畅通，使供料调车方便。

(2) 混凝土泵应尽量靠近浇筑地点。

(3) 其停放位置接近排水设施，供水、供电方便，便于泵车清洗。

(4) 混凝土泵作业范围内，不得有障碍物、高压电线，同时要有防范高空坠物的措施。

(5) 当高层建筑采用接力泵泵送混凝土时，其设置位置应使上、下泵的输送能力匹配，且验算其楼面结构部位的承载力，必要时采取加固措施。

(二) 搅拌站、加工厂及各种材料、构件的堆场或仓库的布置

搅拌站、加工厂及各种材料、构件的堆场或仓库的位置应尽量靠近使用地点或在塔式起重机服务范围之内，又要便于运输和装卸。

1. 搅拌站的布置

搅拌站主要指混凝土及砂浆搅拌机，其型号、规格、数量在施工方案中确定。其布置的要求如下：

(1) 搅拌站应尽可能布置在垂直运输机械附近，以减少混凝土及砂浆的水平运距。当选择为塔吊方案时，混凝土搅拌机的出料斗（车）应在塔吊的服务范围之内，可以直接挂钩起吊。

(2) 搅拌站应布置在道路附近，便于砂石进场及拌和物的运输。

(3) 搅拌站应有后台上料的场地，以布置水泥、砂、石等搅拌所用材料。

(4) 有特大体积混凝土施工时，搅拌站尽可能靠近使用地点。

(5) 搅拌站四周应设排水沟，使得清洗机械的污水排走，避免现场积水。

（6）混凝土搅拌机每台所需面积为 $25m^2$ 左右，冬季施工时，考虑保温与供热设施等面积为 $50m^2$ 左右；砂浆搅拌机每台所需面积为 $15m^2$ 左右，冬季施工时面积为 $30m^2$ 左右。

2. 加工厂的布置

（1）木材、钢筋、水电卫安装等加工棚宜设置于建筑物四周稍远处，并有相应的材料及成品堆场。

（2）石灰及淋灰池可根据情况布置在砂浆搅拌机附近。

（3）木工间、电焊间、沥青熬制间等易燃或有明火的现场加工棚，要离开易燃易爆物品仓库，布置在施工现场的下风向，并通入给排水管道，附近应设有灭火器、砂箱或消防水池等。

3. 材料、构件的堆场或仓库的布置

各种材料、构件的堆场或仓库应先计算其面积，然后根据各个施工阶段的需要及材料使用的先后来进行布置。同一场地可供多种材料或构件堆放，如先堆主体施工阶段的模板、钢筋，再堆装饰装修施工阶段的各种面砖等。其布置的要求如下：

（1）仓库的布置。

1）水泥仓库应选择地势较高、排水方便、靠近搅拌机的地方。

2）各种易燃、易爆物品或有毒物品的仓库，如各种油漆、油料、亚硝酸钠、装饰材料等，应与其他物品隔开存放，室内应有较好的通风条件，存量不宜过多，应根据施工进度有计划的进出。仓库内禁止火种进入并配有灭火设备。

3）木材、钢筋及水电器材等仓库，应与加工棚结合布置，以便就近取材加工。

（2）预制构件的布置。预制构件的堆放位置应根据吊装方案，大型构件一般需布置在起重机械服务范围内，堆放数量应根据施工进度、运输能力和条件等因素，实行分期分批配套进场，吊完一层楼（或一个施工段）再进场一批构件，以节省堆放面积。

（3）材料堆场的布置。各种材料堆场的面积应根据其用量的大小、使用时间的长短、供应与运输情况等计算确定。布置时考虑先用先堆，后用后堆，尽量靠近使用地点，布置在塔吊服务范围内，且交通方便。如砂石尽可能布置在搅拌机后台附近，并按不同粒径规格分别堆放。

在基坑边堆放的材料，应规定与基坑边的安全距离，一般不小于 0.5m，并作基坑边坡稳定性验算，防止塌方事故；围墙边堆放砂、石、石灰等散状材料时，应作高度限制，防止挤倒围墙造成意外伤害；楼层堆物，应规定其数量、位置，防止压断楼板造成坠落事故。

（三）运输道路的布置

施工现场应优先利用永久性道路，或先建永久性道路的路基，作为道路使用，在工程竣工前再铺路面。运输道路应按现场生产的需要，沿生产和生活性施工设施布置，使其畅通无阻。因此，运输道路最好围绕拟建建筑物布置成环形，道路每隔一定距离要设置一个回车场。道路的路面宽度至少为 3m，道路两侧一般应结合地形设排水沟，沟深不小于 0.4m，底宽不小于 0.3m。对施工道路的要求见表 5-31～表 5-33。

（四）行政管理、文化生活、福利用临时设施的布置

这些临时设施主要有办公室、宿舍、工人休息室、食堂、开水房、厕所、门卫等，布置时要考虑使用方便，有利于生产、安全防火和劳动保护等要求，具体确定它们各自位置。有关的面积计算及参考指标，参见第五章。

临时设施应尽可能采用活动式结构或就地取材设置，办公室应靠近施工现场，与工地入口联系方便，工人休息室应设在工人作业区，宿舍应布置在安全的上风向，门卫及收发室应

布置入口处。

（五）施工给排水管网的布置

1. 施工给水管网的布置

（1）施工给水管网首先要经过设计计算，然后进行布置，其中包括水源选择，用水量计算（包括生产用水、机械用水、生活用水、消防用水等），取水设施，储水设施，配水布置，管径确定等。

（2）施工用的临时给水管，一般由建设单位的干管或自行布置的干管接到用水地点（如搅拌站、食堂等），布置时应力求管网总长度最短，管径的大小和水龙头数目需视工程规模大小经计算确定。管线可暗铺，也可明铺，视当时的气温条件和使用期限的长短而定。其布置形式有环形、枝形、混合式三种。

（3）给水管网应按防火要求布置消防栓，消防水管线的直径一般不小于 100mm，消防栓应沿道路布置，距路边不大于 2m，距建筑物外墙不应小于 5m，也不应大于 25m，消防栓的间距不应超过 120m，且应设有明显的标志，周围 3m 以内不准堆放建筑材料。

（4）高层建筑施工给水系统应设置蓄水池和加压泵，以满足高空用水的需求。

2. 施工排水管网的布置

（1）当单位工程属于群体工程之一时，现场排水系统将在施工组织总设计中考虑，若是单独一个工程时，应单独考虑。

（2）为排除地面水和地下水，应及时修通永久性下水道，并结合现场地形在建筑物周围设置排泄地面水和地下水的沟渠。

（3）在山坡地施工时，应设有拦截山水下泻的沟渠和排泄通道，防止冲毁在建工程和各种设施。

（六）施工供电的布置

（1）单位工程施工用电，要与建设项目施工用电综合考虑，在全工地性施工平面中安排。如属于独立的单位工程，要先计算出施工用电总量（包括电动机用电量、电焊机用电量、室内和室外照明电量），并选择相应变压器，然后计算导线截面积，并确定供电网形式。

（2）为了维修方便，施工现场一般采用架空配电线路，并尽量使其线路最短。要求现场架空线与施工建筑物水平距离不小于 1m，线与地面距离不小于 4m，跨越建筑物或临时设施时，垂直距离不小于 2.5m，线间距不小于 0.3m。

（3）现场线路应尽量架设在道路的一侧，且尽量保持线路水平，以免电杆受力不均，在低压线路中，电杆间距应为 25～40m，分支线及引入线均应由电杆处接出，不得在两杆之间接线。

（4）线路应布置在起重机的回转半径之外。否则应搭设防护栏，其高度要超过线路 2m，机械运转时还应采取相应措施，以确保安全。现场机械较多时，可采用埋地电缆，以减少互相干扰。

（5）变压器应远离交通要道口处，布置在现场边缘高压线接入处，离地应大于 3m，四周设有高度大于 1.7m 的铁丝网防护栏，并用明显标志。

需注意的是建筑施工是一个复杂多变的生产过程，不同的工程性质和不同的施工阶段，各有不同的施工特点和要求，对现场所需的各种施工设备，也各有不同的内容和要求。各种施工机械、材料、构件等随着工程的进展而逐渐进场，又随着工程的进展而不断消耗、变动。因此，在整个施工过程中，工地上的实际布置情况是动态变化的。因而，对于大型建筑工程、施工期限较长或建筑工地较为狭窄的工程，为了把各施工阶段工地上的合理布置情况反映出来，需要结合实际按不同的施工阶段设计几张施工平面图。如，一般中小型工程只要绘制主体结构施工阶段的施工平面图即可，高层建筑可绘制基础、主体、装修等阶段的施工平面图，单层工业厂房可绘制基础、预制、吊装等阶段的施工平面图。

五、单位工程施工平面图的编制

单位工程施工平面图是施工的重要技术文件之一，是施工组织设计的重要组成部分。因此，要精心设计，认真绘制。

1. 单位工程施工平面图的手工绘图

（1）单位工程施工平面图的绘制步骤、内容、图例、要求和方法基本同施工总平面图。应做到标明主要位置尺寸，要按图例或编号注明布置的内容、名称，线条粗细分明，字迹工整清晰，图面清楚美观。施工平面图常见图例见表6-11。

（2）绘图比例常用1∶200～1∶500，视工程规模大小而定。

（3）将拟建单位工程置于平面图的中心位置，各项设施围绕拟建工程设置。

2. 单位工程施工平面图的计算机绘图

用手工绘施工平面图速度慢、修改困难，出图效果欠佳，采用施工平面图软件可快速作出高质量的施工平面图。下面以梦龙平面图制作软件为例，简单介绍单位工程施工平面图采用计算机绘图的一般步骤：

（1）启动软件，配合扫描仪将建筑总平面图扫进来作为底图。

（2）图纸大小调整，定义图纸尺寸。

（3）进行图面布置，绘制平面图。选择实用工具和库工具快速绘出拟建建筑、塔吊、各种生产生活临时设施、临时围墙、道路、水电管线等。

表 6-11 施工平面图常用图例

序号	名 称	图 例	序号	名 称	图 例
一、地形及控制点			8	高等线：基本的、补助的	
1	室内标高	151.00(±0.00)			
2	室外标高	●143.00 ▼143.00	9	土堤、土堆	
3	原有建筑		10	坑穴	
4	窑洞：地上、地下		11	现有永久公路	
5	蒙古包		12	拟建永久道路	
6	坟地、有树坟地				
7	钻孔	⊙钻	13	施工用临时道路	

序号	名　称	图　例	序号	名　称	图　例
	二、建筑、构筑物		5	砂堆	
1	新建建筑物	8 ▲	6	砾石、碎石堆	
2	将来拟建建筑物		7	块石堆	
3	临时房屋：密闭式、敞棚式		8	砖堆	
4	实体围墙及大门		9	钢筋堆场	
5	通透围墙及大门		10	型钢堆场	L I [
6	建筑工地界线		11	铁管堆场	
7	工地内的分区线		12	钢筋成品场	
8	烟囱		13	钢结构场	
9	水塔		14	屋面板存放场	
10	测量坐标	X105.00 Y425.00	15	砌块存放场	
11	建筑坐标	A105.00 B425.00	16	墙板存放场	
	三、材料、构件堆场		17	一般构件存放场	
1	散状材料临时露天场地		18	原木堆场	
2	其他材料露天堆场或露天作业场		19	锯材堆场	
3	施工期间利用的永久堆场		20	细木成品场	
4	土堆				

续表

序号	名　称	图　例	序号	名　称	图　例
21	粗木成品场		13	消防栓	
22	矿渣、灰渣堆		14	原有上下水井	
23	废料堆场		15	拟建上下水井	
24	脚手、模板堆场		16	临时上下水井	
	四、动力设施		17	原有排水管线	—— | —— | ——
1	临时水塔		18	临时排水管线	—— P ——
2	临时水池		19	临时排水沟	
3	储水池		20	原有化粪池	
4	永久井		21	拟建化粪池	
5	临时井		22	水源	
6	加压站		23	电源	
7	原有的上水管线	—— · — · —	24	总降压变电站	M
8	临时给水管线	—— S —— S	25	发电站	
9	给水阀门（水嘴）	—— ⋈	26	变电站	^
10	支管接管位置	—— S —↑—	27	变压器	
11	消防栓（原有）		28	投光灯	
12	消防栓（临时）		29	电杆	—— ○
			30	现有高压 6kV 线路	—— WW_6 —— WW_6 ——

续表

序号	名 称	图 例	序号	名 称	图 例
31	施工期间利用的永久高压 6kV 线路	—LWW_6—LWW_6—	10	皮带运输机	
32	临时高压 3～5kV 线路	—$W_{3.5}$—$W_{3.5}$—	11	外用电梯	
33	现有低压线路	—VV—VV—	12	少先吊	
34	施工期间利用的永久低压线路	—LVV—LVV—			
35	临时低压线路	—V—V—	13	推土机	
36	电话线	—·O—·O·		挖土机：正铲	
37	现有暖气管道	—T—T—			
38	临时暖气管道	—Z—	14	反铲	
39	空压机站			抓铲	
40	临时压缩空气管道	—VS			
	五、施工机械			拉铲	
1	塔轨		15	铲运机	
2	塔吊		16	混凝土搅拌机	
3	井架		17	灰浆搅拌机	
4	门架		18	洗石机	
5	卷扬机		19	打桩机	
6	履带式起重机		20	水泵	
7	汽车式起重机		21	圆锯	
8	缆式起重机			六、其他	
9	铁路式起重机		1	脚手架	
			2	壁板插放架	

续表

序号	名　称	图　例	序号	名　称	图　例
3	淋灰池	灰	5	常绿阔叶灌木	
4	沥青锅		6	落叶阔叶灌木	
5	避雷针		7	竹类	
七、绿化			8	花卉	
1	常绿针叶树		9	草坪	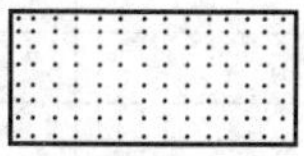
2	落叶针叶树		10	花坛	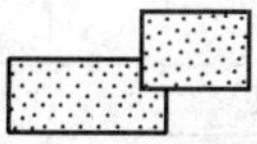
3	常绿阔叶乔木		11	绿篱	
4	落叶阔叶乔木		12	植草砖铺地	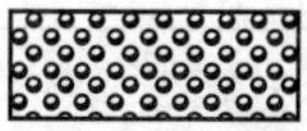

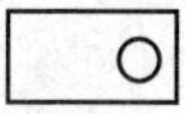

（4）可利用图层管理功能，将图中所画的对象置入不同的层中，需要时按施工阶段或不同专业分别输出。如只输出施工水电布置图。

（5）标注尺寸，标注图例、指北针、风向标，填标题栏，对图中文字进行修饰处理。

（6）打印整理，输出施工平面图。

六、单位工程施工平面图的技术经济评价指标

根据单位工程施工平面图的设计原则并结合施工现场的具体情况，施工平面图的布置可以有几种不同的方案，需进行技术经济比较，从中选出最经济，最合理、最安全的平面布置方案。可以通过计算、分析下列技术经济指标获得所需的平面布置方案。

（1）施工用地面积及施工占地系数

$$施工占地系数 = \frac{施工占地面积(m^2)}{建筑面积(m^2)} \times 100\% \tag{6-22}$$

（2）施工场地利用率

$$施工场地利用率 = \frac{施工设施占用面积(m^2)}{施工用地面积(m^2)} \times 100\% \tag{6-23}$$

（3）施工用临时房屋面积、道路面积、临时供水线长度及临时供电线长度。

（4）临时设施投资率

$$临时设施投资率 = \frac{临时设施费用总和(元)}{工程总造价(元)} \times 100\% \qquad (6-24)$$

第五节　单位工程施工组织设计实例

一、工程概况

（一）工程主要情况

工程总体概况见表 6-12。

表 6-12 **工 程 总 体 概 况**

序　号	项　目	内　　　容
1	工程名称	××市医院住院大楼（简称住院大楼）
2	工程地址	××市中区经七路 87 号
3	建设单位	××市卫生局
4	设计单位	××市建筑设计研究院
5	监理单位	××市工程建设监理公司
6	质量监督	××市建筑工程质量监督站
7	施工总包	××建（集团）有限责任公司
8	主要分包	××机械公司
9	合同范围	结构、室外内装修、水电安装等
10	合同性质	总承包
11	投资性质	自筹
12	合同工期	2001 年 5 月 18 日～2003 年 5 月 31 日
13	质量目标	一次验收合格，确保市优，争创省优

（二）专业设计简介

1. 建筑设计简介

建筑设计概况见表 6-13。

表 6-13 **建 筑 设 计 概 况**

建筑面积	16 500m²	占地面积	1460m²
地上部分面积	15 133m²	地下部分建筑面积	1397m²
地下层数	地下一层	地下层高度	4.8m
地上层数	15 层	地上层高度	一层，5.1m； 2～13 层，3.25m； 14、15 层，4.2m
±0 标高	841.15m	建筑防火	一级
外装修作法	氟碳漆涂料、干挂花岗石	内装修作法	精装修
墙面	氟碳漆涂料，干挂花岗石	屋面	不上人：三元乙丙卷材三层； 不上人：三元乙丙卷材二层	墙面	乳胶漆	楼梯	花岗石
门窗	木门、塑钢窗			地面		瓷砖，花岗石	

2. 结构设计简介

结构设计概况见表 6-14。

表 6-14　　　　　　　　　　　　　　结构设计概况

序号	项目	内容	
1	结构形式	基础结构形式	筏型基础，底板厚 2.2m
		主体结构形式	现浇钢筋混凝土框架—剪力墙结构体系
		屋盖结构形式	现浇预应力钢筋混凝土无梁屋盖楼板
2	土质、水位	土质情况	粉质黏土
		地下水位	绝对标高 23m
3	地基处理 CFG 桩	桩径	$\phi400$
		桩身强度	C20
		根数	997 根
4	地下防水	柔性防水	三元乙丙卷材防水两道和花铺沥青油毡一层
5	混凝土强度等级	基础	C30
		梁板	C40
		柱	C40
		楼梯	C25
6	抗震等级	工程设防烈度	八度
		框架抗震等级	Ⅲ类
		剪力墙抗震等级	Ⅲ类
7	钢筋接头形式	闪光对焊	底板水平主筋
		FP 接头（Ⅲ钢）电渣压力焊	竖向主筋
		搭接绑扎	墙、板

3. 水暖及电气安装专业简介

（1）水暖部分：本工程设计中央集中空调系统，地下室和公用洗手间等为热水采暖（城市供热引入）系统。空调机房、水泵房水池及人防均在地下室。给水系统由城市供水管引入生活及消防水池，由泵房向 15 层屋顶的生活及消防水箱供水。消防设有消防栓及自动喷洒灭火两个系统，由消防泵供水，室外设有水泵结合器。排水系统，一层及以上各层污水直接排往室外，进入原有水处理站（室外部分另行设计）；地下室部分汇入集水坑，由污水泵排至室外；生活热水由空调制冷机组供给，饮用水为电热器供给。

（2）电气部分：电气工程施工在时间安排上，分为结构预埋、初安装、系统安装、系统调试收尾交工四个阶段。在施工程序上，遵循高压到低压、由主干回路到分支回路直至用电设备的顺序原则。在同一空间（本层）自上而下，不同空间（各楼层）自下而上进行作业。电气安装分为强电系统、弱电系统两个部分。

（三）项目主要施工条件

1. 地质情况

自地面向下，土层分布依次为：人工填土、黄土状粉土、黄土状粉质黏土、黄土状粉土、粉砂、圆砾、粉质黏土、粉土、中砂。各土层性状、层厚、标高等略。

2. 工程水文地质情况

地下稳定水位深度为 7.00～8.5m，相应标高为 797.90～799.40m，不需降水措施。

3. 气象情况

本区雨季施工期限 7 月 1 日～9 月 15 日，冬季采暖期 11 月 5 日～3 月 21 日，最大冻土深度 77cm。

（四）工程施工特点

1. 工程的重要性

本工程地理位置优越，所处地段商业、办公、娱乐、餐饮等行业众多，人员流动大。本工程作为××市重点工程，其工程质量的优劣将倍受关注。

2. 平面构成

平面构成为弧形，对测量放线要求较高，本工程中采用内控法，实现建筑物各层控制线的测设。

3. 施工工期要求

工程合同总工期为 743 天，并且还要考虑高考期间政府对施工时间的限制。因此，阶段时间内资源投入大，对总承包方的管理、协调、组织能力要求很高。

4. 施工质量标准高

一次验收合格，确保市优，争创省优。

5. 两个冬期及两个雨期的影响

施工总工期内逢两个冬期、两个雨期，其中基础工程施工、屋面及外装饰工程施工在雨季，上部结构施工在冬期。因此，合理的安排和组织是项目管理中的重中之重。

6. 施工现场情况

施工现场狭小，现场内只有西侧及东北侧局部有部分场地可以利用，料区和进出场道路有部分重叠。

7. 底板大体积混凝土

0.8m 厚底板大体积混凝土施工，由于混凝土多达 2 千多立方，要求连续浇筑，现场混凝土浇筑时的浇筑顺序和混凝土内部水化热的测量监控尤显重要。底板混凝土的施工质量关系到结构的抗渗、防水质量能否达到要求，须加强管理和监测，以避免底板混凝土出现收缩裂缝而影响混凝土的防水质量。

8. 新材料、新工艺、新技术的应用

如预应力技术、粗直钢筋机械连接、新型墙体材料、大型钢模板、新型防水材料等。

9. 机电工程安装量大

机电工程涉及的专业多且复杂，加之工期紧、交叉作业多。因此，组织与协调是项目管理的重点。

二、施工部署

（一）项目施工总体目标

（1）质量目标：所有检验批、分项工程全部合格，分部、子分部工程全部合格，质量控制资料完整，一次验收合格。确保市优，争创省优××杯。

（2）工期目标：2001 年 5 月 18 日桩基开工至 2003 年 5 月 31 日竣工，总工期 743 天。

（3）成本目标：成本控制在计划成本范围内，目标成本降低率控制在 2%。

（4）严格遵守职业健康安全与环境管理有关规定，无重大工程安全事故，杜绝工伤事故，年轻伤事故率控制在 0.3‰内。创市级安全文明工地，争创省级安全文明样板工地。

（二）项目施工组织机构

项目经理部由总公司授权管理，按照企业项目管理模式—ISO 9001 标准模式建立的质量保证体系来运作，形成以全面质量管理为中心环节，以专业管理和计算机管理相结合的科学化管理体制。项目经理部按照总公司颁布的《项目管理手册》、《质量保证手册》、《CI 工作手册》、《项目质量管理手册》、《项目安全管理手册》、《项目成本管理手册》执行。

项目部组织机构设置如图 6-13 所示。根据组织机构图，项目部建立岗位职责制，明确分工职责，落实施工责任，各岗位各行其职。

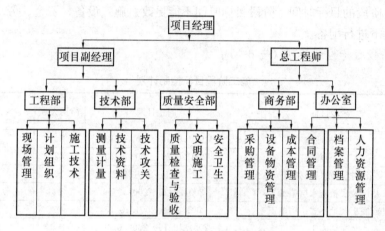

图 6-13　项目部组织机构设置图

（三）施工部署原则

本工程工程量大，结构质量、装修标准高，总工期 743 天，工期较为紧张。为了保证基础、主体、装修均尽可能有充裕的时间施工，保证如期完成施工任务，应考虑到各方面的影响因素，充分酝酿任务、人力、资源、时间、空间的总体布局。

（1）在时间上的部署原则——季节施工的考虑。根据总施工进度的安排，基础结构施工在 10 月初出地面，回填土在冬季施工之前完成，保证边坡的稳定；主体结构在 6 月底封顶。装饰工程在主体验收完毕天气转暖后开始考虑施工，避免因冬季气温影响产生的装修质量问题。

（2）在空间上的部署原则——立体交叉施工的考虑。为了贯彻空间占满、时间连续，均衡协调、有节奏，力所能及留有余地的原则，保证工程按照总控计划完成，需采用主体和安装、主体和装修、安装和装修的立体交叉施工。

（3）总施工顺序上的部署原则。按照先地下，后地上；先结构，后围护；先主体，后装修；先土建，后专业的总施工顺序原则进行部署。

（4）在资源上的部署原则——机械设备的投入。根据施工工程量和现场实际条件投入机械设备。由于现场条件限制，结构施工期间用 FO/23B 型塔吊，混凝土浇筑采用拖式输送泵完成。

（5）做施工安排的时候，要考虑高考期间、冬季及节假日对工程施工的影响。

（四）施工安排及施工段划分

××建（集团）有限责任公司负责设计图纸内土建、装饰、安装工程及甲方安排的其他项目,桩基由××机械公司分包,电梯、楼宇自控等由××专业公司分包。

在地基处理阶段,为防止受地下水位的影响,使工作面形成橡皮土而影响桩基施工,基坑开挖时距基底预留 2m 厚土层,上部作为桩基工作面,在桩基施工开始后,分阶段进行余土开挖。在上部主体结构施工中,以后浇带为界,分为东西两个施工流水段,组织流水。基坑回填在地下室防水完成后及时进行,为上部施工提供充足的工作面。砌体围护在主体施工过程中适时插入。主体施工阶段要合理协调土建与设备安装之间的工序安排,圆满完成施工任务。

三、工程施工进度计划

根据投标时业主要求,本工程的竣工工期确定为 2003 年 5 月 31 日。因此,为了保证各分部、分项工程均有相对充裕的时间且保证工程施工和施工质量,编制工程施工进度计划时,要确立各阶段的目标时间,阶段目标时间不能更改。施工设备、资金、劳动力在满足阶段目标的前提下进行配备。

1. 施工阶段目标控制计划(表 6-15)

表 6-15 　　　　　　　　　　施工阶段目标控制计划

序号	阶段目标	起止日期	所用天数	结构验收时间
1	土方、护坡施工	2001.5.18~2001.8.12	84	
2	CFG 桩施工	2001.6.29~2001.8.10	42	
3	余土挖出及桩头处理	2001.8.5~2001.8.25	20	
4	垫层及底板防水层施工	2001.8.25~2001.9.5	10	
5	基础底板及地下式结构施工	2001.9.6~2001.10.15	40	2001.10.15
6	主体施工	2001.10.16~2002.6.30	168	2002.6.25
7	屋面施工	2002.6.30~2002.8.1	31	
8	砌体	2001.11.20~2002.8.10	120	
9	室内装修	2002.4.1~2002.10.20	249	
10	室外装修	2002.8.10~2002.10.30	81	
11	水电暖安装	2001.9.6~2002.7.20	277	
12	竣工验收工程	2003.5.2~2003.5.30	31	2003.5.31

2. 施工进度计划网络图

详见表 6-16(见书末插页),某医院住院楼工程控制性网络进度计划。

四、施工准备与资源配置计划

(一)施工准备

1. 施工组织设计和专项方案编制计划(表 6-17)

表 6-17 　　　　　　　　施工组织设计和专项方案编制计划

序号	计划名称	责任部门	截止日期	审批单位
1	CFG 桩施工方案	项目技术	2001.4	总公司技术部
2	土方及护坡施工方案	项目技术	2001.4	总公司技术部
3	防水施工方案	项目技术	2001.4	总公司技术部
4	底板施工方案	项目技术	2001.4	总公司技术部
5	钢筋施工方案	项目技术	2001.4	总公司技术部
6	模板施工方案	项目技术	2001.4	总公司技术部

续表

序号	计划名称	责任部门	截止日期	审批单位
7	混凝土施工方案	项目技术	2001.4	总公司技术部
8	脚手架施工方案	项目技术	2001.4	总公司技术部
9	屋面施工方案	项目技术	2001.8	总公司技术部
10	外墙涂料施工方案	项目技术	2002.10	总公司技术部
11	室内初装修施工方案	项目技术	2002.10	总公司技术部
12	室内吊顶施工方案	项目技术	2002.12	总公司技术部
13	门窗安装施工方案	项目技术	2002.12	总公司技术部
14	油漆及墙面乳胶漆施工方案	项目技术	2002.12	总公司技术部
15	安装施工方案	安装项目部	2001.4	总公司技术部

2. 试验工作计划（表 6-18）

表 6-18 试 验 工 作 计 划

序号	试验内容		取样批量	试验数量	备注	见证部位和数量（实际＞计算）
1	钢筋原材		≤60t	1组		
			＞60t	2组		
2	钢筋接头	闪光对焊	500 个接头	3 根拉件		
		FP接头 电渣压力焊	500 个接头	3 根拉件		
3	混凝土试块		一次浇筑量≤1000m³，每 100m³ 为一个取量单位（3 块）		同一配比	
			一次浇筑量＞1000m³，每 200m³ 为一个取量单位（3 块）		同一配比	
4	混凝土抗渗试块		500m³	3 块	同一配比	
5	砌筑砂浆		250m³	3 块	同一配比	
			一个楼层			
6	防水卷材		100 卷以内	2组		
			100～499 卷	3组		
			1000 卷以内	4组		
7	加气混凝土砌块		10 000 块	100×100，4 块		

3. 坐标点的引入

项目经理部进场时，项目部技术人员和建设、技术、勘察单位有关人员，将建筑的轴线桩引入施工现场，并且将城市水准点引入现场，标注在周围围墙上，代号为 M1、M2，以次水准点控制工程的标高。在土方开挖前，项目部技术人员将轴线桩引到现场四周固定的房屋墙面上，作为施工轴线的投测点。

4. 现场平面布置

本工程"五通一平"施工条件已具备，材料堆放、加工厂区及主要道路已硬化完毕，临时办公楼及职工宿舍楼已施工完毕，施工图纸已到位，现场管理人员及施工作业人员已全部进场，能够满足施工需要。现场施工平面布置详见总施工平面布置图（略）。

　　5．现场临时用电负荷（略）

　　6．现场临时用水设计（略）

（二）资源配置计划（表6-19、表6-20）

表6-19　　　　　　　　　　　　　　　劳动力需要量计划表

序　号	工　种	人　数	进场时间
1	钢筋工	40	2001年8月
2	模板工	40	2001年8月
3	混凝土工	20	2001年8月
4	架子工	15	2001年8月
5	安装工	20	2001年8月
6	机械司机	10	2001年5月
7	机械修理工	2	2001年5月
8	抹灰工	50	2001年10月
9	电焊工	10	2001年8月
10	防水工	15	2001年8月
11	电工	10	2001年5月
12	瓦工	30	2001年10月
13	普工	30	2001年5月

表6-20　　　　　　　　　　　　　　施工机械设备需要量计划表

序号	机械设备名称	型号规格	数量	国别产地	制造年份	额定功率（kW）	进场时间	退场时间	备注
1	塔吊	FO/23B	1	四川	1998	75	2001.8	2002.7.31	
2	施工电梯	SCD200/200	1	上海	1997	20	2001.11	2003.4.30	
3	挖掘机	PC200	1	日本	1996	90	2001.5	2001.8.25	
4	压路机	YD-14	1	邯郸	1996	15t	2001.6	2001.9.10	
5	自卸汽车	东风130	20	国产	1996		2001.5	2001.12.15	
6	输送泵	HBT60	1	长沙	1998	70	2001.10	2002.7.1	
7	平板振捣器	ZB11	3	太原	1999	1.1	2001.8.1	2003.4.30	
8	插入振动棒	ZX50	10	太原	1999	1.1	2001.8.15	2002.7.1	
9	砂浆搅拌机	JD250	1	邯郸	1998	7.5	2001.8.15	2003.4.30	
10	钢筋切断机	QT40-1	1	邯郸	1997	7.5	2001.7.29	2002.7.1	
11	空气压缩机	YV-3/8	2	天津	1993	22	2001.6	2002.7.1	
12	混凝土搅拌机	JS350	1	太原	1998	7.5	2001.6	2003.4.29	
13	卷扬机	JJK-25	1	太原	1998	11.5	2001.7.29	2002.9.1	
14	交流电焊机	AX5-500	2	河北	1997	26	2001.7.29	2003.4.15	
15	钢筋对焊机	LP-100	1	河北	1998	76	2001.7.29	2002.7.1	
16	钢筋弯曲机	WJ40	1	邯郸	1998	5.5	2001.7.29	2002.7.1	
17	木工圆锯		1				2001.8.15	2003.4.30	
18	蛙式打夯机	HW60	3	太原	1999	3.2	2001.10.1	2003.4.30	
19	手提砂轮机		5	开封	1999	1.5	2001.7	2003.4.30	
20	布料杆	R=15m	1				2001.11	2002.7.1	
21	长螺旋钻机	ZKL800BB	2		1999	75	2001.6	2001.7.29	

五、主要施工方案

(一) 土方开挖及 CFG 桩的施工

1. 土方工程

(1) 测量放线。依据业主及规划部门提供的方向控制线进行建筑物的水平定位，建立场区平面控制网，撒出建筑物外轮廓及基坑开挖边线，同时实现对打桩期间的桩位、标高的控制。

(2) 基坑开挖。依据地质勘察报告，地基土的构成以粉土、砂土及杂填土为主，确定边坡坡度系数为 1：0.66，基坑底边尺寸的确定另见《地基处理及土方开挖施工方案》。

基坑开挖沿高度方向分两阶段进行，第一次挖至 -5.36m，然后进行打桩，打桩完毕后进行下层土开挖。对桩间土的开挖也采用机械开挖，底部预留 30cm 人工清底。其中上层土开挖阶段为及早给桩基施工提供工作面，先挖北侧，后挖南侧，挖土打桩同步进行。

(3) 旧建筑的爆破拆除。基坑内有旧建筑物的地下室及基础，墙厚 600mm，纵横墙连接处设钢筋混凝土构造柱，顶板为钢筋混凝土结构，基础为条形钢筋混凝土基础。开挖时依据开挖暴露情况及时进行控制爆破，爆破原则为多打孔，少装药，准确计算单孔装药量及布孔密度，确保做到安全有效。

(4) 边坡防护。依据勘察报告，基坑上层土为杂填土。为确保边坡安全，靠近基坑边 2m 范围内用 10cm 厚的三七灰土夯实，上部浇注 5cm 厚细石混凝土，向坑外按 1% 找坡，并在距边坡 0.5m 处砖砌 30cm 高挡水堰，外抹 1：2 水泥砂浆，以防止地表水渗入边坡或流入基坑内。

2. 地基处理设计要求

(1) CFG 桩的规格、强度见表 (略)。

(2) 桩体材料及强度。水泥：普 C42.5；石子：粒径 0.5～2.0cm，含泥量不得大于 2%；中砂：含泥量不得大于 5%；粉煤灰：二级粉煤灰。配合比 (每方用量)：水泥：水：砂子：石子：粉煤灰 = 382：250：663：1054：63。桩体强度：CFG 桩桩体强度不少于 20MPa。

(3) 桩的施工允许偏差应满足要求。

(4) CFG 桩施工过程中，桩体配比由现场选用的桩体材料试验确定，桩体不允许有断桩、径缩等质量问题。

(5) 配比根据现场取料、试验室试配确定，坍落度 20cm±2cm。

3. 地基处理施工要求

(1) 为施工材料堆放及混凝土搅拌、泵送和临设设置准备必要的场地。

(2) 施工所需水、电供应：用电量 200kW，日用水量为 80t。

(3) 施工作业面上，甲方需提供必要的定位控制点。

4. 施工准备

(1) 施工人员检查施工现场，使其满足"三通一平"条件。

(2) 组织设备进场，并积极组织机械设备的组装与试车。

(3) 按照施工总平面图的规划，现场布置各种材料库房，搭设料棚，铺设水、电线路，设置施工便道，设置必需的标牌和警告牌。

(4) 联系材料货源，并提出必要的材料试验报告合格证书，并按施工要求组织原材料进场。

（5）试验员对进场材料进行进场检验，并进行桩体材料配合比试验。

（6）测量人员根据测量控制点，进行定位放线，并做好记录（用钢钎打入地下400mm左右，灌入白灰，并在灰点中心打短钢筋定位），经监理复核无误后，方可施工。

（7）打桩施工作业面的设置。设置磅秤，设置搅拌机，安装混凝土输送泵，安装混凝土输送系统，安排置换泥土堆放场地。

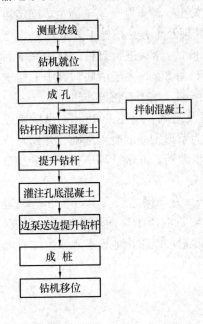

图6-14　CFG桩施工工艺流程图

5．施工方案

（1）施工工程量。根据设计图纸，共有CFG桩997根，有效桩长13m。合计桩体延长米为12961m，灌注C20混凝土理论体积为1717m³。

（2）施工顺序。桩基施工方向由东向西，按要求呈梅花形跳打。

（3）施工工艺。CFG桩施工工艺流程如图6-14所示（工艺要求略）。

6．施工质量技术保证措施

（1）要求测量员对轴线桩位进行复核，确保每根桩位置都符合设计要求，桩位正确。

（2）要求质检员对灌注桩施工的每一道工序认真进行复核（钻机就位，桩体材料制备，桩顶标高等），严格按设计要求和施工验收规范进行施工，做好隐蔽工程验收工作。

（3）材料员要严格把关，每批材料必须有质量保证书，并按规定进行复检，有权对不符合质量要求的材料勒令退场。

（4）试验员要严格掌握混凝土配合比的正确性，对加料情况进行监督并按规定做好试块及进行养护。

（5）钻孔过程中操作人员要密切注意钻进情况，发现钻杆剧烈抖动等异常情况应立即停机，技术管理人员立即采取措施予以解决。

（6）制备桩体材料时，石屑、碎石、粉煤灰材料应逐车过秤，计量员核对配合比，检查石屑、碎石、粉煤灰、水泥、水的计量误差，搅拌机司机应保证足够的搅拌时间，保证坍落度18～22cm。

（7）成桩过程中，为保证桩身质量，提钻速度要和泵送的材料相匹配。边灌注边提钻，保持连续灌注，均匀提升，可基本做到钻头始终埋入混凝土内1m左右。提升速度控制在1.2m/min以内。

（8）配制水泥砂浆，在每次开始施工前，先泵送水泥砂浆，润滑混凝土输送系统，防止堵管事故的发生。

（9）遇到突然停电事故，要及时启动备用发电机将钻杆提出钻孔，并及时拆卸混凝土输送导管，清除输送泵及导管中混凝土，并及时用水冲洗干净。

（10）所有桩位统一编号，施工桩时逐一填写施工记录表，并在图上标示，防止错打或漏打。

（二）地下室防水工程

1. 基层处理要求

（1）基层必须牢固，无松动、起砂等缺陷。

（2）基层表面应平整光滑、均匀一致。

（3）基层应干燥，含水率宜小于9%。

（4）基层若高低不平或凹坑较大时，应用掺加107胶的1:3水泥砂浆抹平。

（5）必须将突出基层表面的异物、砂浆疙瘩等铲除，并将尘土杂物清除干净，最好用高压空气进行清理。

2. 卷材防水层的施工

主要步骤：涂布基层处理剂→复杂部位增强处理→涂布基层胶粘剂及铺设卷材→卷材搭接缝及收头处理→施工保护层。

（1）涂布基层处理剂。应使用与所选三元乙丙橡胶防水卷材相配套的基层处理剂。基层处理剂一般以聚氨酯涂膜防水材料按甲料（黄褐色胶体）：乙料（黑色胶体）：二甲苯＝1:1.5:3，配合搅拌均匀即成，称为聚氨酯底胶。底胶涂刷后要干燥4h以上，方可进行下道工序施工。

（2）复杂部位增强处理。在铺贴卷材之前应对阴阳角做增强处理，方法如下：以聚氨酯涂膜防水处理，按甲料：乙料＝1:1.5的比例配合搅拌均匀，涂刷在细部周围，涂刷宽度应距细部中心不小于20cm，涂刷厚度约为2mm。涂刷后24h方可进行下一道工序的施工。

（3）涂布基层胶粘剂及铺设卷材。

1）在坡面上，卷材的长边应垂直于排水方向，且沿排水的反方向顺序铺贴。

2）在转角处及立面上，卷材应自下而上进行铺贴。

3）按预先量好的卷材尺寸扣除搭接宽度，在铺贴面弹线标明。

4）分别在基层表面及卷材表面涂布。具体做法是将卷材展开平铺在干净基层上，用长把滚刷粘满CX-404胶迅速而均匀地进行涂布，不得漏涂，不允许有凝聚胶块存在。涂布CX-404，需静置10～20s，待胶膜基本干燥（以手感不粘手为准）时，将卷材用原纸筒芯重新卷起，要注意两端平直，不得折皱，并防止粘上砂子或尘土等污物。

5）在重新卷好的卷材筒中心插入一根$\phi30$、长1.5m的铁管，两人分别手执铁管两端，先将卷材一端粘贴固定在起始部位，然后沿弹好的标准线铺展卷材，并每隔1m对准标准线将卷材粘贴一下，注意不要拉伸卷材，不得使卷材折皱。每铺完一张卷材应立即用干净而松软的长把滚刷从卷材的一端开始沿卷材横向用力滚压一遍，以排除黏结层之间的空气。排除空气之前不要踩踏卷材。排除空气后用压辊沿整个黏结面用力滚压，大面积可用外包橡胶的大铁辊滚压。

6）立面铺贴应先根据高度将卷材裁好，当基层与卷材表面的胶粘剂达到要求的干燥度后，即将卷材松弛地反卷在纸筒芯上，胶结面朝外，由两个人手持卷芯两端，借助两端的梯子或架子自下而上地进行铺贴，另一个人站在墙下的底板上用长柄压辊粘铺卷材并予以排气，排气时先滚压卷材中部，再从中部斜向上往两边排气，最后用手持压辊将卷材压实粘牢。

（4）卷材搭接缝及收头处理。卷材搭接缝及收头是防水层密封质量的关键，因此须以专用的接缝胶粘剂及密封膏进行处理，此外，地下工程卷材搭接缝必须做附加补强处理。

卷材收头处理：卷材收头必须用聚氨酯嵌缝膏封闭，封闭处固化后，在收头处再涂刷一层聚氨酯涂膜防水材料，在其尚未完全固化时，即可用107胶水泥砂浆压缝封闭。

(5) 施工保护层。卷材防水层经检查质量合格后，即可做保护层。

（三）大体积混凝土施工

底板厚度为800mm，混凝土强度等级C30，属大体积混凝土施工。

1. 水泥品种选用

选用低水化热的C42.5矿渣硅酸盐水泥，对于水泥用量，根据实际计算以及配合比的优化选取，在保证混凝土强度等级的前提下，尽可能减少单方用量。

2. 粗、细骨料的优化选取

砂、石的含泥量严格控制，否则会增加混凝土的水泥用量及收缩，同时也会引起混凝土抗拉强度降低，对混凝土的抗裂是十分不利的，因此在大体积混凝土施工中，碎石的含泥量控制在1‰以内，砂子的含泥量控制在2‰以内。碎石选用自然连续级配的，可以提高混凝土和易性，减少水和水泥用量，增加抗压强度。在满足混凝土泵送的条件下，尽量选用粒径较大的、级配良好的碎石，这样可以降低混凝土的升温，减少混凝土的收缩，避免过多的泌水。

3. 外加剂的选用

为提高底板混凝土的抗渗、抗裂性、和易性、可泵性，采用多掺技术，在试配过程中内掺一定数量的缓凝性高效泵送减水剂，如内掺UEA提高抗渗、抗裂性；内掺适量Ⅱ级粉煤灰，从而减少拌合用水，节约水泥用量，降低水化热，防止或减少混凝土收缩开裂，并使混凝土致密化。

4. 混凝土浇筑方法

采用斜面分层法。混凝土振捣时要控制每层的浇筑厚度及振捣后坡度，输送管口配置2～4根50型振捣棒，保证混凝土振捣密实，防止漏振；另外对浇筑后的混凝土，在初凝前给予二次振捣，能排除因泌水在粗骨料、水平钢筋下部生成的水分和空隙，提高混凝土与钢筋握裹力，防止因混凝土沉落而出现裂缝，减少混凝土内部微裂，增加混凝土的密实度。

特殊部位的处理：电梯井底板高度与其他底板高度不同，所以在浇筑混凝土时，先浇筑电梯井基础底板混凝土，再浇筑其他底板混凝土。

5. 大体积混凝土的养护

基础底板施工要严格控制大体积混凝土的内外温差，对浇筑后的混凝土进行保温养护，保温材料厚度的计算过程略。

经计算，保温材料需要覆盖一层塑料薄膜、二层草袋，厚度为5cm左右，即可满足要求。保温层覆盖时交叉覆盖，让其自身湿养护，底板侧面采用砖模保温养护，在实际测温过程中如出现内外温差超过25℃时，适当加盖保温材料，防止混凝土产生温差应力和裂缝。

6. 大体积混凝土的测温

基础混凝土采取预留测温孔的方法，准确地掌握并控制混凝土的内外温度差，保证其内、外温度差不超过25℃。

(1) 测温点布置。测温点布置必须具有代表性与可比性，测温点平面布置按十字交叉布置，垂直方向按不同的高度布置，测温点平面布置图略。

埋设竖向钢管，钢管用内径15mm的普通钢管，测温钢管下口密封不透水，上口超出混凝土表面 150mm，并用木塞塞住。

（2）测温方法。使用玻璃温度计，由测温孔从上向下缓慢地将触头放到钢管内测温，随时控制混凝土内外温度。

（3）测温制度。第 1～8d，每 4h 测温一次；第 9～18d，每 8h 测温一次；第 19～28d，每 12h 测温一次。

（4）记录要求。每测温一次，记录各测温点的温度与混凝土表面温度以及大气温度，填入测温记录表中，将温度记录仪反映出的温度与温度计测出的温度比较找出混凝土内部最高温度，计算混凝土内外温差，当发现温差超过 25℃时，及时加强混凝土保温，防止混凝土产生温差应力，出现裂缝。

（四）钢筋工程

在本项工程中设计使用了Ⅰ级、Ⅱ级、Ⅲ级三种类型的钢筋，其中Ⅱ级钢筋水平连接采用闪光焊，竖向钢筋直径大于 16mm 采用电渣压力焊，直径小于 16mm 的钢筋采用绑扎接头；对于Ⅲ级钢筋主要采用滚制等强直螺纹连接技术。

1. 连接套应符合以下要求

（1）进场的连接套应有产品合格证。

（2）连接套的加工质量应按螺纹加工质量的检验要求、检验方法进行检验。

（3）连接套的屈服承载力和抗拉承载力不应小于被连接钢筋屈服承载力的抗拉承载力标准值的 1～10 倍。

（4）连接套的外径和长度尺寸允许偏差均为±0.5mm，连接套的表面应有明显的规格标记。

2. 施工准备

（1）FP 接头（即钢筋滚制等强直螺纹接头）施工操作工人、技术管理和质量管理人员均应进行技术培训；设备操作工人应经考核合格后持证上岗。

（2）钢筋切口端面应与钢筋轴线垂直，不得有马蹄形或挠曲，宜用切断机和砂轮片切断，不得用气割下料。

（3）钢筋端头螺纹加工。

1）应使用合格的滚丝机加工钢筋端头螺纹。螺纹的牙形、螺距等必须与连接套螺纹规格匹配，且经配套的量规检测合格。

2）加工钢筋端头的螺纹时，应采用水溶性润滑液，不得使用油性润滑液。

3）操作工人应按螺纹加工质量的检验要求逐个检查钢筋端螺纹的滚制质量。

4）经自检合格的钢筋端头螺纹，应按螺纹加工质量的检验要求对每种规格加工批量随机抽检 10%，且不少于 10 个，如有一个端头螺纹不合格，即应对该加工批逐个检查，不合格的端头螺纹应重新加工，经再次检验合格方可使用。

5）已检验合格的端头螺纹应加以保护。钢筋端头螺纹应戴上保护帽或拧上连接套，并应按规格分类堆放整齐待用。

（4）钢筋连接。

1）连接钢筋时，钢筋规格和连接套的规格应一致，并应确保钢筋和连接套的丝扣干净完好无损。

2）采用预埋接头时，连接套的位置、规格和数量应符合设计要求。带连接套的钢筋应将钢筋固定牢，连接套的外露端应有密封盖。

3）连接钢筋时可用普通扳手拧紧。

4）接头拧紧后检查外露丝扣不应多于一扣（可调接头除外）并应作出拧紧标识。

3. 钢筋施工应注意的事项

（1）钢筋下料。严格按设计及施工规范要求进行，配料单必须经技术部门审核后才能进行加工，由于结构造型以弧形为主，对钢筋的下料要仔细计算、加工，并在底板钢筋绑扎时，要每隔一段距离弹出横向间距控制线，确保圆弧形钢筋绑扎控制在允许偏差范围之内。原材料进场以后，必须有批号、质量认证书、原材料进场试验报告，合格以后才能使用。

（2）钢筋在现场集中制作。

（3）为确保基础底板钢筋位置正确，对钢筋采用 $\phi20$ 的马凳筋布置成梅花形来控制，布置间距每平方米一个，楼板双层钢筋采用 $\phi8$ 间距 750mm 的马凳筋固定，正方形布置。对悬挑板上层筋的马凳布置一定要均匀、牢固，避免在混凝土浇筑时将上层钢筋踩踏变形，造成质量事故。

（4）柱钢筋。柱插筋与底板交接处要增设定位筋，并与底板钢筋点焊牢固，防止根部位移。柱主筋根部与上口要增设定位箍筋，确保位置准确。柱子主筋按图纸要求，必须错开接头。

（5）节点部位钢筋。柱、梁节点处钢筋密集、交错，在绑扎前需放样，以保证该部位钢筋绑扎质量。

（6）钢筋保护层采用高标号预制水泥砂浆块，内埋铅丝，规格为 40mm×40mm，厚度同保护层；间距：梁、柱不大于 1m，板不大于 1.2m×1.2m，梅花布置。

（7）钢筋预留。柱主筋的预留，按图纸设计要求，错开接头，当混凝土初凝、具有一定塑性时，在混凝土面上插入 $\phi25$ 的短钢筋，用以固定柱模底部，防止模板移位、跑模、烂角。柱子每边至少埋入短钢筋 2 个，钢筋插入混凝土深度 10cm，外露 15cm。

4. 钢筋施工过程控制

（1）钢筋下料单经专职质检员审核签字后，方可下料。

（2）钢筋半成品制作，先做样板，经质检员确认后成批下料。

（3）新部位钢筋绑扎，先绑柱、板、梁样板，经专职质检员和相关人员确认后，再大面积绑扎。

（4）弹好柱体位置线，调整甩茬钢筋位置后再进行钢筋的绑扎。

（5）设定专用预埋钢筋头和附加绑扎钢筋头，作钢模和门窗洞口模的固定焊接件。

（6）顶板筋绑扎前，先弹底层筋线位、预留孔线，待下层钢筋完成申报自检合格后，再绑扎上层筋。

（7）顶板钢筋绑扎全部完成，安装固定保护层垫块、上下层钢筋之间的铁马凳、施工缝部位封挡完成后，班组自检，合格后报专检，专检合格报监理隐检。

（五）模板工程

1. 地下室模板

地下室墙体采用小钢模组拼，对基础梁采用 $\phi16$ 防水型对拉杆，横向间距 1.2m，竖向间距 0.6m；内墙采用 $\phi16$ 普通型对拉杆，外墙采用 $\phi16$ 防水型对拉杆，中部设 40mm×40mm 止水片，厚度 3mm，对拉杆间距双向为 600mm，对于弧形墙，横向背楞用弧形双钢管，保证模板组拼的圆度，用竖向双钢管来调整模板的平整度及垂直度，模板在拼装前要对表面进行清理，并涂刷清机油，涂油程度以模板立置不淌油为原则，严禁因模板刷油多污染钢筋及底板混凝土。为防止模板缝拼装不严，要在模板间粘贴海绵条，确保浇筑混凝土时不漏浆。

模板支设时要严格检查，剪力墙上的预埋件及预留洞的定位，确保定位准确、牢固、且不得漏放预埋件。

地下室考虑防水要求，止水带以下部分墙体及基础梁要同底板整体浇筑，不得留施工缝，因此底板、基础梁及基础梁上部 500 高墙体模板须一步安装到位，此部分模板须做好定位措施，基础梁及墙体支模时应先在模板下口焊水平模板定位筋，在定位钢筋中部加焊止水片，并须将基础梁钢筋与底板钢筋进行点焊，以防混凝土浇筑时钢筋侧向移位，同时造成模板移位。

混凝土浇筑用操作平台要独立搭设，不得与模板支撑相连，且不得重力冲击模板及支撑，以免造成模板变形移位。

混凝土浇筑过程中要有专人进行模板检查，发现异常情况要及时报告班组负责人进行处理。浇筑完成后立即检查模板的位移、平整及垂直度，对偏差过大者，在允许时间内急时调整到位。

2. 梁模

依据不同情况分别采用不同的模板方案：

（1）对直线梁采用小钢模进行拼装。

（2）弧形梁当侧模高度小于 400mm 时，底模为 5cm 厚弧形木模板，侧模现场用竹胶模进行拼制。

（3）弧形梁侧模高于 400mm 时，要依据实际尺寸提前进行侧模加工并进行编号，底模仍采用 5cm 厚弧形木模。

（4）弧形模板的定位以弧形模板自身刚度为前提，通过控制两端点位置来保证。

另外，梁跨中部须按规范要求进行起拱。

3. 剪力墙模板

±0.00 以上剪力墙采用钢大模，墙体模板支设前要在楼面弹好柱子轴线平行控制线，利用此条控制线距弧形模板的距离来确定墙模定位的准确性，对首层剪力墙要分两步支模两次浇注。

4. 柱模

柱子截面由 900mm×900mm，分四次变至 600mm×600mm。独立柱拟采用竹胶模作为柱子模板，柱箍采用可调型型钢柱箍，建筑物首层层高为 5.1m，模板一次支设到位，中部开浇注窗，实行混凝土中部入模，防止混凝土浇筑高度过高，影响质量。

5. 现浇板模板

（1）楼板竹胶模板施工。

楼板竹胶板支设：支立柱、安装大小龙骨。从房间一侧（距墙 200mm 左右）开始安装第 1 排大龙骨和立柱，大龙骨要求不小于 100mm×100mm 的木楞，间距不超过 1m 为宜，立柱采用碗扣式脚手架，然后支第 2 排龙骨，依次逐排安装，按照竹胶板的尺寸和顶板混凝土厚度确定小龙骨间距（不宜超过 30cm）；铺设小龙骨，并与大龙骨钉牢。小龙骨要按照房间跨度的大小调整起拱高度。

铺设竹胶板：按事先设计好的铺设方法，从一侧开始，一般高出 1～2mm 为宜，以保证刮完腻子后阴角方正、顺直。竹胶板必须与小龙骨钉牢，在钉竹胶板时应用电钻打眼后再钉钉子，以防止竹胶板的起毛、烂边而减少使用次数。

校正标高及起拱：按钢筋的过渡标高控制线，即上层 500mm 水平线，挂线检查各房间顶板模板标高及起拱高度，并用杠尺检查顶板模的平整度，并进行校正。

粘贴胶粘带：顶板模板支设自检合格后，将竹胶板的拼缝粘贴胶粘带，防止漏浆。

刷脱模剂：将模板面上的杂物用气泵吹干净后，涂刷水性脱模剂，涂刷要均匀，不得漏刷。

(2) 楼板模板"二托一"支撑体系。支撑配置三层，楼板及梁的模板配置三层。

1) 工艺原理。在施工中，使用"二托一"模板支撑体系作支撑，根据顶板位置铺设模板，铺设完的模板顶面应与顶板面相平。当混凝土浇筑后达到设计强度 70% 时，就可拆除梁侧模和支柱的横撑，支柱仍保留支撑在混凝土板底，使大跨度楼板处于短跨（小于 2m）的支撑受力状态，待混凝土强度达到能支撑自重和施工荷载时再拆除支柱。

2) 工艺顺序：按模板图弹线，确定立杆位置→立杆底座→立杆→横杆→接头锁紧→立杆上口插入头→调节头和顶板高度→摆放 70mm×100mm 方木→铺模板→绑扎钢筋→浇筑混凝土→养护混凝土，强度达到拆模要求→下调托架调节器→拆背楞→拆楼板模板→拆横杆→拆立杆→清理施工面。

3) 材料选用：楼板模板为 20mm 厚胶合板；背楞为 70mm×100mm 木方；$\phi 48$ 钢管；碗扣支架 1.8m 立杆，1.2m、0.9m、0.6m 横杆；头为 $\phi 38mm×600mm$ 丝杠体系。

4) 支模施工方法。在图纸会审后，应首先根据楼板结构形状、尺寸，结合模板支撑体系尺寸模数设计模板支撑体系安装平面图、立面图，并按施工方案数量进行备料。

施工前在操作层墙或柱上弹标高的水平线，依据模板支撑体系弹出支柱的位置线，上层与下层立柱应保持一条垂直线，便于荷载分层向下传递。

模板支撑拆除。混凝土强度达到设计 70% 强度即可安排人员拆除模板，仅留立柱，待混凝土强度达到能支撑自重和施工荷载时拆除支柱。

组装以 3～4 人一组为好，其中 1～2 人递料，另外两人配合组装。设专人进行技术指导和安全质量监督检查，确保支撑搭设和使用符合设计和有关规范规定要求。

装配时，按立柱放线位置，在楼板中间用支撑横杆临时固定好底座的立杆，当第一个方格架放好后，依次把周围的立杆架起来，然后用锤子锁紧全部碗扣固定点，使立杆与横杆形成稳定支撑。将大头螺丝插入立杆上口，调整至设计高度，架模板木龙骨，铺模板块及边角模板，模板分项工程装配后需经验收合格再进行下道工序施工。

5) 技术质量要求。配模设计应根据建筑物的具体结构进行设计。配模设计的具体内容主要是根据楼板的平面尺寸、层高、混凝土厚度确定装拆施工方案。

模板安装前模板及支撑件逐件检查，必须按照模板设计图及支撑顺序进行施工。

模板拆除时间和支撑保留时间必须根据混凝土强度增长情况确定，多层楼盖上下立柱应安装在同一轴线上。

（六）混凝土工程

本项工程中主体结构全部使用商品混凝土，5 层以下楼层采用汽车泵进行布料，5 层以上采用现场混凝土输送泵，梁板采用软管布料，柱、墙采用布料杆布料。混凝土的试配报告由集团中心试验室提供。混凝土用水泥由建设单位提供，建设单位必须协助施工单位索取技术资料。

（1）商品混凝土进场后，要严格把关，必须经技术、质检部门验收合格后才能使用，质量必须符合国家现行《预拌混凝土》的有关规定，严禁将不合格混凝土入泵，加大抽查混凝土性能及留置混凝土试块的频率，不定期到商品混凝土厂家抽检混凝土质量，确保商品混凝土的质量。

（2）配合比控制。泵送混凝土的配合比，除了必须满足混凝土设计强度和耐久性的技术要求外，尚应使混凝土满足可泵性要求。应根据混凝土原材料、混凝土运输距离、混凝土泵与混凝土输送管径、泵送距离、气温等具体施工条件调整配合比，特别是外加剂计量要从严控制。

泵送混凝土的坍落度可按国家现行标准的规定执行，入泵混凝土的坍落度可按表 6-21 选用。

表 6-21　　　　　　　　　　　**泵送混凝土坍落度选用表**

泵送高度（m）	30 以下	30～60	60～100	100 以上
坍落度（mm）	100～140	140～160	160～180	180～200

（3）混凝土浇筑。混凝土出料后应尽快入模，延续时间小于或等于 45min，若在运输过程中发现离析现象必须进行二次搅拌，采用插入式振捣器分层浇灌振捣，每层厚度小于或等于 500mm。

（4）墙及电梯井混凝土浇至梁底，浇灌时要控制混凝土自落高度和浇灌厚度，防止离析、漏振。墙体较高，混凝土振捣应采用赶浆法，新老混凝土施工缝处理应符合规范要求。严格控制下灰厚度及混凝土振捣时间，不得振动钢筋及模板，以保证混凝土质量。设置在梁底部位墙体水平施工缝标高要准确，基本保持水平一致。要加强墙根部混凝土振捣，防止漏振造成根部结合不良，棱角残缺现象出现，混凝土浇筑污染的钢筋及时清理干净，保证钢筋的握裹力。

（5）顶板混凝土浇筑采用平板振捣器振捣，并进行三次抹压，控制混凝土表面裂缝。三次抹压工艺要求如下：

第 1 遍：由于刚经过振捣后的结构或构件表面已基本平整，只需采用木刮杠将混凝土表面的脚印、振捣接槎不平处整体刮平，且使混凝土面的虚铺高度略高于其实际高度，刮平抹平，力度要基本均匀一致。

第 2 遍：当混凝土开始初凝时（以可踩出脚印但不下陷为准），用木抹子进行第二遍抹压工作，此遍抹压工作用力应稍大（以感觉到混凝土的柔和性为准），将面层小坑、气泡眼、沙眼和脚印等压平，使面层充分达到密实、与底部结合一致，以消除此阶段由于混凝土收缩硬化而产生表面裂缝的可能性。

第 3 遍：当混凝土初凝后、终凝前进行，抹压时应视结构或构件表面是否还要施工建筑层而定。用木抹子进行，抹压用力应比第二遍抹压再稍大一点（以能感觉到混凝土的干缩性为准），使混凝土的面层再次充分达到密实，且与底部结合一致，以消除混凝土由初凝到终凝过程中由于收缩硬化而产生表面裂缝的最大可能性。混凝土采用覆盖草袋、浇水养护，养护不少于7d。

（6）施工缝留置。梁、板按施工段，垂直缝设置在次梁跨中三分之一处，墙、电梯井墙施工缝留在剪力最小的部位。施工缝上设置不大于5mm×5mm孔钢丝网片，浇筑接缝混凝土前将浮石凿掉，并将表面凿毛，用压力水冲洗干净，湿润后在表面浇一层3～5cm厚的1∶1水泥砂浆，然后浇筑上层混凝土。

（7）地下室混凝土浇筑。地下室为防水混凝土结构，依照设计图纸在基础梁上500mm高处设钢板止水带，止水带下部基础梁与底板混凝土总方量约为1500m³，浇筑时按后浇带为界分别浇筑，每侧约为750m³。为确保防水效果，此部分混凝土要连续浇筑，严禁留施工缝，浇筑时要安排好浇筑顺序，并在浇筑前测出不同气温下的初凝及终凝时间，为浇筑方案提供依据。对基梁根部浇捣时要严防根部漏浆导致混凝土不密实，浇筑过程中要在基梁模板根部外侧用混凝土压脚，振捣完成后用木抹子将压脚混凝土与底板混凝土抹平。底板浇筑前要在基梁侧模上弹出底板标高控制线，以便底板浇筑完后用来控制底板混凝土上表面的平整度及标高。为防止或减少底板混凝土的表面收缩裂缝，要加强对新浇筑混凝土的表面抹压工作，表面抹压要分三遍进行，抹压完成后用塑料薄膜覆盖再覆盖双层草袋进行保温。

基础梁混凝土要紧跟底板浇筑，以免在墙根处与底板形成施工缝，并加强振捣，避免因漏振、欠振或过振形成质量通病，影响防水性能及观感。

为避免开展工作过多而影响浇筑质量，外墙与底板同时浇筑，地下室内部墙体及基础梁可后期施工，外墙与内墙间设钢丝网隔断。

对剪力墙及水池池壁混凝土的浇筑要挑选责任心强、经验丰富的振捣工进行振捣，确保不漏振，不欠振，不过振。对有预埋套管、门窗预留件及其他预埋件的要在模板上口作出深度及位置的标记在施工中加强振捣，对地下室防水混凝土的养护不得少于14d。

（8）后浇带施工。本设计中在地下室及上部结构中部设后浇带一道，宽800mm，其中地下室要求地下室施工完成后14d进行后浇带的施工，上部要求结构施工完60d后进行后浇，浇筑前要加强对后浇带部位垃圾及混凝土的表面清理工作（尤其是地下室部分），并提前浇水湿润，再用高一强度等级的无收缩混凝土进行浇筑，做到精心施工，防止日后在此部位出现开裂、渗漏。

（七）脚手架工程施工安全防护方案

为确保施工安全，采用双排扣件式钢管脚手架，外层脚手架挂密目网。双排脚手架的搭设要求如下。

（1）立杆。横距为0.9m，纵距为1.5m，距墙0.35m，相邻立杆的接头位置应错开布置，在不同的步距内，与相近大横杆的距离大于步距的1/3，立杆都用扣件与同一根大横杆扣紧。

（2）大横杆。步距为1.6m，上下横杆的接长位置应错开布置。同一排大横杆水平偏差不大于该片脚手架总长度的1/250，且不大于50mm，相邻步架大横杆应错开布置在立杆的里侧，以减少立杆偏心受载的情况。

（3）小横杆。设于双立杆之间，搭于大横杆之上并用直角扣件扣紧。在相邻立杆之间设置两根。

（4）剪刀撑。沿脚手架两端和转角处起，每9根设一道，每片架子不少于三道，剪刀撑沿架高连续布置，在相邻两排剪刀撑之间，每隔 10m 高加设一组剪刀撑。剪刀撑的斜杆两端用旋转扣件与脚手架的立杆与大横杆扣紧，在其中间增加 4 个扣结点。

（5）连墙件。与柱连接，垂直间距 4m，水平间距 6m，采用单杆箍式与双排箍柱式，用适长的横向平杆和短钢管各 2 根抱紧柱子固定。

（6）脚手架基础。回填土分层夯实，浇筑 C20、100 厚混凝土，宽 2m，上铺 12 号槽钢，外做排水沟。

（7）脚手架挂安全网。脚手架外侧设置满挂密目安全网，每隔 4 层设置一道水平安全网。

（八）测量方案

本工程平面构成②～⑦轴为弧形，各轴线间夹角 6°，弧形部分两侧①～②轴及⑦～⑧轴结构布置为矩形。上述弧形结构为施工的测量放线带来了难度，需采用与以往不同的测量方案，确保测量工作的精度及可操作性。

本方案的总体原则为：以控制点及控制线为基准，长度测设为主，角度测设为辅。

1. 地下室的测量放线

1）对业主提供的 O_1O_2 及 $O'_1O'_2$ 两条相互垂直的平面控制线进行复核，确保两控制线互相垂直，误差值控制在允许范围之内。

2）依据 O_1O_2 及 $O'_1O'_2$ 测设出 k_1 及 k_2 两条控制线，在基坑东西两侧做出方向控制桩。

3）为不受柱筋及模板的影响，偏出②④⑤⑦轴 800mm 做上述各轴的平行线，上述四条轴线控制线分别与 k_1k_2 形成 $1^\#$～$8^\#$ 8 个内控点。

4）以 8 个控制点为基准在各条控制线上依据计算结果，用钢尺测设出所需的其他控制线，实现建筑物平面控制。

2. 上部结构的测量放线

上部结构施工时通过激光经线仪将 $1^\#$～$8^\#$ 内控点引至各层工作面。各层因分东西两个施工流水段进行，受工作面影响，$1^\#$～$4^\#$ 及 $5^\#$～$8^\#$ 独立使用，但在具备条件时，需对 8 个点及时复核，且每三层必须复核一次。

3. 高程控制

据业主提供资料，新建工程的室内 ±0.00 以医院原门诊楼室内 ±0.00 为基准抬高 20cm。在基坑开挖前要及时将该高程引入施工现场，并选择恰当地点建立场区水准网。水准点共设 4 个，沿建筑物四周均匀布置，并须定期进行复核。

建筑物的高程分别沿东南角、西南角及北立面中部三处向上用钢尺进行传递，并进行相互复核。

4. 沉降观测

沉降观测点依照设计图中的布置位置埋设，在底板施工前开始进行观测，基坑回填前将各观测点对应引测至 ±0.00 以下，做好记录，并须注意以下几点：

（1）楼层每升高一层，观测一次，沉降观测点与其他水准点进行闭合观测一次。

（2）观测要做到三固定。即固定观测和整理成果人员；固定使用水准仪及水准尺；使用固定水准点。

（3）观测精度要符合规范。

（九）装饰工程

装饰工程是综合性的系统工程，凡外露部分的建筑、水、暖、电、卫等均应当成装饰工程的一部分，必须考虑其综合效果，拟从如下几方面考虑：

1. 综合说明

(1) 各分项装饰工程施工前，均应编制相应的施工技术措施，其内容应包括：施工准备、操作工艺、质量标准、成品保护等。

(2) 施工前应预先完成与之交叉配合的水、暖、电、卫等的安装，尤其注意的是天棚内的安装未完成之前，不得进行天棚施工。

(3) 施工时，从原材料采购到成品保护应严格按全面质量管理办法进行，并先作样板及样板间，经与甲方和监理共同检查认可后方可允许大面积施工，以保证成品优质。

(4) 施工后成品保护尤其重要，成品保护应立足于工序的成品保护，应以预防为主，综合治理，对某些特殊项目要进行重点保护。

(5) 工程整体进入装修期后，各分项工程均做出样板，以样板引路全面推行标准化施工。

(6) 内装修主要施工顺序为：楼地面基层→墙面处理→放线→贴灰饼冲筋→立门框、安装门窗→墙面抹灰、楼地面层→各类管道水平支架安装→管道试压→墙面涂料→安门窗、小五金→调试→清理→交工。

2. 楼地面工程

(1) 地砖地面。操作工艺：定位、确定基准线→地砖浸水及砂浆拌制→基层洒水及刷水泥浆结合层→铺找平层及地砖。

(2) 花岗岩楼面。操作工艺：弹线→试排→基层处理→铺砂浆→铺花岗岩块→灌浆、擦缝→打蜡。

3. 外墙面工程

(1) 外墙面涂料施工。

1) 基层抹灰经检查验收无酥松、脱皮、起砂、粉化等现象，有足够的强度，且含水率不得大于 10%。操作环境温度为 +5℃以上。

2) 清理基层表面的灰浆、浮土等，对已抹好水泥砂浆的基层表面，应认真检查有无空鼓裂缝，对空鼓裂缝面层必须剔凿修补好，并经干燥后方可喷涂。

3) 面层涂料刷涂法施工（略）。

4) 面层涂料喷涂法施工（略）。

5) 质量标准。刷浆（喷浆）严禁掉粉、起皮、漏刷和透底。不超过一处轻微少量的反碱咬色；喷点均匀、刷纹通顺；不超过三处轻微少量的流坠、疙瘩、溅沫；颜色一致，允许有轻微的砂眼，无划痕；装饰线、分色线偏差不超过 2mm。

(2) 外墙花岗岩贴面。施工流程为：钻孔、剔槽→穿铜丝或镀锌铅丝→绑扎钢筋网→弹线→安装花岗岩石板材→灌浆→擦缝。

(3) 铝合金框架玻璃幕墙。玻璃幕墙是一种新型的外围护结构和外装饰，技术要求高而复杂，施工时应组织专业施工队伍，按任务从制作拼装、运输、安装、清洁及质量安全和交工验收明确分工、全面负责。施工流程为：测量放线→固定支座的安装→主次龙骨安装→外围护结构组件的安装→外围护结构组件间的密封及周边收口处理→清洁及验收。

4. 抹灰工程

（1）材料要求（略）。

（2）砂浆拌和要求（略）。

（3）一般规定。任何情况下，已初凝及再掺水搅拌的水泥砂浆，均不得使用。所有粉刷面于施工前均事先整刷清洁，表面疏松的渣粒均须除净，粉抹施工前，表面应充分喷湿。所有抹灰表面，均应平直整齐，面平角直，表面均不得留有波浪条纹、凹凸不平或其他缺点。所有门窗樘料四周与墙面接缝处，抹灰时均须将砂浆塞入樘后填实。所有门窗角均做 1∶2 水泥砂浆护角，护角高度不小于 2m，每侧宽度不小于 50mm，施工完后边线修整清洁。

5. 油漆工程

（1）油漆工程涂抹的腻子，应坚实牢固，不得起皮和裂缝。

（2）油漆黏度，必须加以控制，使其在涂刷时不流坠，不显刷纹为宜。涂刷过程中，不得任意稀释。最后一遍油漆不宜加催干剂。

（3）油漆时，后一遍油漆必须在前一遍油漆干燥后进行。每遍油漆均匀，各层必须结合牢固。

（4）油漆工程施工中应注意气候条件的变化，当遇有大风、雨、雾等情况时不可施工（特别是面层油漆）。

（5）一般油漆施工时环境温度不宜低于 +10℃，相对湿度不宜大于 60%。

6. 木门、塑钢窗安装工程

木门、塑钢窗进场后严格加强成品保护。塑钢窗的安装要弹窗洞口竖向中心线及窗洞口水平中心线和墙中心线。

木门、塑钢窗操作工艺：

（1）平开门窗应关闭严密，间隙均匀，开关灵活。

（2）推拉门窗扇关闭严密，间隙均匀，扇与框搭接量应符合设计要求。

（3）弹簧门扇自动定位准确，开启角度为 90°±1.5°，关闭时间在 6～10s 范围之内。

（4）门窗附件齐全，安装位置正确、牢固，灵活适用，达到各自的功能，端正美观。

（5）门窗框与墙体间缝隙填嵌饱满密实，表面平整、光滑、无裂缝，填塞材料、方法符合设计要求。

（6）门窗表面洁净，无划痕、碰伤、无锈蚀；涂胶表面光滑、平整、厚度均匀，无气孔。

（7）塑钢窗与建筑物结合部分塞矿棉后，注胶密封。

塑钢窗安装允许偏差表略。

7. 轻钢龙骨吊顶工程

吊顶施工按翻样节点进行，翻样时须核对结构与设计图的尺寸出入，消除尺寸误差及与电器设备安装的矛盾。施工流程为：放线→吊顶内电气、设备安装→大龙骨安装→设备试水、试压→副龙骨安装→灯具、烟感、风口安装→罩面板安装。

（十）屋面三元乙丙卷材防水工程

1. 基层处理

采用与三元乙丙橡胶卷材相配的聚氨酯底胶，甲∶乙∶二甲苯＝1∶1.5∶1.5～3 基层处理剂，施工时应注意的问题略。

2. 卷材铺贴要求

平行于屋脊方向铺贴。上下层及相邻两幅卷材的搭接缝应错开，平行于屋脊的搭缝应顺流方向搭接。

3. 质量要求

(1) 层面防水层不应有积水和渗漏现象，可做蓄水试验。

(2) 卷材的接缝部位必须牢固，封边要严密，不允许存在皱折、翘边、脱层或滑移现象。

(3) 在檐口部位或卷材防水层的末端收头边，必须粘接牢固，密封良好。

(十一) 安装工程施工方案

安装工程施工要求单独编制施工组织设计，包括从施工总体安排到各系统的具体施工设计，明确应达到的目标、标准和措施；在这基础上进行安装施工的总体安排(安装工程施工方案略)。

在施工程序上与土建工程的配合要求是：在建筑物内部，结构施工未封顶时，先进行预埋；结构封顶后，与土建装饰装修配合交叉施工安装工程。

七、施工平面图布置 (图 6-15)

(一) 施工临时道路

现场道路采用 10cm 厚三七灰土，上铺 5cm 厚碎石，路宽 4.5m，总长为 180m。

(二) 临时供水设施

根据业主指定供水水源，施工用水采用 DN40 供水总管 (钢管) 与之相连，并由供水总管引至各个施工用水点，供水管采用埋地形式，埋深为 1m。为保证不间断供水，现场设 5m³ 水池一座。

(三) 施工用电

施工用电分地基处理与上部施工两个阶段分别计算。

1. 地基处理阶段用电量计算

施工用电由两大部分组成，即施工机械设备用电 $P_{机}$ 和施工室内外照明用电 $P_{照}$。

总用电量 $P_{总} = P_{机} + P_{照}$

$P_{机} = 1.05 \times (K_1 \times \sum P_1 / \cos\varphi + K_2 \times \sum P_2)$

查表 5-26 $K_1 = 0.7$，$K_2 = 0$，$\cos\varphi = 0.75$

$P_{机} = 1.05 \times (0.7 \times 290/0.75) = 284.2kW$

$P_{总} = 1.1 P_{机} = 312.6kW$

2. 主体施工阶段

总用电量 $P_{总} = P_{机} + P_{照}$

$P_{机} = 1.05 \times (K_1 \times \sum P_1 / \cos\varphi + K_2 \times \sum P_2)$

查表 5-26 $K_1 = 0.6$，$K_2 = 0.6$，$\cos\varphi = 0.75$

$P_{机} = 1.05 \times (0.6 \times 210/0.75 + 0.6 \times 170) = 283.5kW$

$P_{总} = 1.1 P_{机} = 311.9kW$

通过以上计算可知，地基处理阶段设备用电量较大，变压器选择需满足此阶段施工用电需求。选用 315kV·A 变压器一台。

3. 配线

电流计算如下

$$I_{线} = \frac{KP}{\sqrt{3} U_{线} \cos\varphi}$$

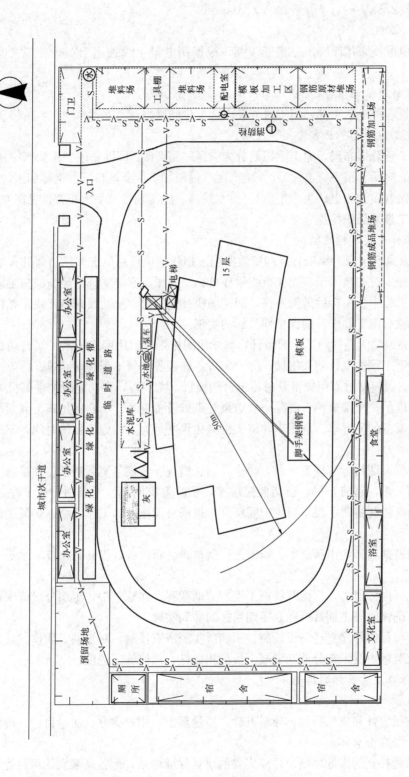

图 6-15　某医院住院楼施工平面图

选 $K=0.7$

由 $P=232.6\text{kV}\cdot\text{A}$，$U_{线}=380\text{V}$，$\cos\varphi=0.75$

得 $I_{线}=330\text{A}$

工地用电配线采用 FN-S 三相五线制，根据用电量主线选用 BX 型铜芯橡皮线，截面为 95mm^2。

（四）临时通信设施

项目部设程控电话 1 部，用于对外及内部单位间联络。

（五）施工现场总平面布置

根据本工程总体布局，原则上拟划分为三区一路两线，即办公区、生活区（施工队人员住房、食堂、厕所、浴室、文化室）、生产区（模板加工区、堆料厂、钢筋加工厂），交通道路，供电线路（生活用电、生产用电）、供水线路。施工现场总平面布置详见图 6-15。

七、施工技术组织措施

（一）保证进度目标的措施

（1）指派具有国家一级项目经理资质的同志担任该项目总负责人，抽调具有丰富施工经验的工程管理人员和技术干部充实组织领导机构，并派具有丰富施工经验的施工队 150 人左右投入到本工程中。中标后做到三快，即进场快、安家快、全面展开施工快。抓住最佳施工季节，迅速掀起施工高潮，确保工期目标的实现。

（2）精心编制实施性施工组织设计，科学组织施工，运用网络技术，实行动态管理，及时调整各分项工程进度计划和机械、劳力配置，确保各分项工程按期完成。

（3）依据周转器材需用数量及时将组合钢模板、大模板、多功能碗扣件等投入到本工程中，并组织塔吊、施工电梯、混凝土输送泵等机械设备进场。不断优化施工方案和生产要素配置，提高设备的完好率、利用率和施工机械化程度，为工程施工赢得时间，牢牢把握施工主动权。

（4）实行工期目标管理责任制，严格计划、检查、考核与奖惩制度；加强施工指挥调度与全面协调工作，超前布局，密切监控落实，及时解决问题。重点项目或工序采取垂直管理，横向采取强制协调手段，减少中间环节，提高决策速度和工作效率。保证工期组织机构框图（略）。

（5）积极推广和应用新技术、新工艺、新材料、新设备，提高施工技术水平，不断加快施工进度。

（6）挖掘内部潜力，广泛开展施工生产劳动竞赛。在施工中，组织分段流水作业，加快施工速度，确保阶段工期目标和总工期目标的顺利实现。

（7）在项目内部建立经济责任制，明确落实经济责任制，对工期、质量、效益进行责任承包。加大奖惩力度，充分调动参战人员的积极性，加快施工进度。

（二）保证质量目标的措施

1. 质量计划

（1）质量方针和质量目标。质量方针：质量至上，用户满意。质量目标：确保工程质量达到优良，争夺汾水杯。

（2）质量控制的指导原则。建立完善的质量保证体系，配备高素质的项目管理和质量管理人员。项目质量管理组织机构如图所示（略）。项目质量管理组织机构职责（略）。严格过程控制和程序控制，开展全面质量管理，实现质量管理 ISO 9000 体系要求。

（3）文件资料控制。执行本公司《程序文件》（略）。

（4）材料、设备、采购的质量控制。严格按本公司《程序文件》（略）。

（5）业主提供的材料设备的质量控制。按《程序文件》第 12 号文中的有关规定办理（略）。

（6）产品的标识和可追溯性。严格执行《程序文件》第 13 号（略）。

（7）工程实施过程的质量控制。

1）对特殊工序过程的施工，施工技术部门另行编制施工方案和作业指导书，挑选技术工人操作，按公司 14 号《程序文件》中 6.3 特殊过程控制的程序操作。

2）按本计划附件所列的施工平面布置图与各项资源配备计划，为保证进度和质量采用以下主要施工方法：

钢筋连接采用闪光对焊、电弧焊、螺纹套筒连接等措施，确保工期质量。

3：7 和 2：8 灰土场内拌和，装载机配合自卸车运至基坑。

优化配合比设计，采用"双掺"和"多掺"技术，使工序周期缩短，工程质量得到保证。

施工人员昼夜轮班作业，管理人员昼夜紧跟工序检查，使"三检"及监理和甲方的验收不占用专门时间。

制作定型钢大模组拼以及多功能脚手架技术。

混凝土施工采用商品混凝土，输送泵配合布料，一次泵送到位。

结构施工中，对已完成的楼层实行分阶段评定验收（分两次验收）为后续建筑装修创造条件。

安装、装修采用立体交叉施工，尽最大可能缩短工期。

3）施工过程的现场管理，计量试验、技术工作保证等按《局施工技术管理办法》，做好现场的"三标"管理，确保质量。

4）施工过程需要变更设计的工程，按变更设计规定办理，如涉及需要修订合同，按《合同评审程序》进行"合同修订评审"后与甲方商定修订补充合同。

5）劳务队伍的选择使用按处"劳务招募程序"（第 31 号）和"劳务使用管理程序"（第 32 号）执行。

（8）安装和调试的质量控制。按《程序文件》办理（略）。对于与土建交叉配合安装的工序，由该项目主管技术人员做好交接验收记录，做好标识，并指定方法、人员保管好安装设备，杜绝因施工操作不当，造成损坏。

（9）检验、试验、测量、计量等设备的质量控制。检验和试验是施工过程中重要和复杂的工作，要求每道工序完成后，只有检验合格，才能转入下道工序，对进场的材料、构件、设备等都有检验、试验手续，对工程完工后要进行最后检验和试验。

1）本项目部配一名现场试验员，负责下列检验、试验项目和工作：坍落度等检验；砂和回填土夯实系数测定；磅秤和托盘秤的校验；钢筋的外观检查及实际质量的差值检验。

2）本项目部现场试验员对下列项目：钢材、水泥、砂石、外加剂、黏土砖、加气混凝土砌块试样、混凝土和砂浆试块等，采取外送到公司测试中心检验。

3）本项目所有检验和试验工作，均按处《程序文件》第 16、17、18、20、21 号规定执行。

4）检验、试验、测量、计量等设备的质量控制分别由专人负责，按《程序文件》第 20 号规定进行检查校准并做好标识与记录。

（10）不合格产品的控制和处理。

1）本项目部在工程施工中，积极采用、推广新材料，新技术，对工程施工中易出现的“质量通病”采取工地代表、技术人员负责制。混凝土浇筑等施工工序采用跟班作业的方法，避免质量通病的发生。

2）如在施工中出现工序及半成品、成品的不合格，由项目总工程师负责组织施工技术、质检、检测、物资等有关人员集中分析产生不合格的原因，拿出纠正预防措施和处理意见，由项目施工技术部门负责，质量部门协助实施。

3）对业主、监理在施工过程中提出的质量问题及内审、外审中发现的质量、管理问题，由项目经理或项目总工程师负责，采取纠正和预防措施。

（11）搬运、储存、防护、支付的控制。

1）物资产品搬运和储存，由项目部物资科负责，按技术规程及运输和储存的有关技术要求确定方式和场所，对有特殊要求的产品或半成品，其搬运作业另行编制《作业指导书》。

2）物资产品的储存，由物资部门或材料、保管员专人按《程序文件》第 24 号有关规定严格办理。

3）工程完工后的竣工交付由项目经理先组织内部初验后进行，工程的收尾、维护、验评，后续工作的处理，均由施工技术科按《程序文件》第 25 号 6.2 款办理。

（12）质量记录。按《程序文件》规定执行（略）。

（13）工程交付后为用户服务的质量控制。按《程序文件》规定办理（略）。

（14）统计技术应用。按照《程序文件》第 30 号规定进行，本项工作由施工技术科、安全质量科及测试中心共同完成。

2．质量通病防治措施

主要分项工程质量控制措施如下：

（1）模板质量控制。

1）基本要求：保证工程结构和构件各部分形状尺寸和相互位置正确，对弧形模板要以控制模板两端位置为基础，并加强中部标高的检查；具有足够的承载力、刚度和稳定性，能可靠地承受新浇混凝土的自重和侧压力及施工过程中产生的荷载，尤其是弧形模板在加工时背楞刚度要有保证，以防止在吊装、搬运、安装时变形；构造简单、装拆方便、并便于钢筋的绑扎、安装和混凝土的浇筑养护；模板的接缝不应漏浆，对小钢模在组拼时要在板缝中加海绵条；模板在安装和使用前，设专人负责清理干净，保证平整、光洁，刷脱模剂，并挂牌、注明使用部位、清理人、检查人、接收人等。模板清理若不干净、整洁，对清理模板人员、检查人等处罚 50～500 元。

2）模板的安装与加固。现浇钢筋混凝土梁、板，当跨度等于或大于 4m 时，模板应起拱，当无设计要求时，起拱高度应为全跨长度的 1/1000～3/1000。

模板安装前必须清理表面混凝土等杂物，必须涂脱模剂，但不宜采用油质类等影响结构或妨碍装饰工程施工的脱模剂，严禁脱模剂污染钢筋与混凝土接触处。

　　框架柱及剪力墙模板安装前必须清理柱根部浮浆、杂物等，不平整处应凿平便于模板定位，防止位移。根部可利用 $\phi25$ 钢筋地锚，用短方木、木楔固定。柱模安装后必须检查柱位与垂直度；梁模板应根据柱标出梁水平标高和中心线，并经复核无误后，方可支设梁模板；梁、柱接头处严禁使用木块，必须使用连接角模进行连接；在安装梁侧模前，必须清理底模杂物，安装时必须拉通线，调平梁口。

　　模板安装完毕，模板工自检，班组长复检，钢筋工区队长复检，确定无误后挂牌，注明部位、状态，三方人签名。

　　模板安装应一次到位，若有不合格现象造成的延误工期、影响质量等严重后果，对模板工班组长、模板工区队长进行 1000～2000 元罚款。

　　3）模板拆除。现浇结构的模板及其支架拆除时的混凝土强度，应符合设计要求。在混凝土强度保证其表面及棱角不因拆除模板而受损坏后，方可拆除侧模；在混凝土强度达到标准值的 100％方可拆除楼板与梁底模；拆模需用撬棍时，以不伤混凝土棱角为准，可在撬棍下垫以角钢头或木垫块。同时可用木锤敲击，严禁使用大铁锤敲打模板；拆模后应及时清理表面杂物，涂脱模剂，按规定地点堆放整齐，以备下次再用。

　　4）模板安装完及混凝土浇筑后，应对模板复测，检查是否有跑模、炸模等现象，如有此现象，应立即返工，造成的损失，由施工人员自负，并对模板工、班组长、钢筋工区队长做出处罚 50～500 元。

　　（2）钢筋工程施工质量控制措施（略）。

　　（3）混凝土质量控制措施（略）。

　　（4）测量控制措施（略）。

　　（5）原材料要求。

　　1）工程材料管理。建筑材料、构件和设备在使用前应对其质量、性能进行试验和检验，合格后方可使用；对房屋建筑主体结构使用的钢筋、水泥、砂、石子、砖等原材料需有监理单位的材料检验见证单；工程材料应按规定进行储存、保管发放、使用。

　　2）原材料具体要求。

　　a. 钢筋。进场钢筋应有出厂质量证明书或试验报告单，钢筋表面或每捆（盘）钢筋均应有标志。进场钢筋按现行国家有关标准的规定抽取试样作力学性能试验，合格后方可使用，对于不合规范要求的一律不得使用。

　　钢筋试验以不超过 60t 为一批，且同厂别、同规格、同级别、同一进场时间、同炉号。

　　钢筋使用时必须先试验后使用，且在试验报告上要标明工程名称及使用部位、批（炉）号、代表数量等相关内容。

　　焊接钢筋要有试件试验报告，同时焊工要有焊工证（有效期在两年以内），焊条（剂）购买时有合格证。

　　b. 水泥。水泥必须有出厂合格证，且尽量采用原件，如为复印件，需有供方红章。水泥进场后应对其品种、标号、包装或散装仓号、出厂日期等检查验收，当对水泥质量有怀疑或水泥出厂超过三个月（快硬硅酸盐水泥超过两个月）时，应复查试验，并按试验结果使用，不合格的一律不得使用。

　　为切实保证工程创省优，特制定防止质量通病的预防措施见表 6-22，在施工中应抓好过程管理，扎扎实实把质量工作落到实处。

表 6-22　　　　　　　　　　　钢筋工程质量通病预防措施表

质 量 通 病		预 防 措 施
钢筋加工	箍筋不规矩	1. 加强配料管理 2. 当一次成型多个箍筋时，应在弯折处逐根对齐 3. 控制成型尺寸准确
	成型尺寸不准	1. 根据操作人员及设备情况，预先明确各个配料参数，精确画线 2. 对形状复杂钢筋，预先放出实样
钢筋安装	骨架外形尺寸不准	1. 绑扎时将多根钢筋端部对齐 2. 防止钢筋绑扎偏斜或骨架扭曲
	平板保护层不准	1. 检查砂浆垫块厚度及马蹬高度是否正确 2. 检查垫块及马蹬数量和位置是否符合要求
	柱子(剪力墙)外伸钢筋错位	1. 在外伸部分加两道临时箍筋(横)固定 2. 浇筑混凝土时专人随时检查，及时校正 3. 注意浇捣混凝土尽量不碰钢筋
	露　筋	1. 砂浆垫块及马蹬支设要适量可靠 2. 严格控制钢筋成型尺寸 3. 控制好钢筋骨架的外形尺寸
	绑扎搭接接头松脱	1. 钢筋搭接部位在中心和两端用绑丝绑扎三道 2. 搬运时轻抬轻放
	薄板露筋	1. 检查弯勾长度是否正确 2. 利用加放马蹬等措施确保上层钢筋位置正确

模板工程质量通病预防措施表（略）。

混凝土工程质量通病预防措施表（略）。

楼地面工程质量通病预防措施表（略）。

水暖电工程质量通病预防措施表（略）。

（三）保证安全目标的措施

1. 安全目标

杜绝因工伤亡事故，年轻伤事故率控制在 0.03％内。

2. 具体措施

（1）严格执行各项安全管理制度和安全操作规程，实施职业健康安全管理 ISO 18000 体系有关要求。

（2）建立健全组织机构，成立以项目经理为核心的安全管理领导机构，配备以专职安全工程师为主，各施工队、组安全员为骨干的安全管理网络，牢固树立"安全第一，预防为主"的观念，搞好安全交底工作，督促检查，按安全操作规程施工。详见《安全管理机构图》、《安全保证体系图》（略）。

（3）找准安全管理的重点和事故易发点进行有针对性的管理。本工程中，准备从加强机电设备安全、脚手架施工安全、"三宝四口五临边"安全、施工用电安全、起重作业安全、高空作业安全等六个方面来控制。

1）机电设备安全管理。

a. 动力机械的机座必须稳固，转动的危险部位要安设防护装置；

b. 施工机械和电气设备不得"带病"运转和超负荷作业，发现不正常情况应停机检查，不得在运转中修理。

2）脚手架施工安全管理。

a. 脚手架立杆底座应设在牢固的基础或垫木上，立杆接楼应错开，而且要控制好垂直度，允许值控制在 $H/600$ 以内。外侧应满挂阻燃 2000 密目网，防止高空坠物伤人，底层要设置两层 5m 宽安全底网，防止落物伤人，另外每隔三层搭设安全平网；

b. 脚手架拆除时要有专人指挥，划分作业区，竖立警戒标志，作业人员必须戴好安全帽，系好安全带，扎绑腿，穿软底鞋，而且要遵循先上后下、先搭后拆的原则。

3）"三宝四口五临边"安全管理。

a. 安全帽、安全网、安全带称为"三宝"，在施工中所有进入现场的人员必须戴好安全帽，超过 2m 的高空作业人员必须系好符合国家标准《安全带》（GB 6095—2009）的安全带，并且要有牢靠的挂钩设施。安全网的搭设要符合操作规程，要使用合格的安全网，防止坠物穿过安全网伤人，搭设时不得有任何遗漏，拆除时要在施工完成后，经工程负责人同意方可拆除。

b. 楼梯口、预留洞口、施工电梯口、通道口（称为"四口"）等部位在施工中要设置牢固的防护门、防护栏杆、防护盖板和防护棚等设施，避免人员坠落和物体坠落伤人。在⑦—⑧ 轴之间建筑物北侧预留 3m 宽通道口，采用 $\phi48$ 钢管搭设防护棚，顶部纵横满铺脚手板。楼梯口采用 $\phi48$ 钢管搭制临时栏杆，扶手高 1.2m，形成封闭式防护。

c. 预留洞口，大洞口（超过 1.5m）周围设防护栏杆（$\phi18$ 钢筋@120mm 高 $H=1.2m$）挂阻燃密目网；小洞口用钢筋格栅上铺油毡或纺织袋，再抹 20mm 厚的砂浆封闭。

d. 临边防护：基坑周边采用 $\phi48$ 钢管搭设防护栏杆加密目阻燃安全网防护，防止落物伤人和人员坠落，防护栏立杆长 1.7m，打入地下 0.5m，立杆水平间距 3m 用水平钢管二道连通。

e. 脚手架外侧应满挂密目阻燃安全网，防止高空坠物伤人，底层要设两层安全底网。

f. 楼板（屋面）周边用 $\phi48$ 钢管搭设 1.2m 高的防护栏满挂密目阻燃安全网，防止落物和人员坠落。

g. 卸料平台边，除两侧设防护栏外，平台口还应设置安全门或活动防护栏。

4）施工用电安全管理。

a. 施工现场用电规范略。

b. 用电要求：施工现场非专业人员不得乱接、乱搭线路；对设备要定时定期进行检查及保养；设备停止工作及运转要切断电源，锁好开关箱；设备禁止带病工作；现场禁止使用电炉、自制热水器等违规电器等。违规者将给予处罚。

5）起重作业安全。

a. 起重吊装工人应经培训考试合格后持证上岗。作业人员要熟悉所使用的机械设备性能，并遵守操作规程。

b. 必须规定统一的起重信号，按信号指挥作业，如现场互相看不到，要配备无线对讲机联络。

c. 应经常对塔吊钢丝绳等部件进行检查。

　　d. 遇有六级以上大风或大雨、大雾等恶劣气候条件时，应停止起重作业，在雨期进行起重吊装作业时，必须采取防滑措施。

　　e. 起重司机必须做到"十不吊"，即：指挥信号不明或乱指挥不吊；超负荷不吊；工件固定不牢不吊；吊物下面有人不吊；安装装置不牢不吊；工件埋在地下不吊；光线阴暗看不清不吊；易燃易爆物没有安全措施不吊；斜拉工件不吊；钢丝绳不合格不吊。

　　6) 高空作业安全。

　　a. 从事高空作业者要定期体检，经诊断凡患有高血压、心脏病、贫血病、癫痫病以及其他不适于高空作业疾病的，不得从事高空作业。

　　b. 高空作业所用材料要堆放平稳，工具应随手放入工具袋内，上、下传递物件禁止抛掷。

　　c. 高空作业人员要系好安全带，衣着灵便，禁止穿硬底和带钉易滑的鞋。

　　d. 高空作业与地面加强通讯联系，配备无线对讲机、统一指挥协调。

　　3. 安全保证体系各级管理人员的安全职责（略）

　　4. 消防保证措施

　　（1）现场临时设施及消防栓等必须符合防火要求，保持场内道路畅通。

　　（2）现场用火必须经有关部门批准，使用电、气焊时必须设专人看火，配置灭火器、消防砂等必备的消防器材。

　　（3）施工员在安排生产时要坚持防火安全交底，特别是进行电气焊、油漆等易燃危险作业时，要有具体的防火要求。

　　（4）严格执行有关消防管理制度、用火管理制度、消防设备规定及用电防火管理制度。

　　（四）推广及应用"四新"技术措施

　　在施工中积极响应建设部号召，推广应用"四新"技术，提高企业经济效益和社会效益，具体推广措施如下：

　　（1）采用商品混凝土、泵送混凝土技术等。

　　（2）推广应用多功能碗扣式脚手架。

　　（3）推广应用新Ⅲ级钢筋。

　　（4）应用新型防水材料，地下防水及屋面防水均采用三元乙丙防水卷材。

　　（5）用微机进行管理，建立数据库，编制施工预算，钢筋翻样下料，用网络技术控制工期。

　　（6）安全事故易发点控制法技术，确保安全目标的实现。

　　通过采用以上新技术，可以提高施工进度，保证施工质量，节约成本。

　　（五）季节施工的措施

　　根据施工进展，对冬期及雨期施工采取如下措施：

　　1. 冬期施工措施

　　（1）组织措施。

　　1）冬期施工中，依照《建筑工程冬期施工技术规程》编制实施性施工方案。

　　2）进入冬期施工前，对测温人员专门组织技术业务学习，明确职责，经考核后方准上岗。

　　3）及时接收天气预报，防止寒流突然袭击。

4）安排专人测量施工期间的室外气温，室内气温、砂浆、混凝土的温度并做好记录。

（2）图纸准备。凡进入冬季施工的工程项目，必须复核施工图纸，查对其是否能适应冬期施工的要求。以及工程结构能否在寒冷状态下安全过冬。

（3）现场准备。

1）根据实物工程量提前组织有关机具和塑料薄膜、草袋、篷布、彩条布、小炭火、控温仪或温度计、水箱、煤炭等冬期施工物资。

2）对各种加热的材料、设备要检查其安全可靠性。

3）工地的临时供水管道及白灰膏等材料做好保温防冻。

4）做好冬季施工混凝土、砂浆及掺外加剂的试配试验工作，提出施工配合比。

（4）钢筋混凝土冬期施工注意事项。

1）钢筋施工。冬期在负温下焊接钢筋，环境温度不宜低于−2.0℃，同时应有防雪挡风措施，焊后的接头严禁接触冰雪。焊接时，第一层焊缝应从中间向两端施焊；立焊时，应先从中间向上端施焊，再从下端向中间施焊；以后各层焊缝采取控温施焊。

2）混凝土施工。商品混凝土在外加剂、配合比、水泥、粗细骨料、搅拌等各方面按有关规定对混凝土厂家提出具体要求，确保混凝土质量符合冬期施工要求、混凝土出机温度控制在10℃以上，入模温度控制在5℃以上。

浇筑：混凝土入模前清理模板和钢筋上的冰雪、冻块和污垢，及时浇筑混凝土，及时覆盖保温，保证养护前的温度不低于2℃，保证混凝土在受冻前达到临界强度（设计强度的30%）。

养护：施工层所有窗洞用聚苯板封闭，施工层下生炭火，楼板面用一层塑料薄膜及3～4层草袋覆盖养护，使混凝土在正温养护环境中达到临界强度。浇筑养护期间必须定人定时测量温度，并认真填写《冬期施工混凝土搅拌测温记录表》和《冬期施工混凝土养护测温记录表》，如发现温度下降过快，立即采取补加保温层或人工加热措施。

测温：在底板及周边梁中留测温孔，每隔6h测量一次，由专人负责，并根据测温情况，对混凝土养护采取相应措施。测温孔用一端封闭的钢管插入梁内10～30cm，斜插入板中5cm，孔口露出混凝土面2cm，测温孔口用保温材料塞住。测量温度时，将酒精温度计放入测温孔后，将孔口用保温材料塞住，温度计在测温孔内放3～5min后，拿出迅速读数，每次测温后，应将混凝土保温材料重新覆盖好。

质量检测：在混凝土施工过程中，要在浇筑地点随机取样制作试件，试件的留置应符合规范规定。

（5）安全防火。

1）冬季施工时，要采取防滑措施。

2）大雪后必须将架子上的积雪清扫干净，并检查马道平台，如有松动下沉，务必及时处理。

3）现场火源要加强管理。使用煤气时，要防止爆炸，使用炭火时，应注意通风换气，防止煤气中毒。

4）电源开关、控制箱等设施要加锁，并设专人负责管理，防止漏电触电。

（6）越冬维护。

1）越冬期间不承受外力的结构构件，在入冬前混凝土强度不得低于抗冻临界强度。

2）做好冬期的沉降观测记录。

2. 雨季施工措施

（1）钢筋工程。遇大雨停止现场绑扎、焊接施工作业。雨后锈蚀严重的钢筋要除锈后方可进行现场绑扎，小雨时给工人配备雨具。

（2）模板及混凝土工程。

1）模板脱模剂在涂刷前要及时掌握天气预报，以防止脱模剂被雨水冲掉。

2）遇大雨停止浇筑混凝土，已浇筑部位加以覆盖。现浇混凝土根据结构情况和施工条件，考虑留置恰当的施工缝。

3）雨期施工时应加强对混凝土粗骨料含水量的测定，及时调整用水量。

4）板面混凝土浇筑，现场备塑料薄膜，以备浇筑时突然遇雨进行覆盖。

（3）机械防雨、防雷。

1）机电设备采取防雨、防淹措施。搭设防雨棚，安装接地安全装置。机电闸箱的漏电保护装置可靠。

2）雨期为防止雷电袭击造成事故，塔吊、施工电梯、外脚手架、模板，要做有效的防雷接地。

（4）材料防雨。不准雨淋的材料需搭设防雨棚，或用帆布现场覆盖。

（5）防洪措施。

1）组建抗洪小组，以进行突击抢险。

2）雨季准备足够的彩条布、塑料布、雨鞋、雨衣、铁锹、排污泵、防水电缆、胶皮水管等。

3）对通入地下室所有外露楼梯口、预留洞口，用土袋进行封堵。

4）设置集水坑，安装抽水泵，输送到排水沟内。

5）依据施工平面布置图，规划好排水路线与排水沟。

（六）文明施工及环境保护措施

为保证安全有序施工，创建安全文明工地，实施环境管理 ISO 14000 体系有关要求所采取的具体措施有：

（1）场容场貌管理要求一通、二无、三清、四牌一图、五不漏、十清洁、十整齐。具体标准如下：一通：道路畅通。二无：无头（砖头、木材头、钢筋头、焊接头、电线头、管子头、钢材头等）、无底（砂底、碎石底、灰底、砂浆底、垃圾废土底等）。三清：道路清洁、料具整齐清洁、作业面清洁。四牌一图：施工单位及工地名称牌、工地主要管理人员名牌、安全生产纪律宣传牌、安全事故为零牌、施工总平面图。五不漏：施工管线不漏电、不漏风、不漏水、不漏气、不漏油。十干净：机械车辆干净，机械作业区干净，班组作业面干净，落地材料回收干净，脚手架上下干净，材料库内外干净，办公室、水房、休息室干净，建筑材料底清理干净，运输道路干净。十整齐：脚手架按规格堆放整齐，各种车辆停放整齐，各种建材分区域堆放整齐，成品、半成品、钢材区堆放整齐，建筑垃圾、余土石临时存放整齐，回收木材、模板堆放整齐，材料库内外工具存放整齐，回收料具存放整齐，施工用水、用电管道架设整齐，室内外各种用品存放整齐。

（2）现场材料管理要求。

1）现场施工材料要按平面规划设库房和堆放材料场。

2）根据施工计划和工程进度安排，及时采购工程材料，组织运输、进场，及时供应，保证工程需要。

3）物料管理要坚持严格验收，定位堆放，限额领料，物尽其用的原则。

4）要严把"五关"：材料进场关、验收关、领用核销关、使用关和看守关。

5）进场的物资要坚持"四验"制度：验数量、验规格、验品种、验质量。

6）收发材料与工具要及时入账上卡，手续齐全，台账清晰。

7）要坚持按月对工程材料盘点核算，组织好回收工作。

8）对各种材料妥善保管，避免损失。

9）实行料具承包使用或包干使用经济责任制，落实到施工队和班组。

（3）设备管理要求。

1）机械设备使用实行"三定"制度，严格推行使用各类机械设备人员的岗位责任范围和工作标准，完善责任制，健全检查、考评办法。

2）定期做好设备大检查。

3）机械设备维修做到维修技术力量、维修设备、设施与现场施工相适应。

（4）施工噪声控制。在施工中，要求进出车辆严禁鸣喇叭，减少车辆噪声；合理安排施工工序，尽量把施工噪声小的工序安排在夜间；对于木工车间等产生较大噪声的地方尽可能采取全封闭。严格按《中华人民共和国建筑施工现场噪声限制》控制噪声，降低噪声扰民。

（5）施工现场管理标准：施工现场文明施工，是体现企业管理水平的明显标志，不容忽视。为切实抓好施工现场文明施工，制定了下列施工现场管理标准（施工现场管理标准表略）。

习　　题

1. 什么是单位工程施工组织设计？它包括哪些内容？

2. 试述单位工程施工组织设计的作用及其编制依据和编制程序。

3. 单位工程的工程概况包括哪些内容？

4. 单位工程施工方案包括哪些内容？

5. 什么是单位工程施工起点流向？

6. 确定施工顺序应遵守的基本原则有哪些？

7. 试述多层砖混结构建筑物的施工顺序。

8. 试述多层框架结构建筑物的施工顺序。

9. 试述装配式厂房的施工顺序。

10. 选择施工方法和施工机械应注意哪些问题？

11. 试述施工技术组织措施的主要内容。

12. 编制单位工程施工进度计划的作用和依据有哪些？

13. 试述单位工程施工进度计划的编制程序。

14. 在施工进度计划中划分施工项目有哪些要求？

15. 工程量计算应注意什么问题？

16. 如何确定一个施工项目需要的劳动工日数或机械台班数？

17. 怎样确定完成一个施工项目的延续时间？
18. 如何初排施工进度？怎样进行施工进度计划的检查与调整？
19. 资源需要量计划有哪些？
20. 单位工程施工平面图一般包括哪些主要内容？其设计原则是什么？
21. 试述单位工程施工平面图的设计步骤。
22. 试述塔式起重机的布置要求。
23. 搅拌站、加工厂、材料堆场的布置要求有哪些？
24. 试述施工道路的布置要求。
25. 试述临时供水、供电设施的布置要求。
26. 收集一份单位工程施工组织设计。

参 考 文 献

1. 钱昆润，葛筠圃，张星. 建筑施工组织设计. 南京：东南大学出版社，2000.

2. 蔡学峰. 建筑施工组织. 武汉：武汉理工大学出版社，2002.

3. 邵全. 建筑施工组织. 重庆：重庆大学出版社，1998.

4. 赵香贵. 建筑施工组织与进度控制. 北京：金盾出版社，2002.

5. 彭圣洁. 建筑工程施工组织设计实例应用手册. 北京：中国建筑工业出版社，1999.

6. 刘津明，孟宪海. 建筑施工. 北京：中国建筑工业出版社，2001.

7. 重庆建筑大学，同济大学，哈尔滨建筑大学. 建筑施工. 北京：中国建筑工业出版社，1997.

8. 《建筑施工手册》（第三版）编写组. 建筑施工手册（第二册）. 北京：中国建筑工业出版社，1997.

9. 张树恩. 建筑施工组织设计与施工规范手册. 北京：地震出版社，1999.

10. 邓学才. 施工组织设计的编制与实施. 北京：中国建材工业出版社，2000.

11. 黄展东. 建筑施工组织与管理. 北京：中国环境出版社，2002.

12. 全国建筑业企业项目经理培训教材编写委员会. 施工组织设计与进度管理. 北京：中国建筑工业出版社，2001.

13. 蔡雪峰. 建筑施工组织. 武汉：武汉工业大学出版社，1997.

14. 吴根宝. 建筑施工组织. 北京：中国建筑工业出版社，1995.

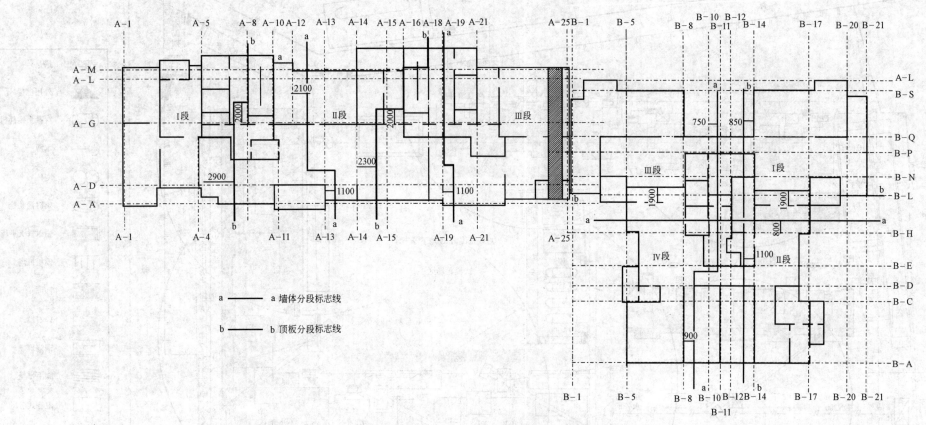

图 5-4　11♯楼施工流水段划分示意图

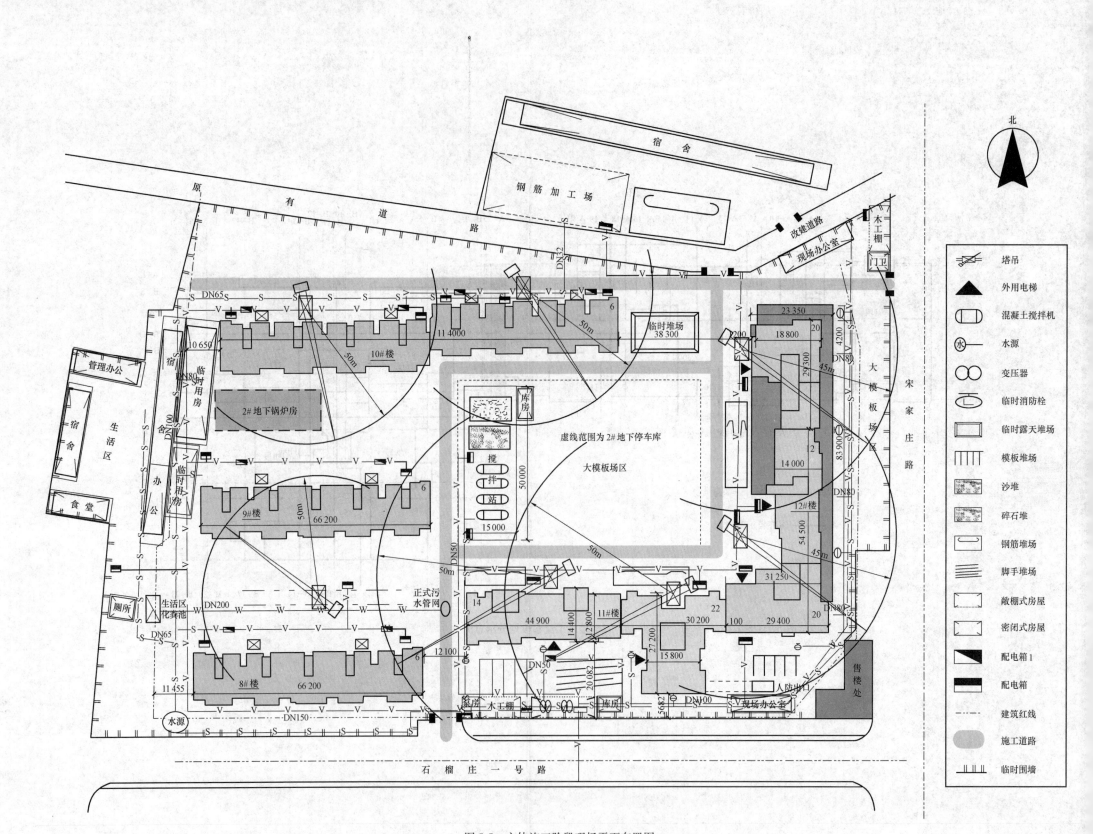

图 5-5　主体施工阶段现场平面布置图

表 5-38　　　　　　　　　　　　　　　　　　　　　　11#楼总进度控制计划

序号	分项工程名称	计量单位	作业天数
1	施工准备	项	10
2	开工挖土、喷锚护坡	项	18
3	基础打桩	项	12
4	试桩、褥垫层	项	12
5	基础垫层（一次压光）	项	3
6	砌砖胎模	项	2
7	养护	项	4
8	基础底板防水	项	3
9	防水保护层	项	2
10	基础底板放验线	项	2
11	基础底板	项	13
12	±0.00以下结构	项	30
13	地下室外墙验收	项	2
14	地下室外墙防水保护层	项	10
15	槽边回填土	项	20
16	1~2层结构	项	14
17	3~20层结构	项	81
18	21~22层结构	项	10
19	机房层及屋顶结构	项	8
20	水箱间设备安装	项	7
21	20~22层顶板模板拆除	项	12
22	外用电梯安装调试	项	10
23	±0.00以下结构验收	项	2
24	±0.00以下二次结构	项	10
25	1~2层二次结构	项	10
26	首层做样板单元	项	15
27	结构验收	项	2
28	人防门安装调试	项	10
29	电梯安装调试	项	70
30	3层以上二次结构	项	75
31	门窗框安装	项	50
32	室内厨卫间防水	项	45
33	墙面顶棚抹灰刮腻子	项	100
34	地面工程	项	25
35	楼梯扶手安装	项	15
36	室内油漆粉刷	项	60
37	暖卫安装调试	项	250
38	电气安装调试	项	270
39	屋顶保温防水找平层	项	15
40	外檐保温施工	项	40
41	外檐涂料	项	40
42	拆吊篮	项	5
43	门窗窗扇、玻璃安装	项	10
44	屋顶防水	项	5
45	室外台阶散水	项	10
46	安装系统调试竣工清理	项	20

时间刻度（进度横道图）：2002.12（10、20、31）、2003.1（10、20、31）、2月（10、20、28）、3月（10、20、31）、4月（10、20、30）、5月（10、20、31）、6月（10、20、30）、7月（10、20、31）、8月（10、20、31）、9月（10、20、30）、10月（10、20、31）、11月（10、20、30）、12月（10、20、31）、2004.1（10、20、31）、2月（10、20、29）、3月（10、20、31）、4月（10、20、30）

横道图标注：
- 第27行（结构验收）：1—7　8—14　15—22
- 第32行（室内厨卫间防水）：1—7　8—14　15—22
- 第37行（暖卫安装调试）：采暖、消防、给排水系统
- 第38行（电气安装调试）：强、弱电做管　　电视、电话、通信系统　　传电系统

表 6-16　　　　　　　　　　　　　　　　　　　某医院住院楼工程控制性网络进度计划

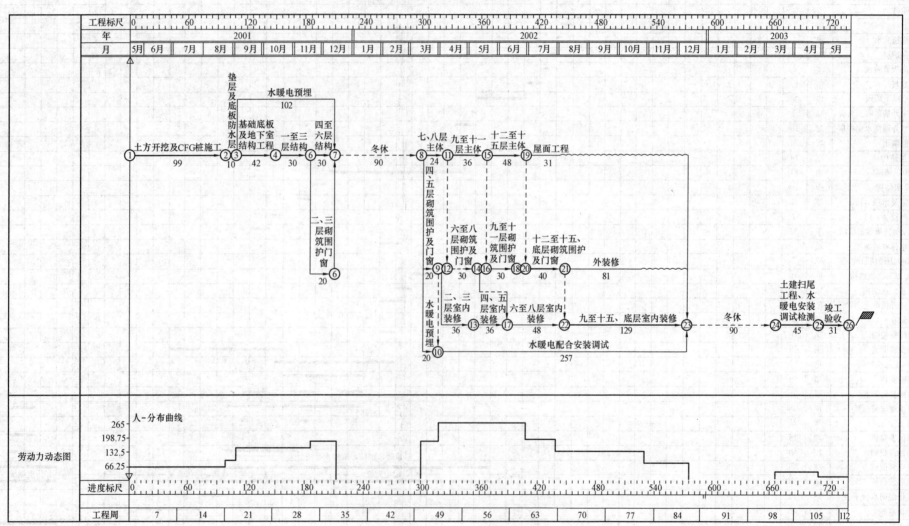